先进制造实用技术系列丛书

铝合金电弧焊操作与技巧

主　编　张合礼　冷康龙
副主编　李　瑞　王永波　仲积峰

机械工业出版社
CHINA MACHINE PRESS

本书共9章，包括：铝合金焊接特点、焊接设备及操作、MIG焊操作技巧、TIG焊操作技巧、焊接辅助操作、焊缝打磨技巧、焊接修复技术、弧焊安全防护和典型案例，深度挖掘了铝合金电弧焊生产过程中的操作方法、技巧及绝招，从焊枪角度、送丝方式、持枪方式及摆动方法等方面着重介绍了铝合金MIG焊和TIG焊操作技巧以及焊缝打磨操作技巧。

无论是焊接技术人员还是焊接技能人员，均能通过本书全面、直观地了解铝合金电弧焊的操作要点与技巧。本书的出版对提升焊工技能水平、保证焊接质量具有重要意义。

图书在版编目（CIP）数据

铝合金电弧焊操作与技巧 / 张合礼，冷康龙主编．—北京：机械工业出版社，2023.8（2024.12重印）
（先进制造实用技术系列丛书）
ISBN 978-7-111-73566-3

Ⅰ．①铝…　Ⅱ．①张…　②冷…　Ⅲ．①铝合金－金属材料－应用－电弧焊－焊接工艺　Ⅳ．①TG444

中国国家版本馆CIP数据核字（2023）第144695号

机械工业出版社（北京市百万庄大街22号　邮政编码100037）
策划编辑：张维官　　　　责任编辑：张维官　王　颖
责任校对：梁　园　刘雅娜　陈立辉　　封面设计：桑晓东
责任印制：单爱军
北京中科印刷有限公司印刷
2024年12月第1版第2次印刷
184mm×260mm・12印张・295千字
标准书号：ISBN 978-7-111-73566-3
定价：68.00元

电话服务　　　　网络服务
客服电话：010-88361066　　机　工　官　网：www.cmpbook.com
010-88379833　　机　工　官　博：weibo.com/cmp1952
010-68326294　　金　书　网：www.golden-book.com
封底无防伪标均为盗版　　机工教育服务网：www.cmpedu.com

编写委员会

顾　问　李刚卿　韩晓辉　王正强

主　任　张　强

副主任　田志骞

主　编　张合礼　冷康龙

副主编　李　瑞　王永波　仲积峰

编写组成员（按拼音排序）

高　斌　冷康龙　李乐营　李　瑞　李帅贞　汪　认

王　鹏　王永波　王忠平　张合礼　张众博　仲积峰

前 言

铝合金材料因其密度低、强度高，具有良好的可挤压性和耐蚀性等特点，广泛应用于轨道交通、航空航天、汽车及压力容器等行业；同时，由于铝合金导热性好、抗裂性差、气孔倾向大的特点，故在焊接过程中易出现未熔、裂纹、气孔等焊接缺欠，而规范的焊接操作和良好的操作技巧可以有效避免焊接缺欠的产生，保证铝合金的焊接质量。

本书主要面向焊前、焊中、焊后等过程的操作，针对铝合金常用的熔化极惰性气体保护焊及钨极惰性气体保护焊，系统详细地解读了焊前设备的启用、维护及保养的操作流程，以及焊接装配、过程清理，归纳总结了不同焊接位置的对接、角接焊缝以及十字、塞焊等特殊焊缝的引弧、送丝、摆动、脉冲及收弧等焊接操作技巧，并针对焊后需要开展的矫形调修和打磨等操作进行了详细描述。

本书中所列出的技能和技巧，均来源于常年深耕于焊接一线的焊接工匠及技能大师，他们经过长时间的探索及总结，逐步掌握了实用、高效的焊接技巧和操作要领，部分技能技巧为焊接工匠和大师们研究出的独门绝技，如一深、二带、三画、四停的变位置四步焊接、十字接头焊接、塞焊摆动手法等，这些技能技巧对于提升焊接操作技能水平、丰富焊接工程师经验极为重要，在此向为本书贡献经验和智慧的焊接工匠和技能大师们致敬！

本书在编写过程中，得到了焊接技术专家田志骞、中车技术专家李刚卿及中车首席技术专家韩晓辉等的指导，同时得到了中国铁路工会中车青岛四方机车车辆股份有限公司委员会及科技发展部的大力支持，在此表示特别感谢！

中车青岛四方机车车辆股份有限公司

2023 年 2 月 5 日

目　录

第 1 章 铝合金焊接特点

铝合金作为大众化的金属材料被广泛地应用于各个行业，具有密度低、强度高、可挤压性能优、耐蚀性能好及回收利用率高等诸多优点。

1.1 常见工业用铝合金简介

1.1.1 铝及铝合金分类

根据 ISO/TR 15608：2017《焊接—金属材料分类系统的指导原则》，铝及铝合金的分类系统见表 1-1。

表 1-1 铝及铝合金的分类系统

类别	子类	铝及铝合金的类型
21		纯铝≤ 1% 杂质或合金含量
22		非热处理合金
	22.1	铝锰合金
	22.2	铝镁合金，$w_{Mg} \leqslant 1.5\%$
	22.3	铝镁合金，$1.5\% < w_{Mg} \leqslant 3.5\%$
	22.4	铝镁合金，$w_{Mg} > 3.5\%$
23		热处理合金
	23.1	铝镁硅合金
	23.2	铝锌镁合金
24		铝硅合金，$w_{Cu} \leqslant 1\%$
	24.1	铝硅合金，$w_{Cu} \leqslant 1\%$ 和 $5\% < w_{Si} \leqslant 15\%$
	24.2	铝硅镁合金，$w_{Cu} \leqslant 1\%$，$5\% < w_{Si} \leqslant 15\%$ 和 $0.1\% < w_{Mg} \leqslant 0.8\%$
25		铝硅铜合金，$5.0\% < w_{Si} \leqslant 14.0\%$，$1.0\% < w_{Cu} \leqslant 5.0\%$ 和 $w_{Mg} \leqslant 0.8\%$
26		铝铜合金，$2.0\% < w_{Cu} \leqslant 6.0\%$

注：类别 21 ～ 23 一般为锻材，而类别 24 ～ 26 一般为铸造材料。

1.1.2 铝及铝合金牌号表示方法

根据 GB/ T 16474—2011《变形铝及铝合金牌号表示方法》，将铝及铝合金分为了九大系列，铝合金的组别和牌号系列见表 1-2。

表 1-2 铝合金的组别和牌号系列

组别	牌号系列
纯铝（铝含量不小于 99.0%）	1×××
以铜为主要合金元素的铝合金	2×××
以锰为主要合金元素的铝合金	3×××
以硅为主要合金元素的铝合金	4×××
以镁为主要合金元素的铝合金	5×××
以镁和硅为主要合金元素并以 Mg_2Si 相为强化相的铝合金	6×××
以锌为主要合金元素的铝合金	7×××
以其他合金元素为主要合金元素的铝合金	8×××
备用合金组	9×××

牌号中第一、第三、第四位为阿拉伯数字，第二位为英文大写字母 A、B 或其他字母（有时也用数字）。第一位数字为 2 ～ 9，表示变形铝合金的不同组别，其中“2”表示以铜为主要合金元素的铝合金，即铝铜合金；“3”表示以锰为主要合金元素的铝合金，即铝锰合金；“4”表示以硅为主要合金元素的铝合金，即铝硅合金等。最后两位数字为合金的编号，没有特殊意义，仅用来区分同一组中不同的合金。如果第二位的字母为 A，则表示为原始合金；如果是 B ～ Y 或其他字母，则表示为原始合金的改型合金；如果是数字，则 0 表示原始合金，1 ～ 9 表示改型合金。例如，2A11 表示铝铜原始合金，5A05 表示铝镁原始合金，5B05 表示铝镁改型合金。各类铝合金材料如图 1-1 所示。

图 1-1 各类铝合金材料

1.1.3　铝合金的应用

（1）工业纯铝（1000 系）　工业纯铝主要用于不承受载荷但要求具有某种特性（如高塑性、良好的焊接性、耐蚀性或高的导电性、导热性等）的结构件，如铝箔用于制作垫片及电容器，其他半成品用于制作电子管隔离罩、电线保护套管、电缆线芯、飞机通风系统零件和日用器具等，铝合金在电容器和电缆线芯中的应用如图 1-2 所示。高纯铝主要用于科学研究、化学工业及其他特殊用途。

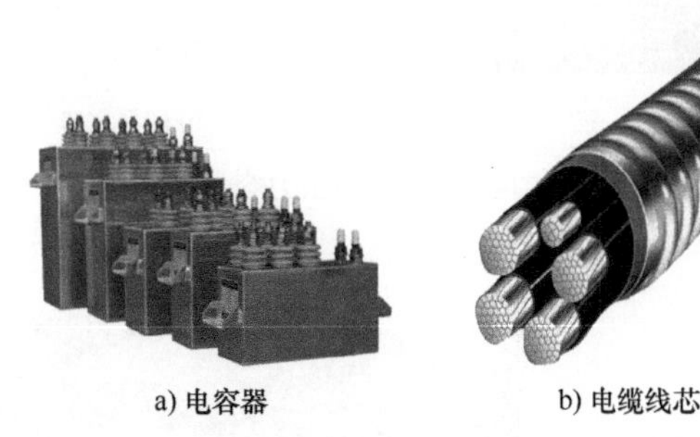

a) 电容器　　b) 电缆线芯

图 1-2　铝合金在电容器和电缆线芯中的应用

（2）Al–Cu 合金（2000 系）　以 Cu 为主要合金元素的铝合金，包括了 Al–Cu–Mg 合金、Al–Cu–Mg–Fe–Ni 合金和 Al–Cu–Mn 合金等硬合金，其硬度高、耐热性好，部分如 2024、2A12、2A14 合金等加工性能好，主要用于航空航天、国防工业及民用工具，铝合金在飞机蒙皮和螺钉中的应用如图 1-3 所示。

a) 飞机蒙皮

b) 螺钉

图 1-3　铝合金在飞机蒙皮和螺钉中的应用

（3）Al–Mn 合金（3000 系）　主要合金元素为 Mn，属于防锈合金，其塑性高、焊接性好、耐蚀性强，主要应用在汽车制造（见图 1-4a）、飞机油箱油管、容器罐体（见图 1-4b）、机械部件等领域。

（4）Al–Si 合金（4000 系）　以 Si 为主要元素，该系合金由于硅含量高、熔点低、熔体流动性好，因此容易补缩，且不会使最终产品产生脆性，主要用来制造铝合金焊接的添加材料，如钎焊板、焊条和焊丝等（见图 1-5a）。另外，该系合金的耐磨性和高温性能好，也被用来制造活塞及耐热零件。w_{Si}=5% 左右的合金，经阳极氧化上色后呈黑灰色，适宜制造建筑材料（见图 1-5b）及装饰件。

a) 汽车制造

b) 压力容器

图 1-4　铝合金在汽车制造和压力容器中的应用

a) 焊接材料

b) 建筑材料

图 1-5　铝合金在焊接材料和建筑材料中的应用

（5）Al-Mg 合金（5000 系）　Mg 含量的增加直接影响铝合金的力学性能，能提高抗拉强度。Mg 含量低的合金主要用于装饰材料和建筑材料。w_{Mg}=2.5% 的合金具有较好的耐蚀性、加工性、耐海水性和焊接性，主要用于车辆、船舶的制造。

（6）Al-Mg-Si 合金（6000 系）　主要含有 Mg、Si 元素，是热处理强化铝合金。由于此系列合金具有优良的挤压性，因此制造型材非常有利，且具有良好的耐蚀性、焊接性，以及较高的强度，广泛用于轨道车辆（见图 1-6a）、船舶（见图 1-6b）、建筑用窗框和土木结构材料的制造。

（7）Al-Zn-Mg- 合金（7000 系）　此系列分 Al-Zn-Mg-Cu 合金和不含 Cu 的 Al-Zn-Mg 合金，二者均为热处理强化铝合金。虽然 Al-Zn-Mg-Cu 合金具有最高强度，但焊接性差，因此主要应用于航空行业（见图 1-6c）。Al-Zn-Mg- 合金不仅焊接性较好，应力腐蚀倾向不明显，而且焊接 3 个月后其接头强度通过自然时效能得到部分恢复，被用于轨道车辆的制造。

a) 轨道车辆

b) 船舶

c) 飞机

图 1-6　铝合金在轨道车辆、船舶和飞机中的应用

1.2　铝合金性能及焊接特点

1.2.1　铝及铝合金的基本性能

纯铝是银白色的轻金属，密度为 $2.7g/cm^3$，约为钢的 1/3（钢的密度为 $7.87g/cm^3$），电导率较高，仅次于金、银、铜居第 4 位。热导率比钢大两倍左右，熔点为 658℃，加热熔化时无明显颜色变化，具有面心立方结构，无同素异构转变。虽然塑性和冷、热、压力加工性能好，但强度低（只有 90MPa 左右）。

纯铝的化学活泼性强，与空气接触时，会在其表面生成一层致密的氧化薄膜（主成分是 Al_2O_3），这层氧化膜可防止冷的硝酸及醋酸的腐蚀，但在碱类和含有氯离子的盐类溶液中被迅速破坏而引起强烈腐蚀。纯铝中随着杂质的增加，其强度增加，而塑性、导电性和耐蚀性下降。

铝合金是在纯铝中加入合金元素（如 Mg、Mn、Si、Cu、Zn 等）后获得不同性能的金属材料。

1.2.2　铝及铝合金的焊接性

焊接时，接头质量从冶金因素应考虑到，材料必须适用于焊接，无裂纹倾向，具有足够的强度、塑性变形能力和耐蚀性，对母材进行阳极氧化处理时应无颜色变化。焊接时虽然可能产生气孔和夹渣，但必须满足相应的缺欠检测合格标准要求，常见铝合金焊接缺欠如图 1-7 所示。从热传导因素要考虑到板厚、接头形式，由于铝热导率高（是钢的 5 倍），因此焊接时必须采用能量集中、功率大的热源。与钢相比，铝材料的焊接有如下不利因素。

1）容易与氧结合形成氧化膜或杂质，焊接时易产生气孔、夹渣等缺欠。

2）导热性和热膨胀性较好，有很大的收缩应力。

3）铝合金有较大的熔化温度范围，易产生裂纹。

4）氢在液相中的溶解度较高，在凝固时则迅速下降，易产生气孔。

5）铝材熔化时无颜色变化，焊接操作者对温度控制较困难。

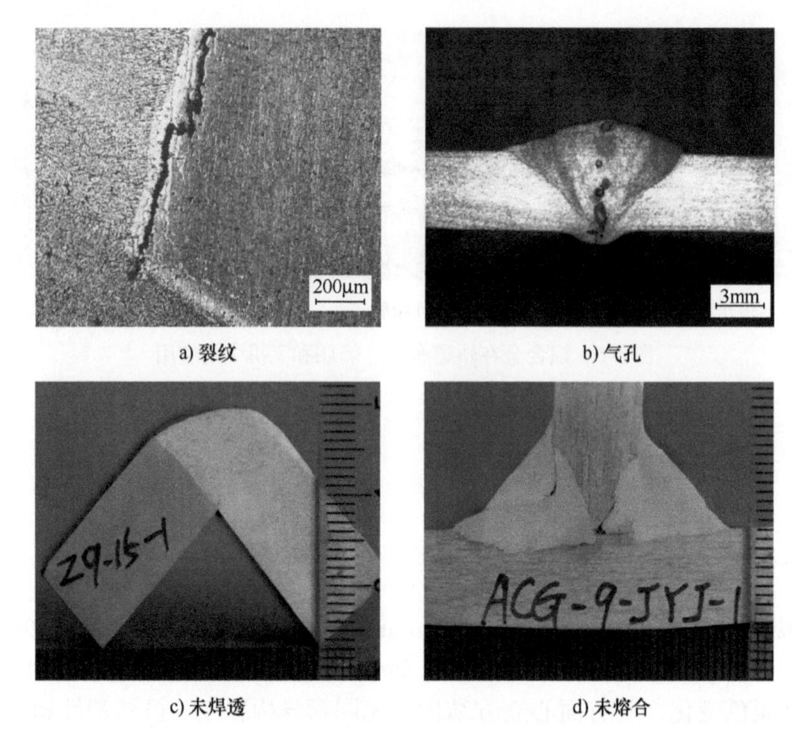

a) 裂纹　b) 气孔

c) 未焊透　d) 未熔合

图 1-7　常见铝合金焊接缺欠

（1）铝及铝合金的焊接裂纹倾向　根据铝及铝合金焊接裂纹的产生机理和位置，分为凝固裂纹和液化裂纹两种不同类型的裂纹。

凝固裂纹：产生在熔化区，是由于材料化学成分对凝固性能的影响而产生的。

液化裂纹：产生在热影响区，是由于低熔点共晶体和低熔点的组成物液化，同时在热应力的作用下而产生的。

铝及铝合金有 3 种不同的凝固方式，如图 1-8 所示。图 1-8a 为纯铝，无明显的结晶温度间隔，虽然凝固后铝晶格结合紧密，但容易形成气孔；图 1-8b 为有少量共晶体，结晶温度间隔明显，虽然坚固但结合性差，但有热裂纹倾向；图 1-8c 为有大量的共晶体，没有明显的温度间隔，虽然固态的铝晶体在共晶体中游动，没有裂纹倾向，但因容易形成晶界收缩而产生变形。

裂纹敏感性受到填充金属影响，其与焊缝合金含量关系如图 1-9 所示，适宜的母材及其相匹配的填充材料可以降低裂纹敏感性（见图 1-10）。焊接性和焊缝强度受到填充金属影响，并且裂纹敏感性与强度往往是矛盾的。

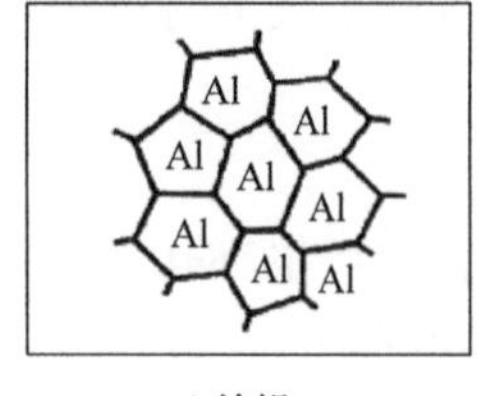

a) 纯铝

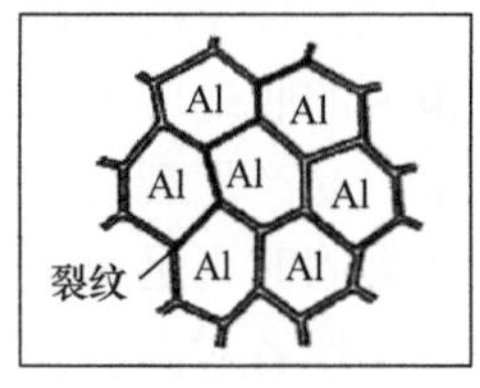

b) 少量共晶体

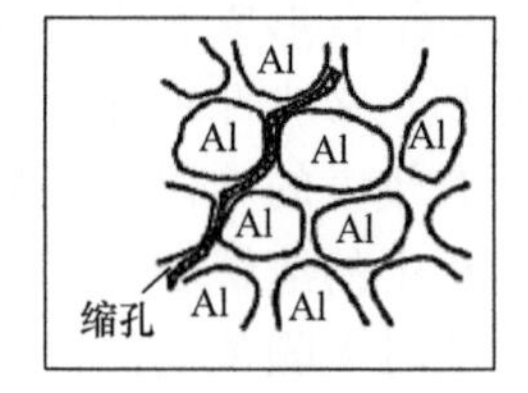

c) 有大量的共晶体

图 1-8　铝及铝合金凝固方式

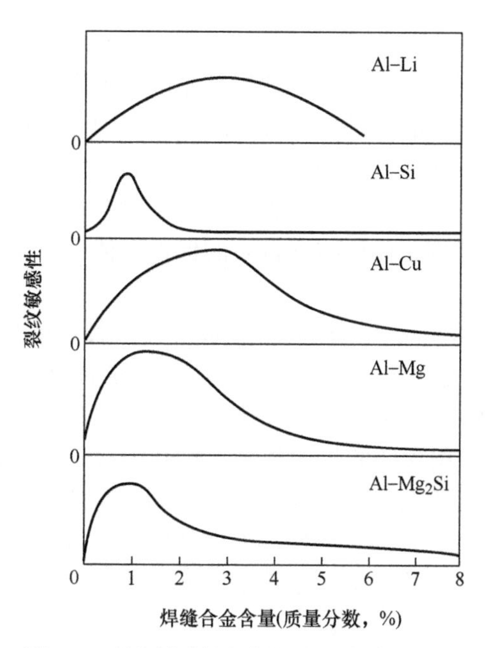

图 1-9　裂纹敏感性与焊缝合金含量的关系

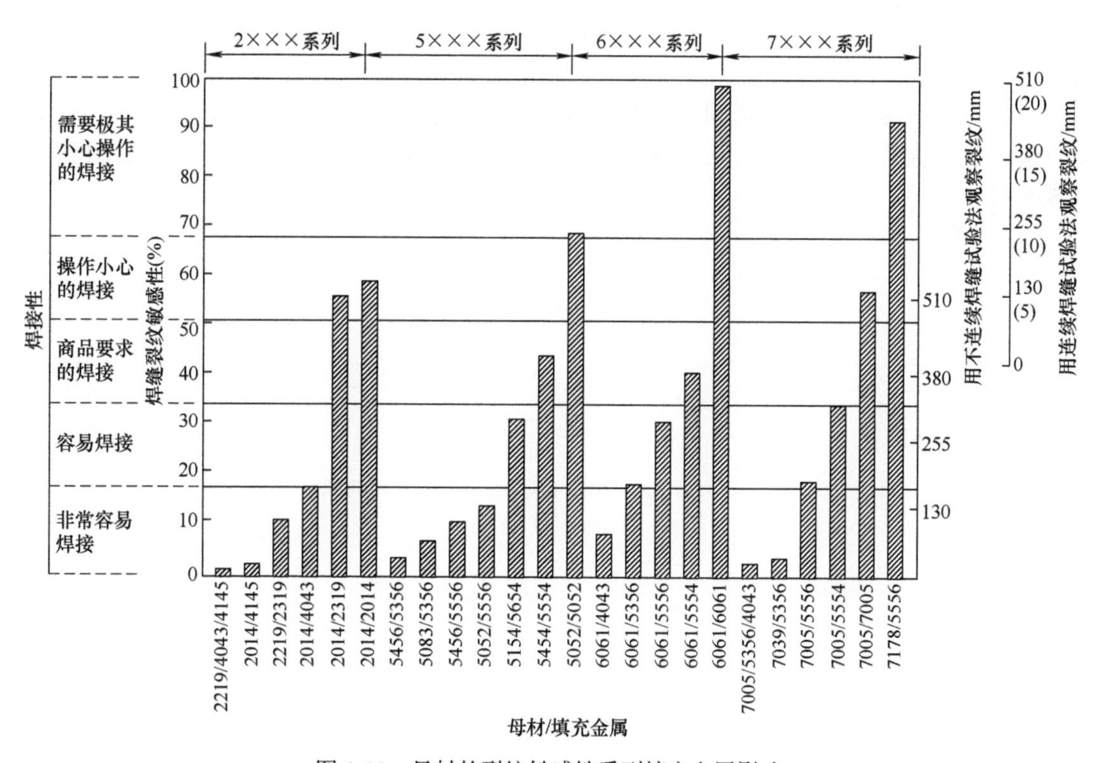

图 1-10　母材的裂纹敏感性受到填充金属影响

（2）焊缝气孔　气孔的形成原因是铝材料焊接时的凝固行为，气孔是由熔化物凝固之前气体不能逸出造成的，这些气体可能来自于保护气体或熔池搅拌带入的气体，导致气孔的形成。冶金气孔主要发生在纯铝中，由于固－液相之间转化很快，在凝固时形成气孔，铝合金在凝固区由于残留熔化物流动时受到枝晶晶体的阻碍，因此也会发生这种现象。

熔融状态焊接金属所溶解的氢是形成气孔的主要原因，焊接金属与吸附水分中的氧原子有极强的结合性，使氢在熔融中被分解出来，随着温度的改变，氢的溶解度下降，某种程度上凝固点下降，从而形成气孔。为限制氢溶入母材金属和填充金属，焊接前应对焊件进行脱脂去油和除氧化膜处理，使用纯度较高的保护气体，严格限制水含量，使用前需干燥处理。

（3）阳极氧化行为　晶粒尺寸不同和合金成分偏析都可能导致阳极氧化的颜色偏差。受焊接材料和焊接热输入的影响，如果对焊接接头的装饰外观有所要求，则应采取合理的防止措施。对 Al–Mg–Si 类型铝合金，在热影响区应避免过多的 Mg_2Si 析出物、合适的热输入、焊接材料 S–$AlSi_5$ 用含镁的焊丝代替，控制焊接材料中偏低的合金成分和微量元素，阳极氧化层的保护效应不会通过氧化颜色的不同而有所削弱。

（4）焊接热对基体金属的影响　焊接热处理强化的铝合金时，由于焊接热的影响，会使基体金属近缝区某些部位软化，即力学性能变差。采取的措施主要是控制预热温度和层间温度，或进行焊后热处理等。

（5）焊接接头的耐蚀性低于母材　铝合金接头的耐蚀性下降很明显，接头组织越不均匀，耐蚀性越差。焊缝金属的纯度和致密性也影响接头的耐蚀性。当接头杂质较多、晶粒粗大以及脆性相析出时，其耐蚀性就会明显下降，不仅产生局部表面腐蚀，而且经常出现晶间腐蚀。

（6）合金元素的蒸发和烧损　某些铝合金中含有低沸点的合金元素，如 Mg、Zn 等，这些元素在高温作用下极易蒸发、烧损，从而改变焊缝金属的化学成分，同时也降低焊接接头的性能。

第 2 章

焊接设备及操作

2.1　常用焊接方法及设备

2.1.1　焊接设备分类

1）铝合金电弧焊常用焊接方法按电极工作状态分为：熔化极惰性气体保护电弧焊（MIG）、非熔化极惰性气体保护电弧焊（TIG），相应的焊接设备如图 2-1 所示。

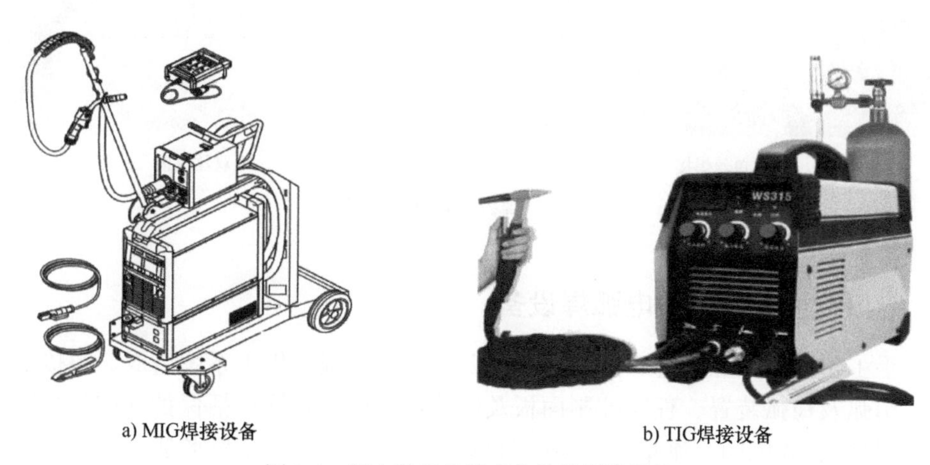

a) MIG焊接设备　　b) TIG焊接设备

图 2-1　按电极工作状态分类的焊接设备

2）铝合金电弧焊常用焊接方法按工作运行方式分为：半自动焊接、自动化焊接，工作运行方式分类如图 2-2 所示。

3）铝合金电弧焊常用焊接方法按焊丝工作数量分为：单丝焊接、双丝焊接，焊丝工作数量分类如图 2-3 所示。

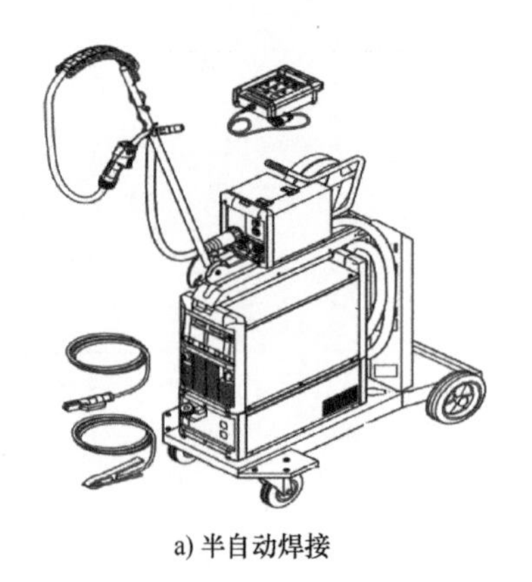

a) 半自动焊接

b) 自动化焊接

图 2-2 工作运行方式分类

a) 单丝焊接

b) 双丝焊接

图 2-3 焊丝工作数量分类

2.1.2 钨极惰性气体保护电弧焊设备

（1）手工钨极氩弧焊设备 其由焊接电源、供气系统及供水系统组成。焊接电源中包括焊枪、引弧及稳弧装置、程序控制面板及遥控器。供气系统包括保护气体的气瓶（也可管道集中供气）、减压阀、流量计、电磁气阀。供水系统包括冷却水泵、水压开关。手工钨极氩弧焊设备组成如图 2-4 所示。

（2）自动钨极氩弧焊设备 其比手工 TIG 焊设备多了焊枪移动装置。如果需要填充焊丝，则还包括一个送丝机构，通常将焊枪和送丝机构共同安装在一台可行走的焊接小车上。由图 2-5 可知焊枪与焊丝在焊接小车上相互的位置。专用 TIG 焊机机头是根据用途和产品结构而设计的，如管 – 板孔口环缝自动 TIG 焊机、管子对接内环缝或外环缝自动 TIG 焊等。在自动化快速发展过程中，也可采用弧焊机器人进行 TIG 焊，从而实现柔性自动化程度更高的焊接。

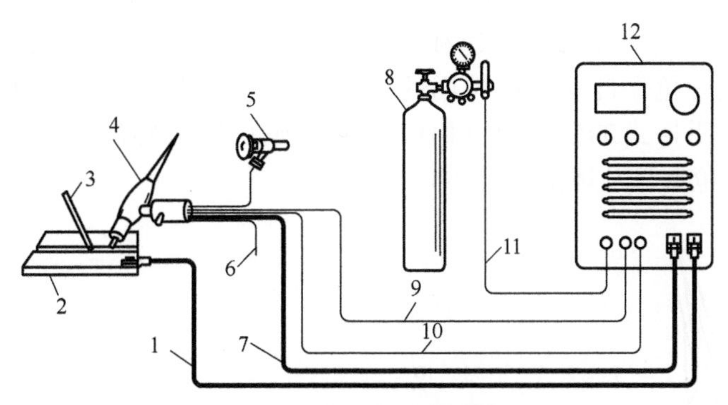

图 2-4　手工钨极氩弧焊设备组成

1—工件电缆（地线）　2—工件　3—焊丝　4—焊枪　5—供水系统　6—出水管　7—焊枪电缆　8—气瓶　9—焊枪气管　10—开关线　11—供气管　12—焊接电源及控制系统

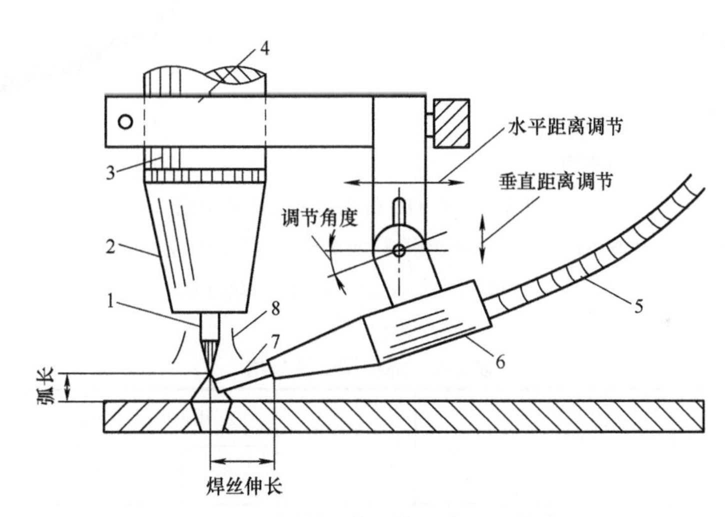

图 2-5　自动钨极氩弧焊设备头部结构

1—钨极　2—焊枪头　3—气管　4—固定装置　5—送丝管　6—送丝枪　7—焊丝　8—电弧

（3）焊枪

1）TIG 焊枪的作用与要求。焊枪的作用是夹持钨极、传导焊接电流及输送并喷出保护气体。它应满足：①喷出的保护气体具有良好的流动状态和一定的挺度，以获得可靠的保护；②枪体有良好的气密性和水密性（用水冷时），传导电流的零件有良好的导电性；③枪体能被充分冷却，以保证持久的工作；④喷嘴与钨极之间有良好的绝缘，以免喷嘴和工件不慎接触而发生短路、打弧；⑤质量小、结构紧凑，可达性好，装拆维修方便。

2）TIG 焊枪的类型和结构。焊枪分为气冷式和水冷式两种，气冷式焊枪用于小电流（一般≤150A）焊接，其冷却作用主要由保护气体的流动来完成，其质量小、尺寸小、结构紧凑、价格比较便宜；水冷式焊枪用于大电流（一般≥150A）焊接，其冷却作用主要通过流过焊枪内部导电部分的焊接电缆的循环水来实现，结构比较复杂，比气冷式重且贵。使用时两种焊枪均应注意避免超载工作，以延长焊枪寿命。图 2-6 所示为手工 TIG 焊用的典型水冷式焊枪。自动 TIG 焊用的是水冷、笔式焊枪，可在大电流条件下连续工作，其内部结构与手持式 TIG 焊焊枪相似。当必须在非常局限的位置上焊接时，可自行设计专用焊枪。焊枪型号及规格见表 2-1。

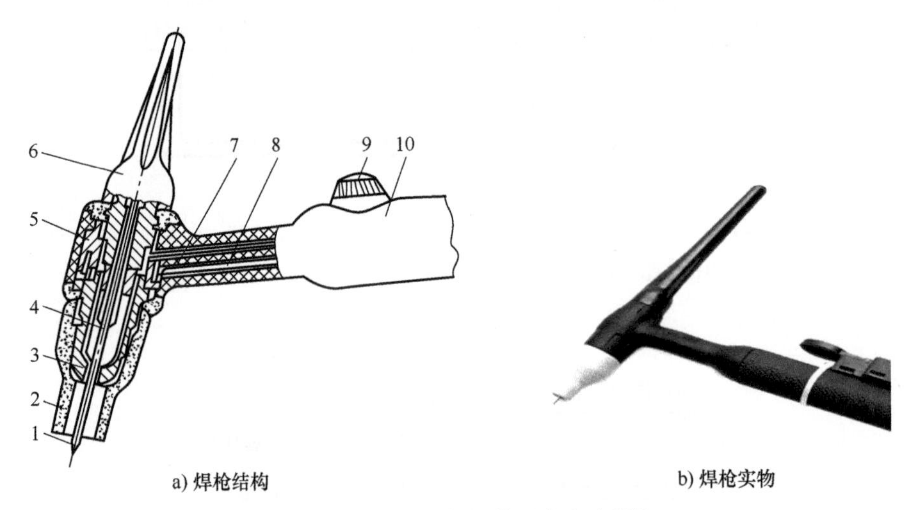

a) 焊枪结构　　b) 焊枪实物

图 2-6　手工 TIG 焊用典型水冷式焊枪

1—钨电极　2—陶瓷喷嘴　3—导气套管　4—电极夹头　5—枪体　6—电极帽　7—进气管
8—冷却水管　9—控制开关　10—焊枪手柄

表 2-1　焊枪型号及规格

型号	冷却方式	头部倾斜角度 / (°)	额定焊接电流 /A	适用钨极尺寸 /mm		开关形式	质量 /kg
				长度	直径		
PQ1-150	循环水冷却	65	150	110	1.6、2、3	推键	0.13
PQ1-350		75	350	150	3、4、5	推键	0.3
PQ1-500		75	500	180	4、5、6	推键	0.45
QS-0/150		0（笔式）	150	90	1.6、2、2.5	按钮	0.14
QS-65/70		65	200	90	1.6、2、2.5	按钮	0.11
QS-85/250		85（近直角）	250	160	2、3、4	船形开关	0.26
QS-65/300		65	300	160	3、4、5	按钮	0.26
QS-75/400		75	400	150	3、4、5	推键	0.40

（续）

型号	冷却方式	头部倾斜角度 / (°)	额定焊接电流 /A	适用钨极尺寸 /mm		开关形式	质量 /kg
				长度	直径		
QQ-0/10	气冷却（自冷）	0（笔式）	10	100	1.0、1.6	微动开关	0.08
QQ-0/75		65	75	40	1.0、1.6	微动开关	0.09
QQ-0 ~ 90/75		0 ~ 90（可变角）	75	70	1.2、1.6、2	按钮	0.15
QQ-85/100		85（近直角）	100	160	1.6、2	船形开关	0.2
QQ-0 ~ 90/150		0 ~ 90	150	70	1.6、2、3	按钮	0.2
QQ-85/150-1		85	150	110	1.6、2、3	按钮	0.15
QQ-85/150		85	150	110	1.6、2、3	按钮	0.2
QQ-85/200		85（近直角）	200	150	1.6、2、3	船形开关	0.26

（4）喷嘴　喷嘴的形状及尺寸对气流的保护性能影响很大。当喷嘴出口处获得较厚的层流层时，保护效果良好。因此，有时在气流通道中加设多层铜丝网或多孔隔板（称气筛）来限制气体横向运动，有利于形成层流。在喷嘴的下部为圆柱形通道，通道越长保护效果越好；通道直径越大，虽然保护范围越宽，但可达性变差，且影响视线。如果以“mm”为单位，通常圆柱通道的直径 D_n、长度 L_0 和钨极直径 d_w 之间的关系为

$$D_n=(2.5 \sim 3.5)d_w$$

$$L_0=(1.4 \sim 1.6)D_n+(7 \sim 9)$$

试验证明，虽然圆柱形喷嘴保护效果最好，收敛形喷嘴（其内径向出口方向逐渐减小）次之，但收敛形喷嘴的电弧可见度好，便于操作，应用较普遍。喷嘴内表面要保持清洁，若喷孔内壁沾有其他物质，将会干扰保护气柱或在气柱中产生紊流，从而影响保护效果。

实用的喷嘴材料有陶瓷、纯铜和石英 3 种。虽然高温陶瓷喷嘴既绝缘又耐热，应用广泛，但焊接电流一般不能超过 300A；纯铜喷嘴使用电流可达 500A，需用绝缘套将其与导电部分进行隔离；石英喷嘴透明，虽然焊接可见度好，但价格较高。目前常用的主要是陶瓷材质的外罩。另外，还有部分透明外罩，这类外罩材料采用高温塑料，虽然避免了价格较高的石英材料，但耐高温效果不理想，消耗较大，TIG 焊各类喷嘴如图 2-7 所示。

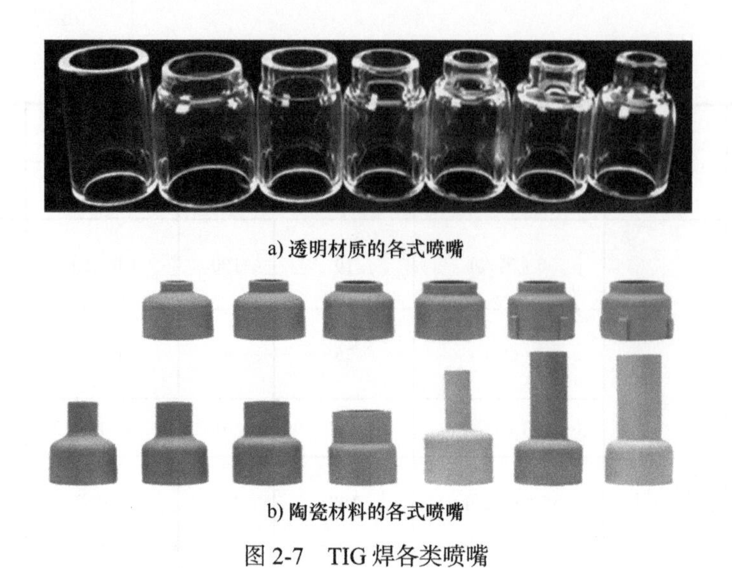

a) 透明材质的各式喷嘴

b) 陶瓷材料的各式喷嘴

图 2-7　TIG 焊各类喷嘴

2.1.3　熔化极惰性气体保护电弧焊设备

（1）熔化极惰性气体保护电弧焊设备的分类　按其机械化程度分为自动焊和半自动焊两类。半自动焊设备由焊接电源、送丝机构、焊枪、供气系统等组成，如图 2-8 所示。自动熔化极氩弧焊设备则由焊接电源、送丝系统、焊接机头、行走台车或操作机（立柱、横臂）、变位机、滚轮架、供气系统、供水系统及控制系统等组成，如图 2-9 所示。目前，国内外 MIG 焊设备制造技术已相当成熟，设备能满足焊接作业需求，可考查选购，无须自制。

（2）熔化极氩弧焊送丝系统分类　送丝系统直接影响焊接过程的稳定性，送丝系统通常由送丝机（包括电动机、减速器、矫直轮、送丝轮）、送丝软管（导丝管）及焊丝盘组成。根据送丝方式不同，送丝系统分为推丝式、拉丝式和推拉式 3 种方式，如图 2-10 所示。

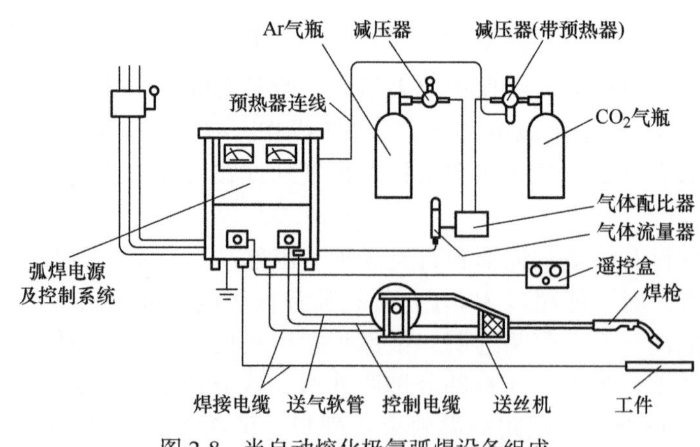

图 2-8　半自动熔化极氩弧焊设备组成

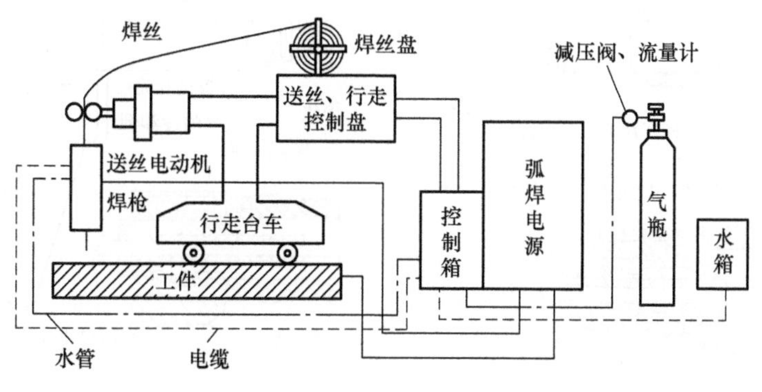

图 2-9　自动熔化极氩弧焊设备组成

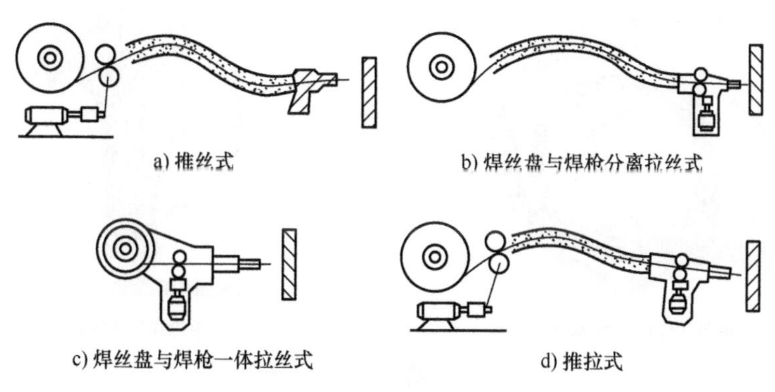

图 2-10　各种送丝方式

1）推丝式。在此方式中，焊枪机构简单，操作轻便，但送丝阻力大，较难送进较细、较软的焊丝，且软管不能太长，一般送丝软管长度为 3 ～ 5m。

2）拉丝式。拉丝式又可分为 3 种形式。第一种是拉丝机构装在焊枪上，焊丝盘通过软管与其相连。第二种是拉丝机构和焊丝盘都装在焊枪上。这 2 种均适于细丝半自动 MIG 焊。第三种是焊丝盘与送丝电动机均与焊枪分开。

3）推拉式。这种送丝方式的送丝软管可长达 15m 左右，因而扩大了半自动焊操作的距离。但拉丝速度应比推丝速度稍大，以便以拉丝为主，使焊丝在长软管内始终保持拉直状态。

（3）焊枪

1）半自动焊枪。按工作部的形状分为鹅颈式焊枪、手枪式焊枪；按冷却方式可分为气冷和水冷两种，焊枪种类及结构如图 2-11 所示。鹅颈式焊枪应用最为广泛，它适合于较粗焊丝，使用灵活方便，可达性好。手枪式焊枪上装有小型送丝机构和小型焊丝盘的拉丝式焊枪，主要用于采用铝及铝合金细焊丝或软焊丝，装满焊丝的小型焊丝盘重 5kg，枪体较重，不便操作使用，但送丝可靠。

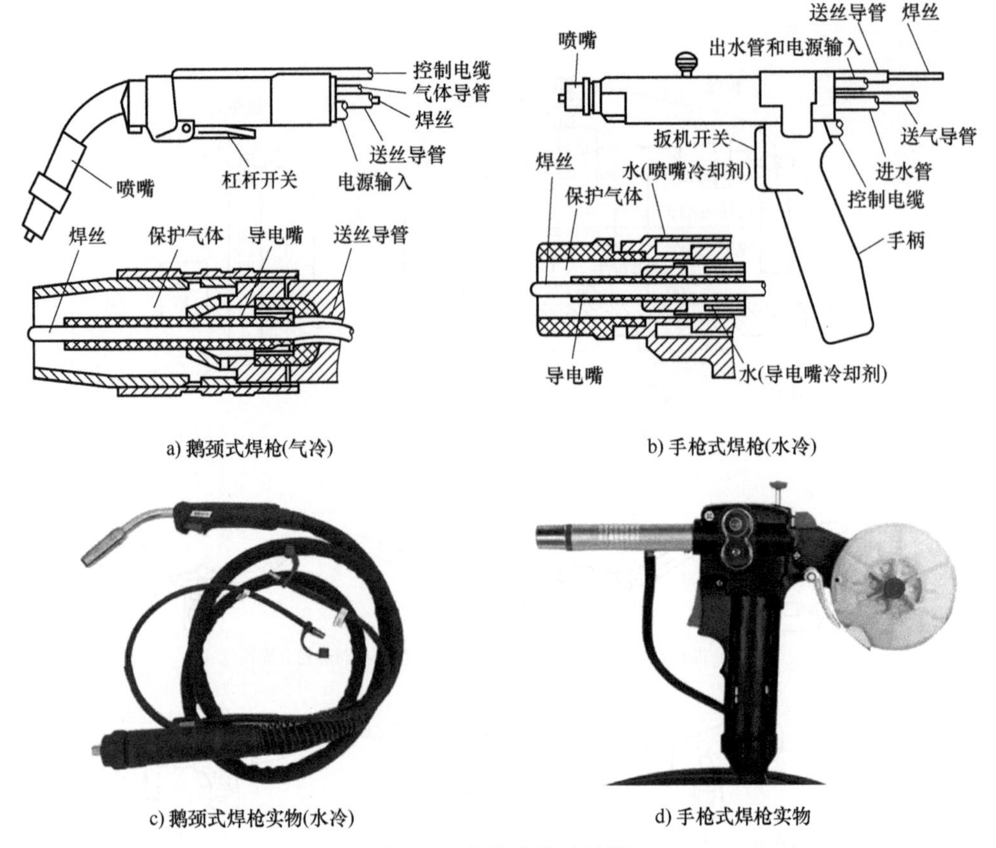

图 2-11　焊枪种类及结构

2）自动焊枪。主要作用与半自动焊枪相同，焊枪固定在焊机机头或焊接行走机构上，通常在大电流情况下使用，除要求其导电部分、导气部分以及导丝部分性能良好外，为了适应大电流和长时间使用要求，焊枪枪体、喷嘴、导电嘴均需要水冷，自动熔化极氩弧焊枪结构如图 2-12 所示。

在焊枪结构上，值得注意的是导电嘴。一般焊枪的导电嘴内孔应比焊丝直径大 0.13 ～ 0.25mm，对于铝焊丝则应更大一些。导电嘴必须牢固地固定在枪体上，并使其定位于喷嘴中心。导电嘴与喷嘴之间的相应位置取决于熔滴过渡形式。对于短路过渡，导电嘴常伸出喷嘴以外；而对于喷射过渡，导电嘴内孔因模式而变大或由于飞溅而堵塞时，应立即更换，因磨损或沾污的导电嘴将破坏电弧的稳定性。

（4）导电嘴与送丝管

1）导电嘴。导电嘴是一个较重要的零件，由于电源线在焊枪后部由螺杆与焊枪连接，电流通过导电杆、导电嘴导入焊丝，因此要求导电嘴材料的导电性好、耐磨性好、熔点高。通常采用纯铜，最好使用锆铜。自动焊（机器人）由于采用较大的焊接电流，因此导电嘴的外观略有不同，但基本构造相似。常用导电嘴的基本形态如图 2-13 所示，值得注意的是，导电嘴内径应比焊丝直径大 0.13 ～ 0.25mm，对于铝焊丝则应该更大些。

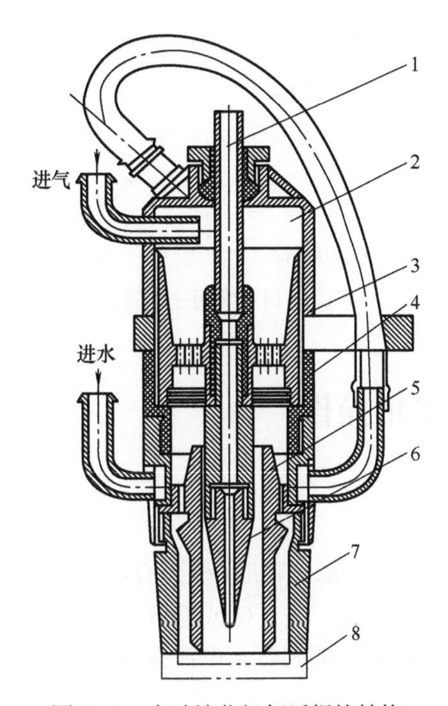

图 2-12　自动熔化极氩弧焊枪结构

1—钢管　2—镇静室　3—导流体　4—铜筛网　5—分流套　6—导电嘴　7—喷嘴　8—帽盖

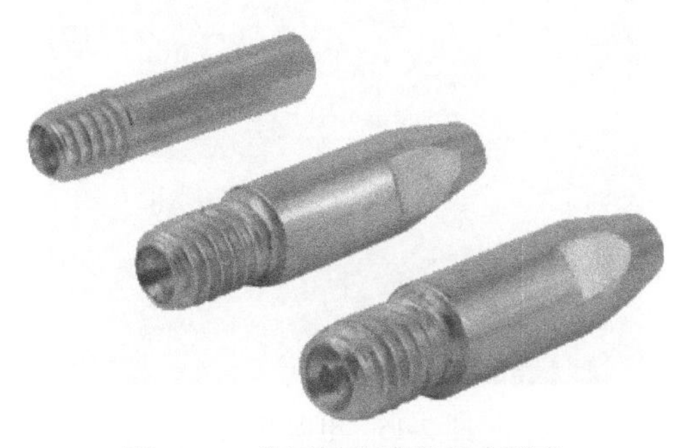

图 2-13　常用导电嘴的基本形态

2）送丝管。送丝管的工作范围主要在送丝压轮前端导丝嘴开始到焊枪前端的导电嘴之间，焊丝经过送丝管的阻力越小越好，特别是在铝及铝合金的焊接中，由于铝合金焊丝硬度较低、刚度较小，因此送丝管必须用摩擦系数小的材料，如聚四氟乙烯、尼龙、石墨烯等材料制造。为了适应焊枪前端较高的焊接温度和保证送丝管接口处的气密性，一般送丝管的前端在焊枪鹅颈部位采用金属螺旋管材料，送丝管的后端带有铜套和密封圈等部件，常用的送丝管如图 2-14 所示。

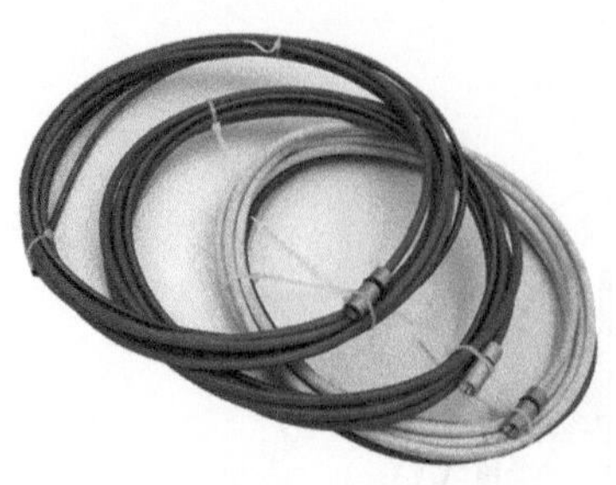
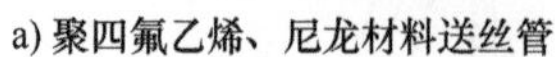
a) 聚四氟乙烯、尼龙材料送丝管

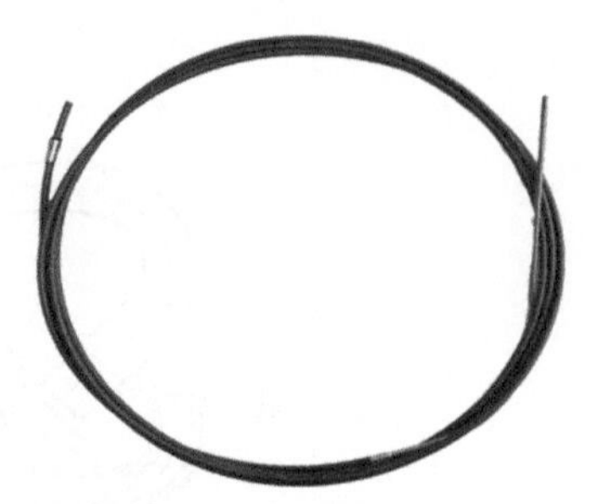
b) 石墨烯材料送丝管

图 2-14　常用送丝管

2.2　MIG 焊接设备常用操作

2.2.1　起动与关闭

焊机通过电缆插头接入外部电网，焊机主机上有电源开关，主要形式有按压式和旋转式，开关上标有“开（I 或 ON）”或“关（O 或 OFF）”字样。接通电源时将开关调整到开（I）的位置，用力不能过猛，但要干脆利落。电源接通后显示屏将延迟 1s 左右显示焊接参数等信息，如图 2-15 所示。

图 2-15　电源开关

2.2.2　焊接参数调节

在铝及铝合金焊接作业中，焊接参数的调节非常关键，各参数之间的匹配直接决定了焊接质量、焊接过程的稳定性以及电弧状态。其中，主要的参数有焊接电流、电弧电压等。下面以图 2-16 显示面板为例，介绍主要参数的选择与调节。

（1）焊接电流　作为最为重要的焊接参数，直接决定提供给工件的热输入量大小，一般情况下工件母材越厚、要求熔深越大则使用的焊接电流就越大。另外，在焊接重要工件或有特殊要求工件时，要制定专门的焊接工艺规程，对不同工件采用的焊接电流进行专门的规定。

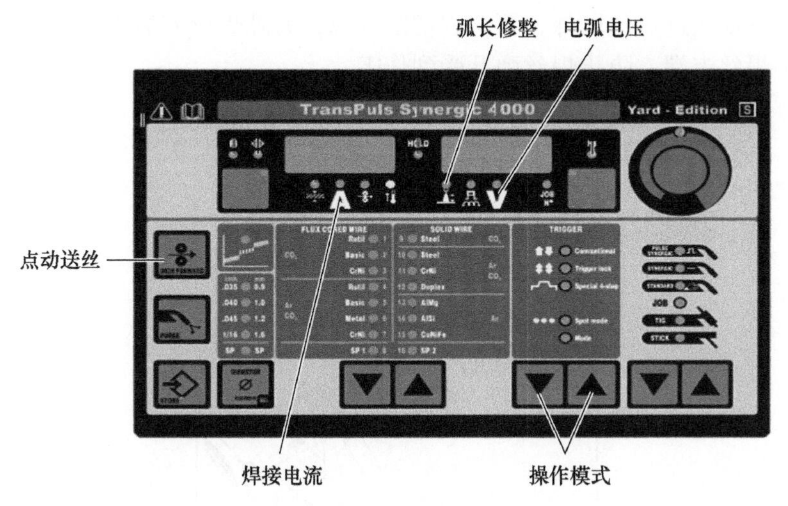

图 2-16　显示面板

（2）电弧电压　目前焊接铝及铝合金的焊机，基本上是一元化调节，即调整好焊接电流后，同时匹配了相应的电弧电压。调节电压时一般配合弧长修整进行调整，弧长修整值越大时，电弧越分散，焊缝的宽度增加、熔深减小；反之，弧长修整值越小时，电弧越集中，焊缝宽度减小、余高和熔深增加。

（3）操作模式　分为两步操作和四步操作，部分焊机还带有点焊操作模式。两步操作模式是扣紧焊枪开关后开始焊接、松开开关后焊接结束；四步操作模式是扣紧焊枪开关后起弧电流开始工作、松开开关后选定的焊接电流工作、再次扣紧焊枪开关后收弧电流开始工作、再次松开开关后焊接结束。

（4）点动送丝　点动送丝的主要功能是在不通电、不通气的状态下进行送丝动作，主要是在更换焊丝时使用。

2.2.3　焊丝盘安装及更换

铝合金焊机的送丝机构多为箱体结构，箱体内有固定支撑焊丝盘的横向支柱，通过与焊丝盘的中心孔进行配合来实现焊丝盘的固定支撑，焊丝盘支柱的端部采用不同的锁紧机构对焊丝盘横向位移进行固定，固定状态可在安装、拆卸焊丝盘时进行开、关切换。

（1）焊丝盘的安装　先将焊丝盘端部的开关处于开启状态，然后以焊丝顺向插入送丝轮的方向为标准，将焊丝盘插入支柱上，然后关闭焊丝盘支柱端部的锁紧机构，然后将焊丝端部从焊丝盘上拆下，将变形部分去除，焊丝端部的状态要保证圆滑无毛刺，避免焊丝将送丝管内壁划伤和堵塞送丝管。拆卸焊丝盘时，先将焊丝盘支柱锁紧机构打开，然后剪断焊丝，取下焊丝盘，如图 2-17 所示。

（2）焊丝的导入　焊丝盘安装到位后，首先将送丝机的压轮松开；然后将焊丝端部变形部分用钳子夹断；当焊丝端部存在尖锐部位时，要用锉刀修整圆滑无毛刺，防止划伤送丝管；再将焊丝放置到送丝轮的沟槽中并压紧压轮；接下来将焊枪综合电缆伸直并将焊枪外罩、导电嘴卸下；再开启点动开关，将焊丝送出焊枪前端；最后安装导电嘴和外罩，将多余的焊丝去除即可进行焊接。操作流程如图 2-18 所示。注意：在进行焊丝盘更换和焊丝安装时，除点动送进焊丝以外，要全程切断电源；另外焊丝安装中盘紧的焊丝随时可能弹开，要抓牢焊丝末端，防止焊丝弹开受到伤害。

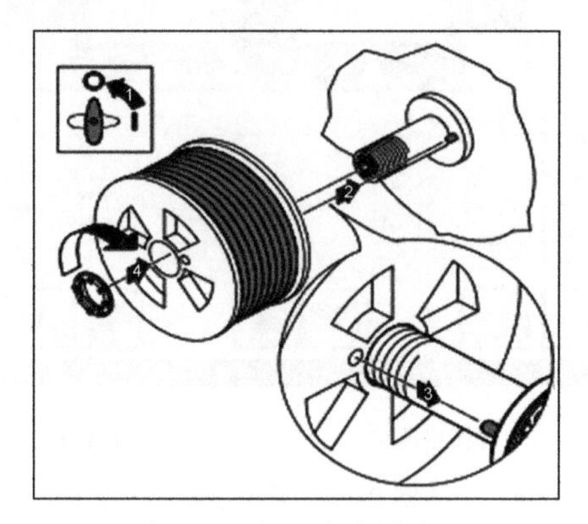

图 2-17　焊丝盘安装流程

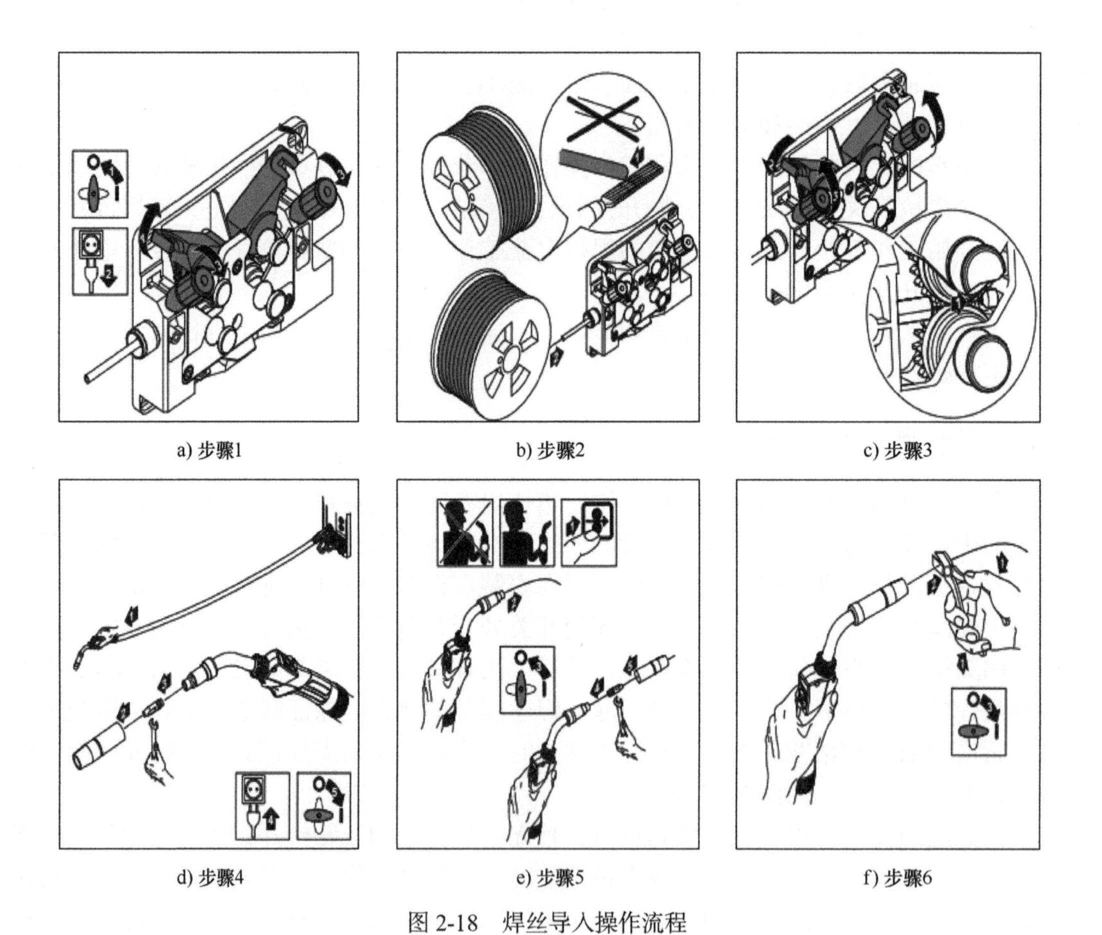

a) 步骤1　b) 步骤2　c) 步骤3

d) 步骤4　e) 步骤5　f) 步骤6

图 2-18　焊丝导入操作流程

2.2.4　气体管路调试

铝合金 MIG 焊供气的气源共有两种方式：一种是采用高压气瓶供气，主要由气体减压阀、气体流量计和软管等组成，适合于单一数量较少的作业单元进行供气；另一种是管道集中供气，适合于对并联多点或流水线大批量焊接作业进行供气。

焊前进行气路调试时，首先将气源开关打开，保持气源与焊机连通，并关注胶管各接口是否存在漏气现象，然后打开焊机上的送气开关，验证焊枪喷嘴处是否出气稳定顺畅，同时调整气体流量计进行气体流量的调节，使其符合工艺要求，当气路稳定顺畅并无泄漏后，要排气 3 ～ 5s，将管路内残存的空气排除干净。特别是采用集中供气或较长时间未使用时，要延长排气时间，并进行焊前焊接试验，确保提供可靠的供气质量。

2.2.5　焊机配件安装及更换

在焊机配件的安装中，涉及到电器元器件的更换修复要由专业人员进行操作，焊接操作者对于焊机的送丝轮、焊枪、送丝管等常用耗材可自行操作。

（1）焊枪的安装与更换　铝合金焊枪分为空冷和水冷两种结构形式，与送丝机构的连接方式都是插座螺紧，焊枪端部分别有两个电极触头和一处送丝管通道，风冷焊枪和水冷焊枪的区别在于焊枪的后端部有无冷却水管路的接头。

焊枪安装更换时，首先确认各接头清洁无污物，防止安装后杂物进入冷却水系统或电器插头接触不良；然后将焊枪后端部对准送丝机构的对应端口，先轻柔后用力将各接口连接，在此过程中不要进行大幅度的左右晃动，防止接头各触点断开。当插头未完全配合到位时，可轻微小幅度地转动并纵向用力，直至配合到位，然后将螺旋环扣拧紧，焊枪的送丝通道和开关电器通道连接完毕，空冷焊枪的更换安装完成。水冷焊枪与空冷焊枪安装更换的区别是增加了冷却水的两个接口，一个出水口和一个进水口，安装完焊枪端部插口后，将冷却水的接头分别进行插入连接，即完成水冷焊枪的安装更换。焊枪安装流程如图 2-19 所示。

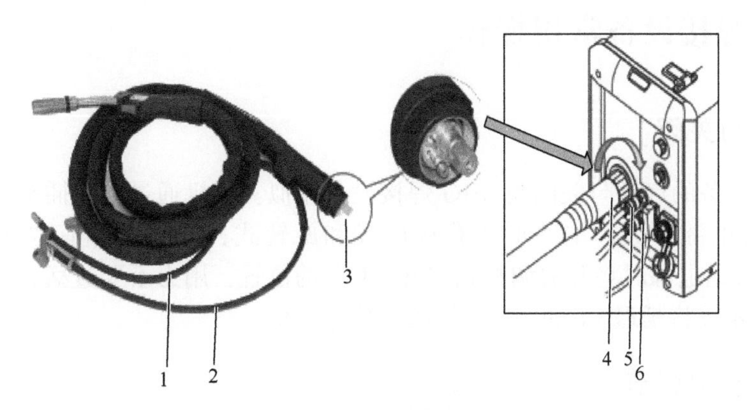

图 2-19　焊枪安装流程

1、2—冷却水管　3—焊枪接头　4—焊枪插座　5、6—冷却水插座

（2）送丝管的安装更换　送丝管一般分为3部分：第1部分是在前端的金属螺旋管，主要位置在焊枪的鹅颈部分，防止在高温状态下送丝管熔化变形；第2部分是在中部的硬质塑料或碳硅材料的软管，使用这两种材料即可保证软管有一定的硬度，又可保证内壁光滑，增加焊丝送进的顺滑；第3部分是在末端的送丝管密封固定机构，主要作用是将送丝管的位置进行固定，防止送丝管在使用过程中发生位移。

检查送丝管状态良好，无堵塞、龟裂等影响使用的问题。先将送丝管的固定机构卸下，然后从焊枪后端插入送丝管，此时焊枪的导电嘴座是处于卸除状态，随着送丝管的不断插入，送丝管前端的螺旋管伸出焊枪鹅颈，当伸出长度略大于导电嘴座的深度时，旋入导电嘴座，此时螺旋管的前端与导电嘴座内部处于密贴状态；然后根据送丝管末端固定装置的长度将多余的送丝管去掉；最后装上送丝管紧固装置与焊枪形成一体。送丝管的安装流程如图2-20所示。

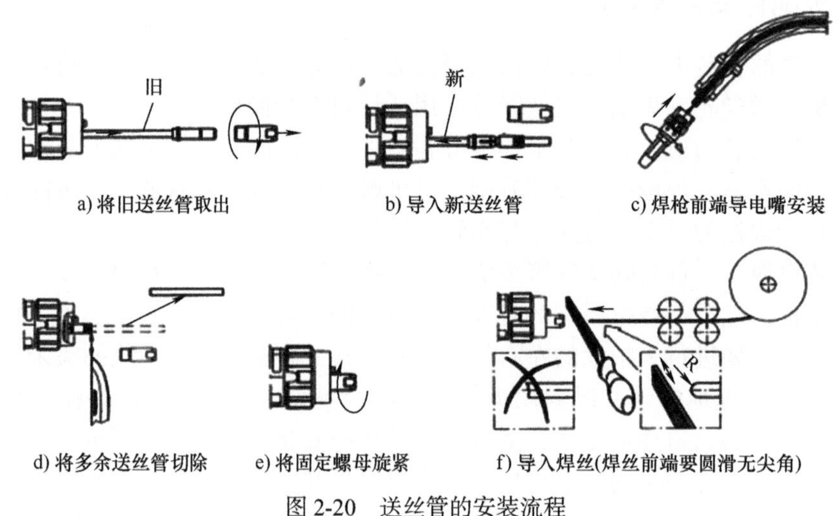

a) 将旧送丝管取出　b) 导入新送丝管　c) 焊枪前端导电嘴安装

d) 将多余送丝管切除　e) 将固定螺母旋紧　f) 导入焊丝(焊丝前端要圆滑无尖角)

图2-20　送丝管的安装流程

2.3　TIG焊接设备常用操作

2.3.1　起动与关闭

TIG焊接设备的启动与关闭与MIG焊接设备相似。焊机通过电缆插头接入外部电网，焊机主机上有电源开关，主要形式有按压式和旋转式，开关上标有“开（I）”或“关（O）”字样。接通电源时将开关调整到“开（I）”的位置，用力不要过猛，并要干脆利落，电源接通后显示屏将延迟1s左右显示焊接参数等信息。

2.3.2　焊接参数调节

这里以WSE-300型手工交直流两用钨极氩弧焊机来介绍焊接参数的调节，调整面板如图2-21所示，各操作控制参数功能如下。

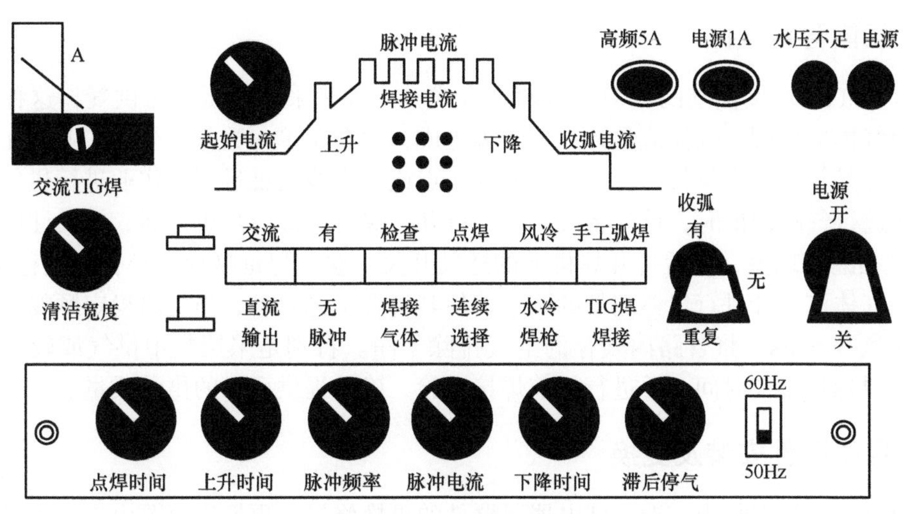

图 2-21　调整面板

（1）提前送气、滞后停气功能　保证整个焊接过程都在气体保护下进行，防止焊缝的始端、末端出现气孔。提前送气时间为 0.3s，滞后停气时间为 2 ～ 23s。滞后停气时间可通过面板上滞后停气时间调节旋钮进行设定。

（2）收弧“无”“有”和“重复”功能

1）收弧“无”。适用于工件的定位焊、短焊缝焊接场合。采用收弧“无”方式焊接时，需设定焊接电流和滞后停气时间。

2）收弧“有”。用小电流防止引弧时烧穿工件，焊接结束时变为小电流以填满弧坑。用收弧“有”方式焊接时，需设定起始电流、上升时间、下降时间、收弧电流和滞后停气时间。

3）收弧“重复”。工作过程和各旋钮的设定与收弧“有”基本相同，区别在于收弧结束松开焊枪开关后又变为焊接电流，以后再按焊枪开关为收弧电流，松开焊枪开关为焊接电流，周而复始，焊接结束需提起焊枪拉断电弧，此功能可用于焊缝间隙大小不均匀等场合。

（3）焊接电流缓升、缓降功能　TIG 焊时，对一些热敏感材料，为保证焊接质量，需要使工件的温度缓慢上升或下降，即在焊接开始时由起始电流缓升到焊接电流，焊接结束时由焊接电流缓降到收弧电流，其缓升、缓降的速率可通过上升时间或下降时间旋钮进行设定。上升时间和下降时间调节范围均为 0.2 ～ 10s。

（4）脉冲焊接功能　脉冲钨极氩弧焊与一般钨极氩弧焊的主要区别在于其采用低频调节的直流或交流脉冲电流加热工件。电流幅值按一定频率周期性地变化，脉冲电流时工件上形成熔池，基值电流时熔池凝固，焊缝由许多焊点相互重叠而成。交流脉冲氩弧焊用于铝镁及其合金等表面易形成高熔点氧化膜的材料，直流脉冲氩弧焊用于其他金属。调节脉冲电流、基值电流幅值，脉冲电流、基值电流的持续时间，可对焊接热输入进行控制，从而更精确地控制焊缝及热影响区的尺寸和质量。

在交流 TIG 焊接铝及其合金时，为了更好地清除金属表面的氧化膜，增加了一个清洁宽度调节旋钮。

2.3.3 气体管路调试

铝合金 TIG 焊接供气的气源共有两种方式：一种是采用高压气瓶供气，这种方式供气主要由气体减压阀、气体流量计和软管等组成，适合于单一数量较少的作业单元进行供气；另一种是管道集中供气，适合于对并联多点或流水线大批量焊接作业进行供气。

焊前进行气路调试时，首先将气源开关打开，保持气源与焊机连通，并关注胶管各接口是否存在漏气现象，然后打开焊机上的送气开关，验证焊枪喷嘴处是否出气稳定顺畅，同时调整气体流量计进行气体流量的调节，使其符合工艺要求，当气路稳定顺畅并无泄漏后，要排气 3 ～ 5s，将管路内残存的空气排除干净。特别是采用集中供气或较长时间未使用时，要延长排气时间，并进行焊前焊接试验，确保提供可靠的供气质量。

2.3.4 焊机配件安装及更换

在焊机配件的安装中，涉及到电器元器件的更换修复，更换修复要由专业人员进行操作，焊接操作者对于焊机的送丝轮、焊枪和送丝管等常用耗材可自行操作。

（1）焊枪的安装与更换　铝合金 TIG 焊枪分为空冷和水冷两种结构形式，与送丝机构的连接方式都是插座螺紧，焊枪端部分别有两个电极触头和一处送丝管通道。风冷焊枪与水冷焊枪的区别在于焊枪的后端部有无冷却水管路的接头；当采用交流电源时，焊机接口无正负极之分。下面以直流焊接电源为例说明焊枪的各安装结构及对应关系。焊枪与焊机对应的接口如图 2-22 所示。

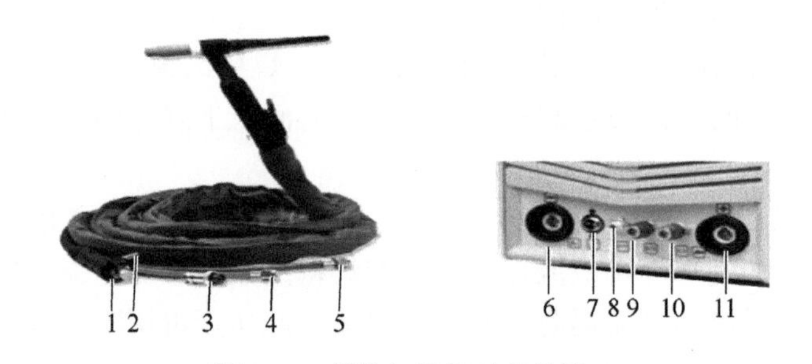

图 2-22　焊枪与焊机对应的接口

1—电极插头　2、8—进水口　3—控制线插头　4—保护气管插头　5—出水口插头
6、11—电极插座　7—控制线插座　9—保护气插座　10—出水口插座

安装更换时，首先确认各接头清洁无污物，防止安装后杂物进入冷却水系统或电器插头接触不良；然后将焊枪后端部对准送丝机构的对应端口，先轻柔后用力将各接口连接，在此过程中不要进行大幅度的左右晃动，防止接头各触点断开，当插头未完全配合到位时，可轻微小幅度地转动并纵向用力，直至配合到位，然后将螺旋环扣拧紧，焊枪的送丝通道和开关电器通道连接完毕，空冷焊枪的更换安装完成。水冷焊枪安装更换的区别是增加了冷却水的两个接口，一个出水口和一个进水口，安装完焊枪端部插口后，将冷却水的接头分别进行插入连接即完成水冷焊枪的安装更换。

（2）焊枪钨极的安装更换　TIG 焊枪头的组成部件和相互关系如图 2-23 所示。更换钨极时，将钨极端部打磨至要求状态，焊接铝及铝合金时，一般采用交流电源，钨极的前端打磨成半球状。钨极的操作流程为：将焊枪的电极帽、电极夹头卸下，将电极插入电极夹中，然后将两者由焊枪上部插入枪体，电极夹推送到焊枪上孔的根部即可；大体调整钨极的长度，此刻钨极是可以在钨极夹中自由活动的，再将电极帽拧入，电极帽初始不要拧得过紧；最后再调整钨极的伸出长度至焊接要求状态，再拧紧电极帽，钨极即可得到有效固定。

当钨极需要研磨时，拆卸的方法与钨极安装的方法相反。

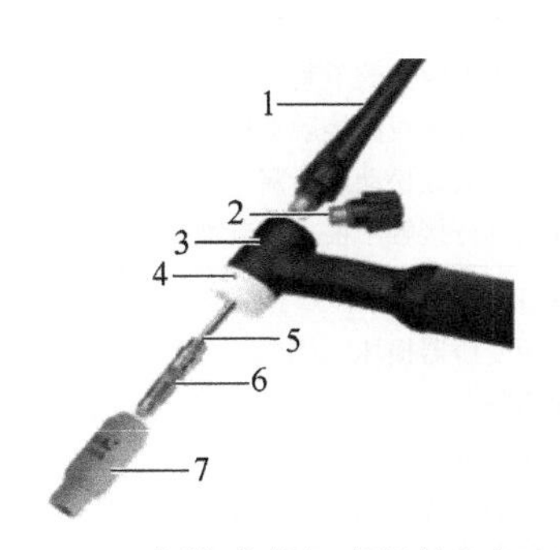

图 2-23　TIG 焊枪头的组成部件和相互关系

1—长压帽　2—短压帽　3—枪头　4—垫圈　5—钨极夹　6—分流器　7—瓷外罩

2.4　设备保养及维护

2.4.1　设备日常检查维护

1）要经常注意送丝软管工作情况，以防被污垢堵塞。

2）要经常检查导电嘴磨损情况，及时更换磨损大的导电嘴，以免影响焊丝导向及焊接电流的稳定性。

3）施焊时要及时清除喷嘴上的金属飞溅物。

4）要及时更换已磨损的送丝滚轮。

5）定期检查送丝机构、减速箱的润滑情况，及时添加或更换新的润滑油。

6）经常检测电气接头、气管等连接情况，及时发现问题并加以处理。

7）定期以干燥压缩空气清洁焊机，防止因灰尘过多而影响元器件的正常功能。

8）带有冷却水箱的焊机，要定期观察冷却液的容量，低于限位及时添加。

9）当焊机在较长时间不用时，要将焊丝取下，防止焊丝污染氧化。

10）开工前，要在试板上先进行试焊，以检验焊机的使用状态。

2.4.2　常见故障及排除

铝合金焊机在使用过程中出现故障，有时可直接观察发现，有时则必须通过测试方法才能发现。故障的排除步骤一般为：从故障发生部位开始，逐级向前检查整个系统，或相互有影响的系统、部位；还可以从易出现问题的、经常损坏的部位着手检查，对于不易出现问题、不易损坏，且易修理的部位，再进一步检查。

铝及铝合金MIG焊接设备常见故障及排除方法见表2-2，铝及铝合金TIG焊接设备常见故障及排除方法见表2-3。

表2-2 铝及铝合金MIG焊接设备常见故障及排除方法

序号	故障特征	产生原因	排除方法
1	焊丝送进不均匀	送丝滚轮压力调整不当 送丝滚轮V形槽口磨损 减速箱故障 送丝电动机电源插的不紧 焊枪开关或控制线路接触不良 送丝软管接头处松动或堵塞 焊枪导电部分接触不良，导电嘴孔径不合适	调整送丝轮压力 更换新滚轮 检修 检修、插紧 检修、拧紧 清洗、修理 更换
2	送丝电动机停止运作或电动机运转而焊丝停止送进	电极本身故障 电极电源变压器损坏 保险丝熔断 送丝机轮打滑 继电器的触点烧损或其线圈烧损 焊丝与导电嘴熔合在一起 焊枪开关接触不良或控制线路断路 控制按钮损坏 焊丝卷曲卡在焊丝进口管处 调速电路故障	检修或更换 更换 换新 调整送丝轮压紧力 检修、更换 更换导电嘴 更换开关、检修控制线路 更换 将焊丝重新装配 维修、更换
3	焊接过程中发生息弧现象和焊接参数不稳定	焊接参数选择不合理 送丝滚轮磨损 送丝不均匀，导电嘴磨损严重 焊丝弯曲太大 焊件和焊丝不清理，接触不良	调整参数 更换 检修调整，更换导电嘴 调直焊丝 清理工件和焊丝
4	焊丝在送丝滚轮和软管进口处发生卷曲或打结	送丝滚轮、软管接头和导丝接头不在一条直线上 导电嘴与焊丝粘连 导电嘴内孔径过小 送丝管内径小或堵塞 送丝滚轮压力太大，焊丝变形 送丝滚轮距软管接头进口处距离过大	重新进行调整 消除粘连 更换匹配的导电嘴 清洗或更换送丝管 调整压力 调整两者间的距离
5	焊接电流过小	电缆接头松 导电嘴间隙过大 焊接电缆与工件接触不良 焊枪导电嘴与导电杆接触不良 送丝电动机转速低	紧固 更换导电嘴 拧紧连接处 拧紧螺母 检查电动机及供电系统
6	气体保护不良	气路堵塞或接头漏气 气瓶内气体不足甚至漏气 电磁阀或电磁气阀电源故障 喷嘴内被飞溅物堵塞 气体流量不足 焊接上有油污 工作场地空气对流过大	检查气路，拧紧接头 更换新气瓶 检修 清理喷嘴 调整气流量 清理焊件表面 加强工作场地防护

表 2-3　铝及铝合金 TIG 焊接设备常见故障及排除方法

序号	故障特征	产生原因	排除方法
1	控制电流有电，但焊机不能启动	脚踏开关或焊枪开关接触不良 启动继电器或热继电器故障 控制变压器故障	检修
2	高频振荡器不振荡或振荡火花微弱	高频振荡器故障 火花放电器间隙过大或过小 放电盘云母被击穿 放电器电极烧坏	检修 调整火花放电器间隙 更换云母片 清理调整放电器电极
3	高频振荡器工作正常，但引不起电弧	焊接电源接触器故障 控制电路故障 焊件接触不良	检修
4	电弧引燃后不稳定	稳弧器故障 消除直流分量的元件故障 焊接电源故障	检修
5	焊机启动后，无氩气输送	气路阻塞 控制电流故障 电磁气阀故障 气体延时线路故障	检修

第 3 章

MIG 焊操作技巧

3.1　MIG 焊原理及特点

使用熔化的电极，以外加气体作为电弧介质，并保护金属熔滴、焊接熔池和焊接区高温金属的电弧焊方法，称为熔化极气体保护电弧焊。用实芯焊丝的惰性气体保护电弧焊法称为熔化极惰性气体保护焊，简称 MIG 焊。

3.1.1　MIG 焊原理

MIG 焊采用可熔化的焊丝作为电极，以连续送进的焊丝与被焊工件之间燃烧的电弧作为热源来熔化焊丝与母材金属。焊接过程中，保护气体（氩气）通过焊枪喷嘴连续输送到焊接区，使电弧、熔池及其附近的母材金属免受周围空气的有害作用。焊丝不断熔化且以熔滴形式过渡到熔池中，与熔化的母材金属熔合、冷凝后形成焊缝金属，MIG 焊原理如图 3-1 所示。

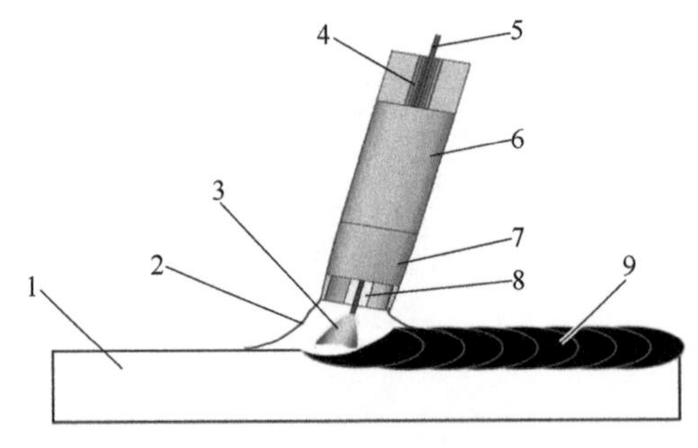

图 3-1　MIG 焊原理

1—工件　2—保护气　3—电弧　4—导丝管　5—焊丝　6—焊枪　7—喷嘴　8—导电嘴　9—焊缝

3.1.2　MIG 焊特点

1）焊接质量好。由于采用惰性气体作保护气体，故保护效果好，焊接过程稳定，变形小，无飞溅。采用直流反极性焊接铝及铝合金时，具有良好的阴极破碎作用。

2）焊接生产率高。由于是用焊丝作为电极，故可采用大电流密度焊接，母材熔深大，焊丝熔化速度快，焊接大厚度铝、铜及其合金时比钨极惰性气体保护焊的生产率高。与焊条电弧焊相比，MIG 焊能够连续送丝，且焊缝不需要清渣，因此生产效率更高。

3）适用范围广。由于采用惰性气体作为保护气体，不与熔池金属发生反应，故保护效果好，几乎所有的金属材料都可以焊接，因此适用范围广。但由于惰性气体生产成本高、价格贵，因此目前熔化极惰性气体保护电弧焊主要用于有色金属及其合金、不锈钢及其某些合金钢的焊接。

4）MIG 焊焊接铝及铝合金时，可以采用亚射流熔滴过渡方式提高焊接接头的质量。

5）由于 MIG 焊无脱氧去氢作用，对母材及焊丝上的油、锈很敏感，易形成缺欠，因此对焊接材料表面清理要求特别严格。

6）熔化极惰性气体保护焊抗风能力差，不适合野外焊接。另外，焊接设备也较复杂，由焊接电源、送丝机构、焊枪、控制系统和供水供气系统等组成。

3.2　常用操作技巧

3.2.1　操作手法

所谓焊接操作手法是指焊枪按照各种特定、规范化、技巧性的运行轨迹完成的技术动作，在工件接口上完成焊接的操作。

半自动 MIG 焊接时有两个基本方向的运动，即焊枪沿焊接方向的纵向移动和横向摆动，两个方向的运动通称为焊枪摆动（见图 3-2）。焊接过程中电弧随着焊枪的摆动向前移动，从而控制熔池形状，保证焊缝尺寸。

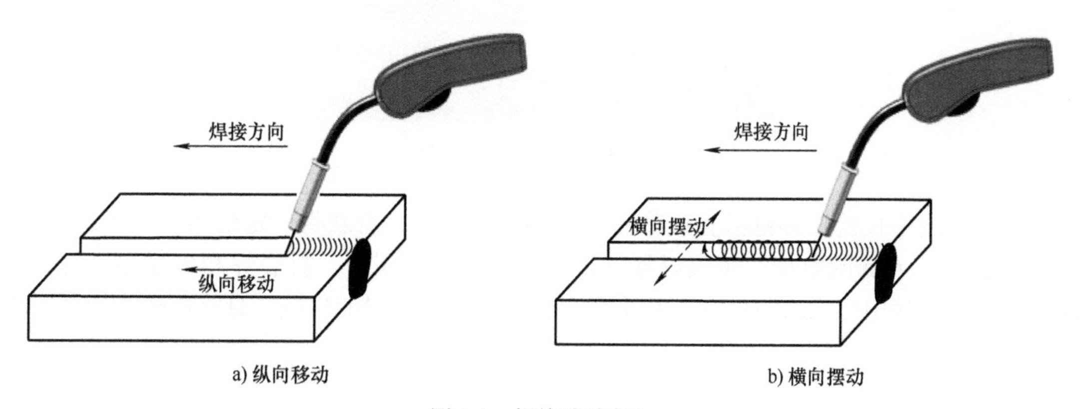

图 3-2　焊接移动方向

焊枪操作的手法直接影响焊缝外观、内部焊接质量，采用不正确的焊接操作手法会导致未熔合、未焊透、咬边和气孔等缺欠，因此焊接操作手法的正确选用尤为重要。在铝合金半自动 MIG 焊接中主要有 8 种常用的操作手法，具体详见表 3-1。

表 3-1 焊枪操作手法

序号	操作方法	焊枪运动轨迹	运动轨迹示意图
1	直线法	焊枪作直线移动	
2	直线停顿法	焊枪作有规律的停顿沿直线移动	
3	锯齿形摆动法	焊枪作锯齿形摆动向前移	
4	正圆圈形摆动法	焊枪作圆圈形摆动向前移动	
5	斜圆圈形摆动法	焊枪作斜圆圈形摆动向前移动	
6	快速直拉摆动法	焊枪沿焊缝作横向快速直拉向前移动	
7	三角形摆动法	焊枪作三角形摆动向前移动	
8	反月牙形摆动法	焊枪作反月牙形摆动向前移动	

焊接时焊枪的操作方法应根据接头形式、间隙、焊接位置、焊接电流、层道数以及作业人员操作技能水平来确定。铝合金焊接不宜大幅摆动，避免出现单道焊一次性焊接出大焊脚、大宽度的焊缝，一般情况下，当焊脚或焊缝宽度 >8mm 时，需尽可能选用多层多道焊的焊接方式，焊缝波纹应均匀细密。表 3-1 中 8 种焊接操作摆动技巧在铝合金焊接中应用最为广泛，各焊接技巧特点及应用范围如下。

（1）直线法　焊枪作直线移动，可获得较窄的焊缝宽度和熔深。适用于较小板厚不开坡口的对接、角接焊缝，多层焊的打底焊及多层多道焊。直线法焊接实例如图 3-3 所示。

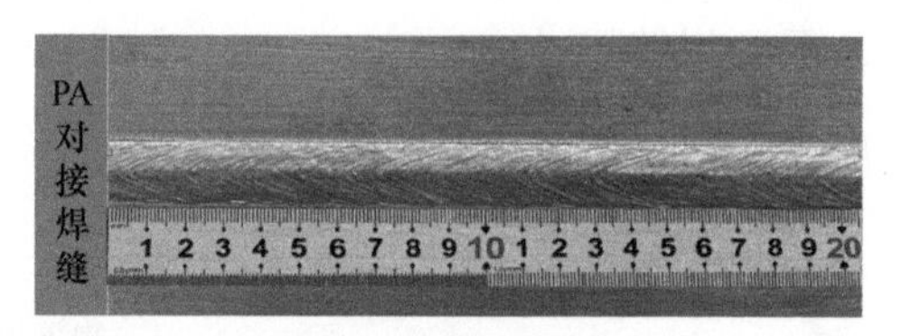

图 3-3　直线法焊接实例

（2）直线停顿法　焊枪沿直线作有规律的停顿移动，可获得一定的熔深和焊缝宽度。适用于板厚 >3mm 的对接、角接焊缝，以及单道焊、多层焊、打底焊和多层多道焊，此法在铝合金焊接中应用最为广泛，几乎适合于所有焊接位置的焊接。直线停顿法焊接实例如图 3-4 所示。

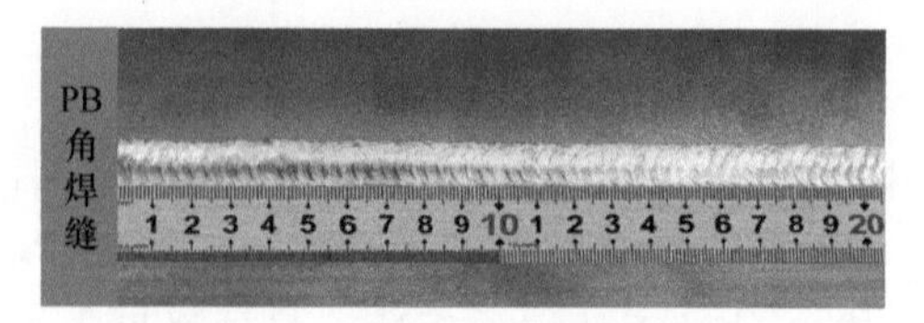

图 3-4　直线停顿法焊接实例

（3）锯齿形摆动法　焊枪作锯齿形摆动向前移动，摆动时中间较快，在焊缝两侧稍作停顿（一般 0.3 ～ 0.5s），防止焊缝两侧咬边和中间凸起过高，可获得较深的熔深和较宽的焊缝宽度。适用于需要较宽焊缝的厚板对接焊缝与角焊缝的 PF 位置填充、盖面焊焊接。锯齿形摆动法焊接实例如图 3-5 所示。

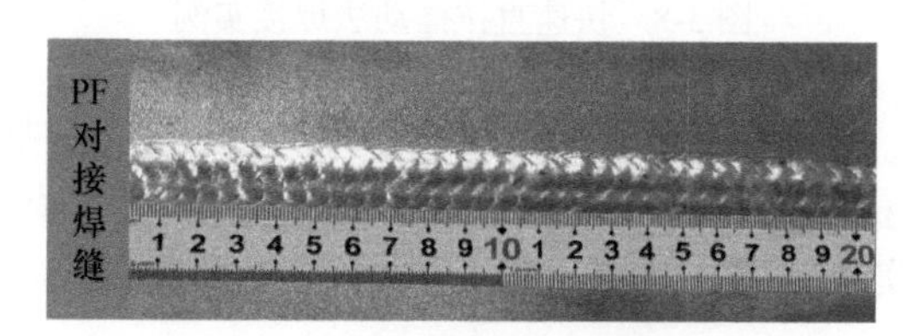

图 3-5　锯齿形摆动法焊接实例

（4）正圆圈形摆动法　焊枪作圆圈形摆动向前移动，采用此方法可获得良好的焊缝成形和较宽的焊缝宽度，在铝合金焊接中此法应用较为广泛。适用于对接接头、角接接头，在 PA、PB、PD、PE 焊接位置均可采用。正圆圈形摆动法焊接实例如图 3-6 所示。

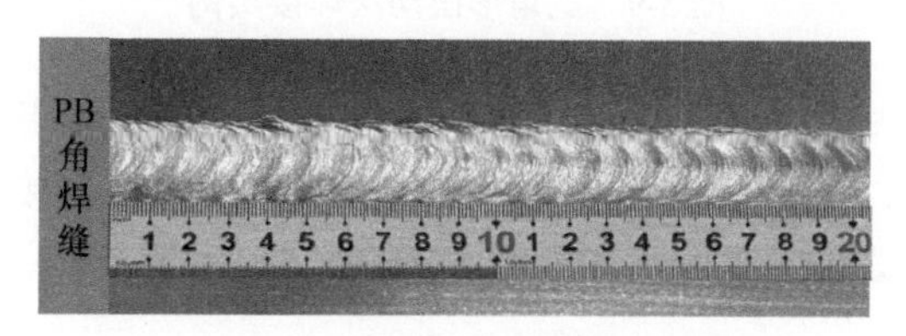

图 3-6　正圆圈形摆动法焊接实例

（5）斜圆圈形摆动法　焊枪作斜圆圈形摆动向前移动，焊接摆动时在斜圆圈向下行走阶段时速度要快，防止熔池下淌，并在焊缝两侧稍作停留，上侧稍长（0.3 ～ 0.5s），下侧稍短（0.2 ～ 0.3s），可获得较宽的焊缝宽度。适用于 T 形接头的角焊缝、对接接头的横焊焊接。斜圆圈形摆动法焊接实例如图 3-7 所示。

图 3-7　斜圆圈形摆动法焊接实例

（6）快速直拉摆动法　焊枪沿焊缝作横向快速直拉摆动向前移动，摆动频率较快，摆动时中间快，在焊缝两侧稍作停顿（一般 0.2 ～ 0.3s），每次向前移动的距离为 1 ～ 2mm，防止焊缝两侧咬边和中间凸起过高，可获得细密的焊缝波纹和较宽的焊缝宽度。适用于板对接焊缝的 PF 位置填充、盖面焊接。快速直拉摆动法焊接实例如图 3-8 所示。

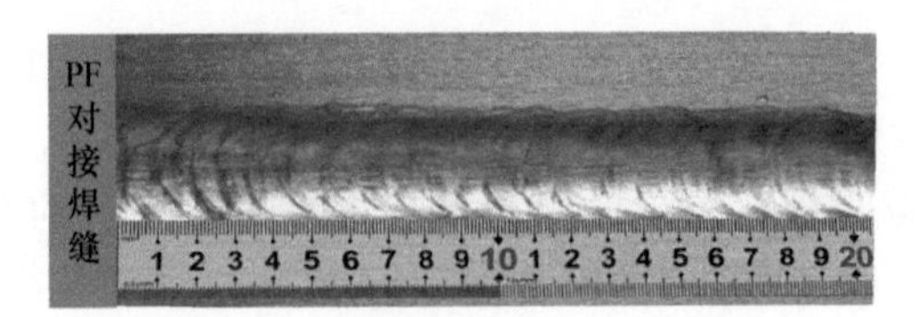

图 3-8　快速直拉摆动法焊接实例

（7）三角形摆动法　焊枪作三角形摆动向前移动，此方法主要用于 T 形接头 PF 位置的填充、盖面焊接，可获得较宽的焊缝宽度，并可防止焊缝下淌，保证焊缝两侧熔合良好。三角形摆动法焊接实例如图 3-9 所示。

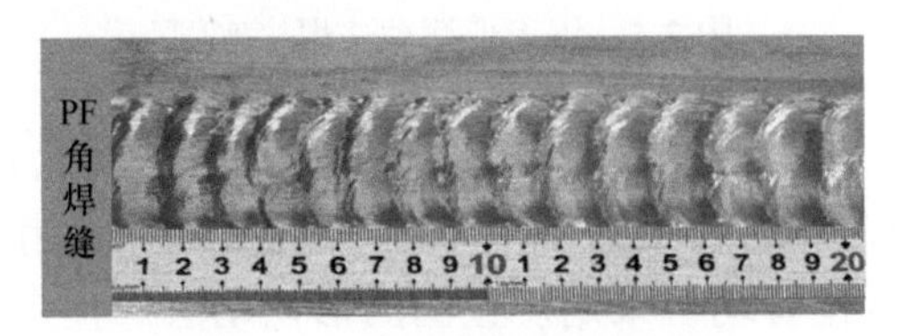

图 3-9　三角形摆动法焊接实例

（8）反月牙形摆动法　焊枪作反月牙形摆动向前移动，采用此方法可获得良好的焊缝成形和较宽的焊缝宽度，在铝合金焊接中主要应用于 PF 位置对接、角接焊缝的填充层和盖面层焊缝。反月牙形摆动法焊接实例如图 3-10 所示。

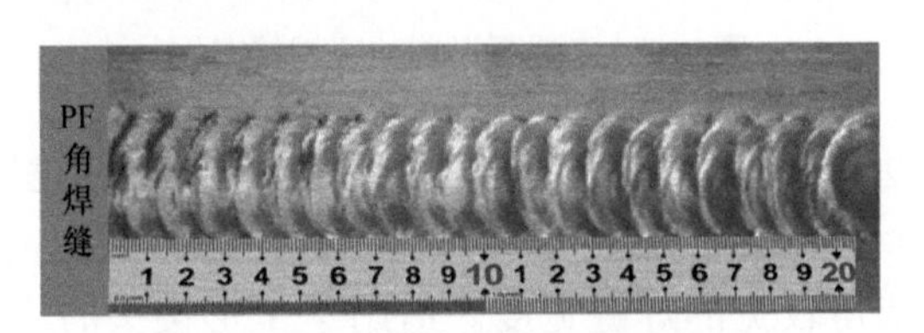

图 3-10　反月牙形摆动法焊接实例

以上 8 种焊接操作方法在铝合金焊接中应用最为广泛，在保证焊接质量的前提下，操作者可根据个人操作习惯、不同焊接环境等灵活选择相应操作方法。

3.2.2　操作细节

1. 引弧、收弧技巧

焊接引弧、收弧是焊接过程中非常重要的两个环节，若操作方法不当，则会直接影响焊缝质量，在铝合金焊接中引弧、收弧位置极易出现焊接缺欠，如未熔合、气孔、弧坑裂纹及弧坑凹陷等，因此在焊接中要重视引弧、收弧质量，从操作方法上降低焊接缺欠产生的概率。

（1）焊接引弧　焊接的引弧又叫起头。一般情况下，该部分焊缝略高，内在质量也难以保证。这是因为引弧时工件温度较低，加上铝合金导热性好，引弧后又不能迅速使工件温度升高，所以引弧部位的熔深较浅，极易出现未熔合焊接缺欠，焊接引弧实例如图 3-11 所示。

a) 引弧焊缝状态

b) 内部宏观状态

图 3-11　焊接引弧实例

为防止引弧处焊缝产生焊接缺欠，在铝合金焊接生产中通常采用以下几种解决措施。

1）退焊法引弧。即焊接时在距焊缝端部引弧处 10 ～ 15mm 位置引弧焊接到端部，此焊缝必须位于正式焊缝范围内，然后进入正常焊接，目的是对焊缝端部进行一定预热，防止焊缝过高及熔合不良。退焊法引弧如图 3-12a 所示。

2）引弧板引弧。在实际生产中，铝合金焊接常采用此方法，从引弧板上引弧将焊接起弧处产生缺欠留在引弧板上，焊后切除掉引弧板。引弧板引弧如图 3-12b 所示。

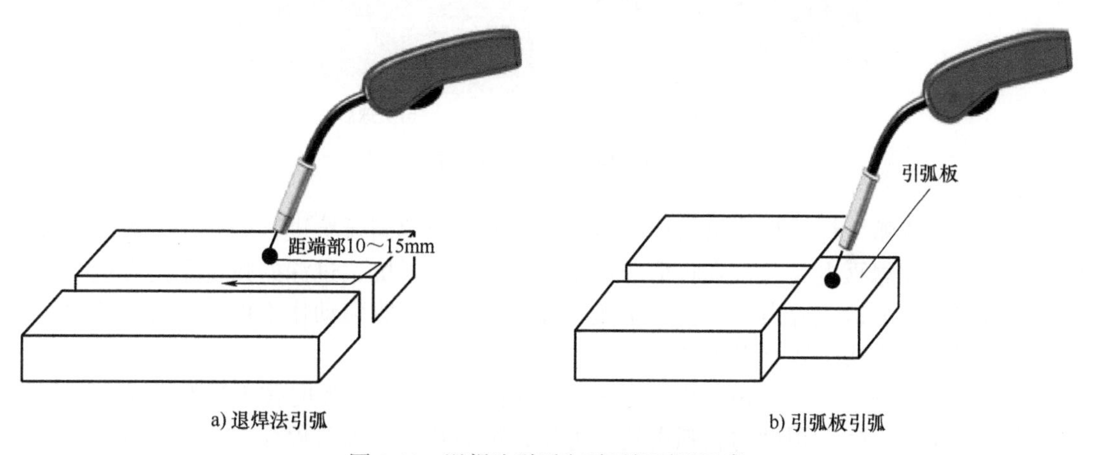

a) 退焊法引弧　　b) 引弧板引弧

图 3-12　退焊法引弧和引弧板引弧示意

3）“4 步模式”引弧。应用设备热起弧功能，即预先在焊接设备内设置好焊接时间、电流、电压等焊接参数，通过焊枪开关控制切换，热起弧焊接时间通常控制在 0.3 ～ 0.5s，然后切换至正常焊接电流进入正式焊接，引弧阶段电流为正常焊接电流的 120% ～ 150%，引弧电流的使用能够有效避免焊缝起弧处产生未熔合缺欠，这是铝合金焊接中普遍采用的方法。“4 步模式”引弧如图 3-13 所示。

4）焊丝端头“去球”处理。焊接停止后焊丝端头会形成一个圆球，端部圆球会破坏再次引弧的稳定性，因此再次焊接引弧前使用钢丝钳将焊丝端的球形圆头剪去，有利于引弧的稳定性，降低引弧飞溅和焊接缺欠产生的概率，焊丝端头去球如图 3-14 所示。

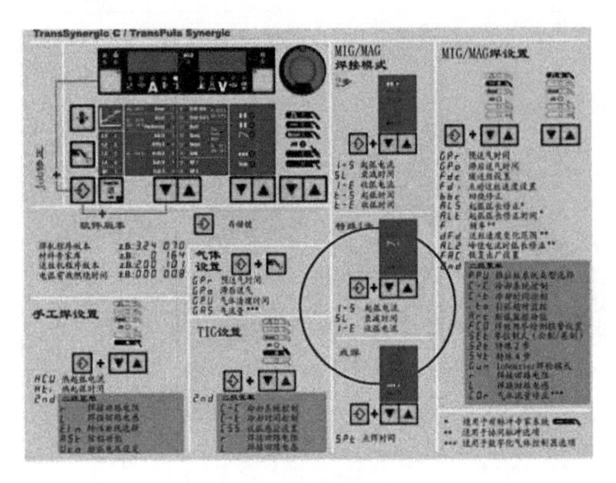

a) 热起弧功能

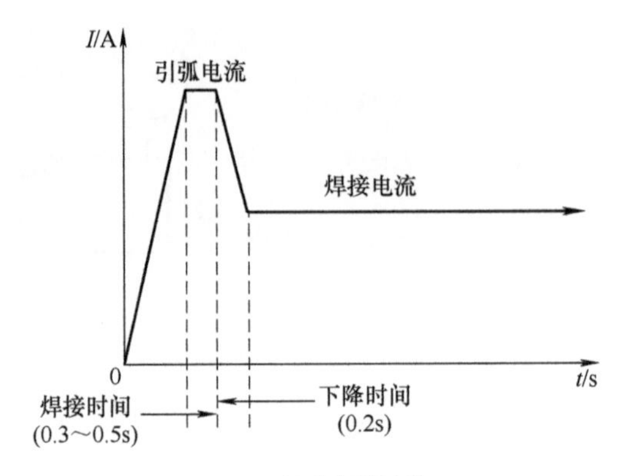

b) 热起弧过程

图 3-13　“4 步模式”引弧

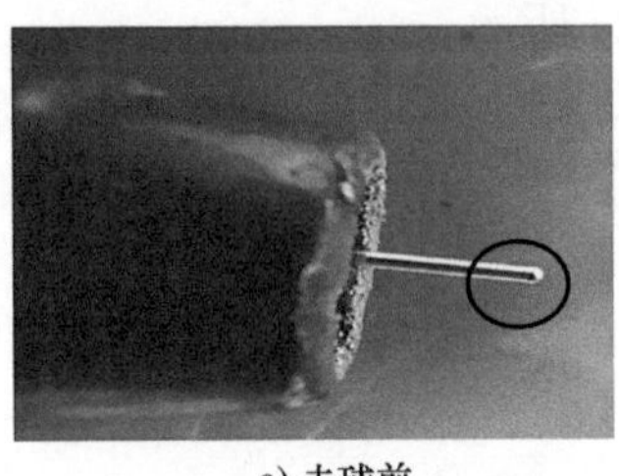

a) 去球前

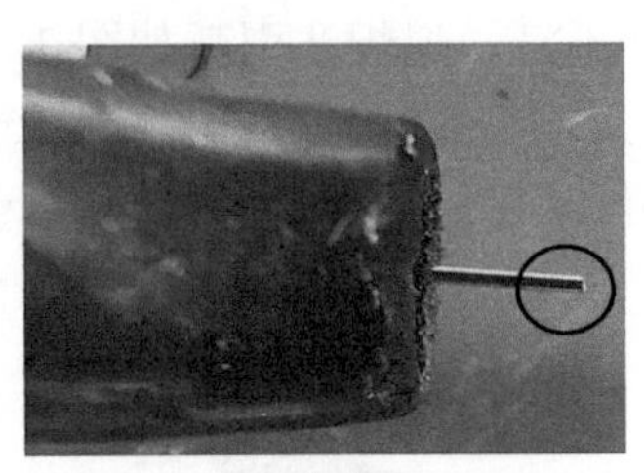

b) 去球后

图 3-14　焊丝端头去球

（2）焊接收弧　焊接收弧是指焊接停止熄灭电弧前填满弧坑进行的操作。焊缝焊接结束时，不能立即熄灭电弧，否则将形成低于工件表面的弧坑，过深的弧坑会使焊道收尾处强度降低，并容易造成应力集中而产生弧坑裂纹。因此，收弧动作不仅是熄弧，还要填满弧坑，常用收弧方法主要有以下 5 种。

1）电流衰减收弧法。MIG 焊接设备大多有收弧功能，收弧时按下控制开关，焊接电流和电弧电压会下降至预设的收弧电流和电压，填满弧坑后即可停弧。这是铝合金焊接应用最为广泛的一种方法。电流衰减收弧法如图 3-15a 所示。

2）画圈收弧法。焊接至焊缝终点时在结尾处作画圈运动，待弧坑填满后熄弧。画圈收弧法如图 3-15b 所示。要注意此法不适用于薄板，只适用于中厚板。

3）反复断弧法。焊接至焊缝终点时在弧坑上作数次反复熄弧 - 引弧，直到弧坑填满。反复断弧法如图 3-15c 所示。采用此方法要控制较短的杆伸长度，保证熔池始终在气体保护范围内，避免出现气孔。

4）回焊收弧法。焊接到焊缝终点时不停弧，然后向焊接反方向回焊一段距离（15 ～ 20mm），将收弧点回焊到焊缝上然后熄弧。回焊收弧法如图 3-15d 所示。

5）引出板收弧。实际生产中结构允许的情况下，在焊缝结尾处加装引出板，铝合金焊接常采用此方法，从引出板上收弧将焊接收弧处产生缺欠留在引出板上，焊后切除掉引出板即可。引出板收弧如图 3-16 所示。

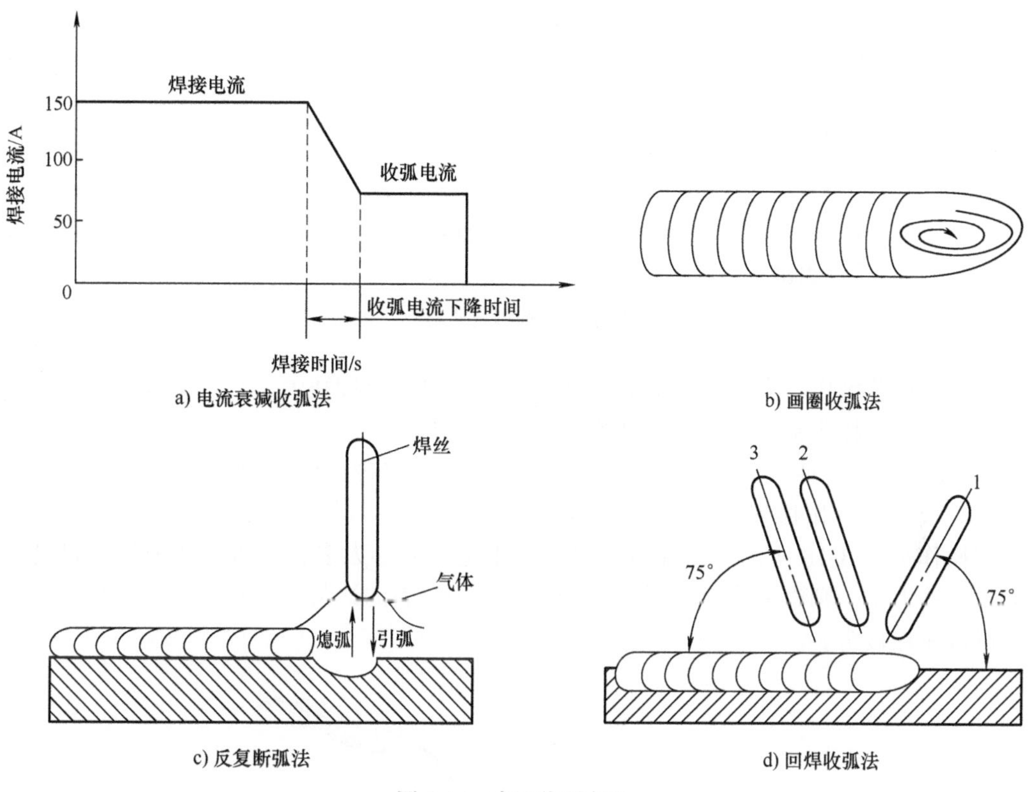

图 3-15　常用收弧方法

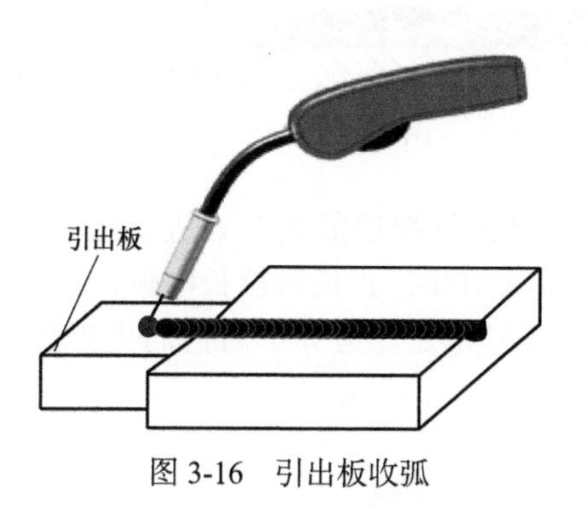

图 3-16　引出板收弧

2. 焊接接头操作技巧

在焊接操作过程中，由于焊接位置、焊缝长度等限制或操作姿势的变换，容易出现正常焊接停止，因此需要重新引弧焊接，从而产生焊缝接头连接问题。焊缝接头的连接一般有“头接尾”“头接头”“尾接尾”“尾接头”4 种形式。焊缝接头类型如图 3-17 所示。

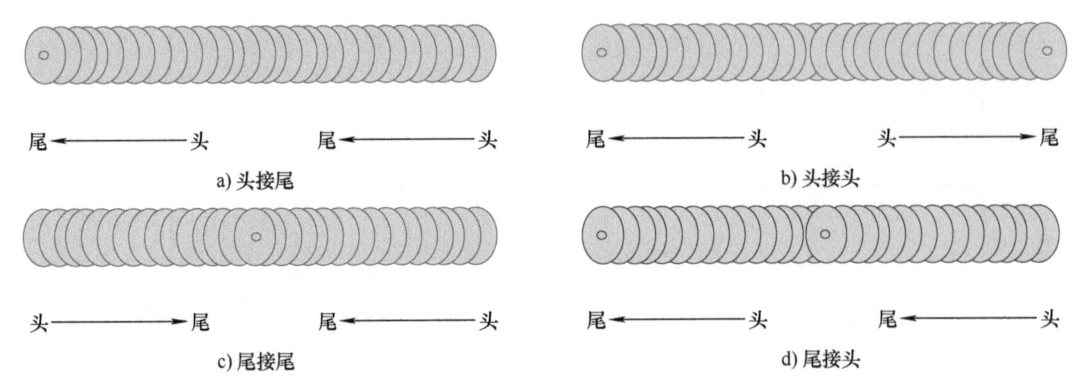

图 3-17　焊缝接头类型

焊缝接头若操作不当，则会形成脱节、接头高出或焊接缺欠，直接影响焊缝质量，因此每一种形式的接头都有其独特的技术要领需要掌握。

1）头接尾：此种接头形式应用最多，接头方法是在先焊焊道弧坑稍前约 10mm 处引弧，然后快速将电弧移到原弧坑的 2/3 处稍作停留，待填满弧坑后即向前进入正常焊接，头接尾操作如图 3-18 所示。需注意的是，如果电弧后移太多，则可能造成接头过高；如果电弧后移太少，则将造成接头脱节，产生弧坑未填满的缺欠，接头时动作要尽可能快一些，以形成热接头。

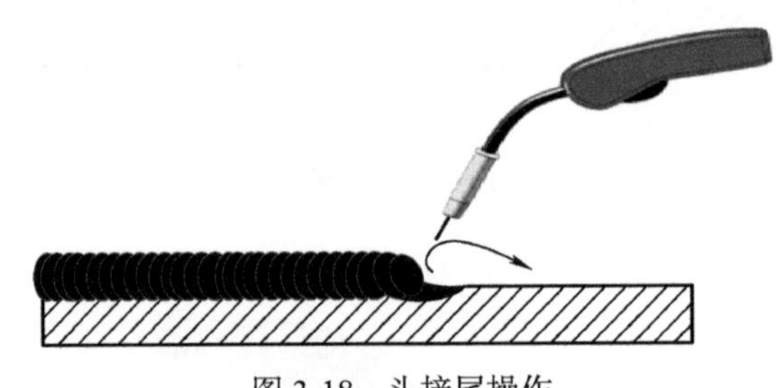

图 3-18　头接尾操作

2）头接头：此种接头需对先焊焊道的起头处进行适当的修磨，形成缓坡或略低些，接头时在先焊焊道的起头略前处引弧，并稍微拉长电弧，将电弧引向先焊焊道的起头处稍作停留，使端头充分熔合，待起焊处焊道焊平后再向先焊焊道相反方向移动进入正常焊接。头接头操作如图 3-19 所示。

图 3-19　头接头操作

3）尾接尾：是指后焊焊道从接头的另一端引弧，焊至前焊道的结尾处，焊接速度略慢，以填满焊道的弧坑，然后以较快的焊接速度再向前焊一段距离后熄弧。尾接尾操作如图 3-20 所示。

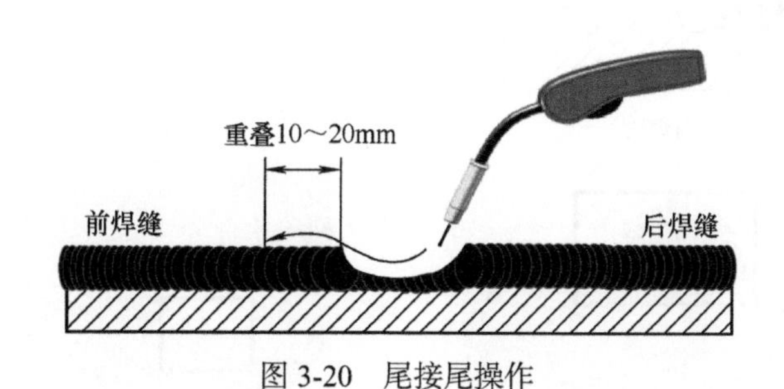

图 3-20　尾接尾操作

4）尾接头：是指后焊焊道结尾与先焊焊道起头相连接，要利用结尾时的高温重复熔化先焊焊道的起头处，将焊道焊平后快速收弧。尾接头操作如图 3-21 所示。

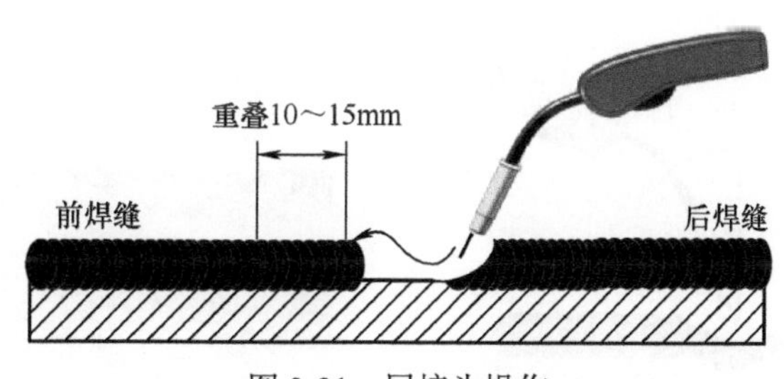

图 3-21　尾接头操作

3. 焊接方向

按照方向的不同，焊接可分为左向焊法和右向焊法，在铝合金 MIG 焊接中焊接方向对焊缝质量有较大影响，焊接方向的不同使电弧与工件作用方式有所不同，焊缝成形、熔深、保护效果和操作难度等都会发生变化，二者各有优劣。

1）右向焊法特点：右向焊时电弧大部分直接作用在工件上，具有熔深大、焊道窄而凸起的特点，适合中厚板焊接。但因焊枪挡住了操作者视线，不易观察焊道，所以容易造成焊偏，操作难度较大。由于铝合金在高温时极易氧化，右焊法时保护气体对已焊接的焊缝冷却作用减弱，因此使焊缝表面氧化、发黑严重，增加了气孔等缺欠产生的概率。右向焊法焊接如图 3-22 所示。

2）左向焊法特点：左向焊时电弧大部分作用在液态熔池上，阻碍了电弧对母材的进一步加热作用，具有熔深浅、焊道宽的特点，焊接薄板优势明显。左向焊操作者容易观察焊道和熔池状态，操作难度低，有利于焊缝成形，且保护气体对已焊焊缝金属具有一定冷却作用，可有效防止高温下的铝合金被进一步氧化，焊缝保护效果好。左向焊法焊接如图 3-23 所示。

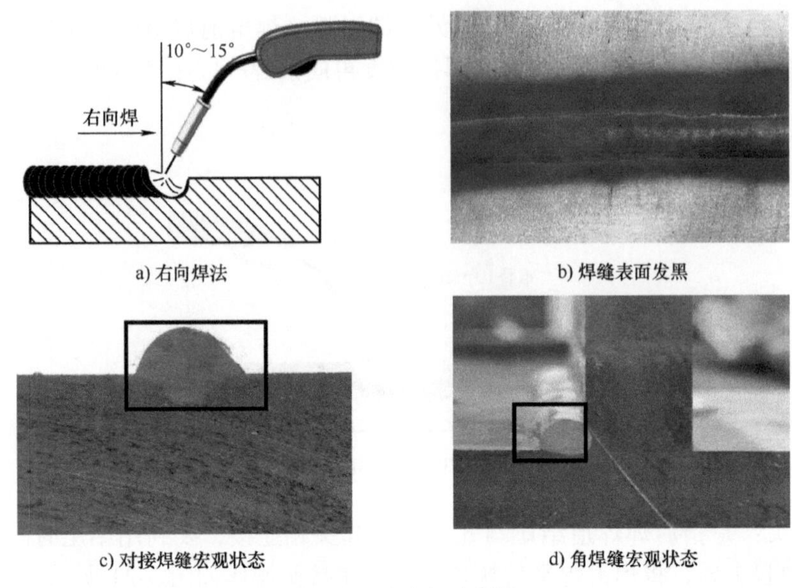

a) 右向焊法

b) 焊缝表面发黑

c) 对接焊缝宏观状态

d) 角焊缝宏观状态

图 3-22　右向焊法焊接

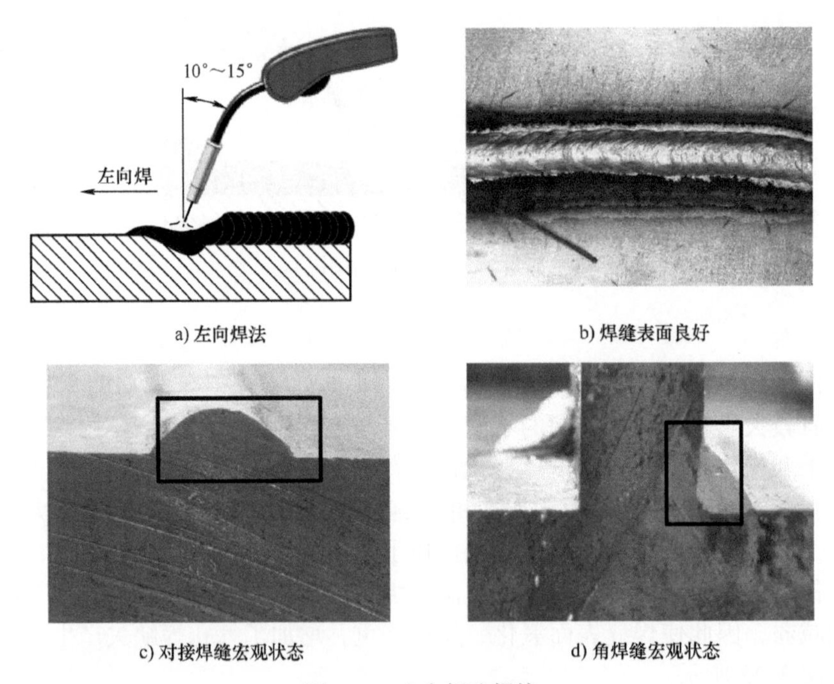

a) 左向焊法

b) 焊缝表面良好

c) 对接焊缝宏观状态

d) 角焊缝宏观状态

图 3-23　左向焊法焊接

从图 3-22 和图 3-23 可看出右向焊法虽然具有熔深大、焊道窄的特点，但操作者焊接时不易观察焊道及熔池状态，使操作难度加大，且焊缝表面氧化严重，焊缝发黑，因此铝合金 MIG 焊接时一般不选择右向焊法。

4. 焊接角度

焊接角度也就是常说的焊枪角度，无论何种焊接操作，焊枪与工件都会产生 2 个角度，即工作角和行走角，焊接角度应根据焊接位置、接头形式、焊层分布及板材厚度等进行正确选择。

1）工作角：焊枪轴线与工件表面所呈的角称为工作角。通常情况下对接焊缝工作角为 90°，角焊缝工作角为 45°，如坡口形式、焊缝层道数发生变化，则工作角也要相应调整，以保证电弧的可达性和焊缝质量。对接接头焊枪角度如图 3-24a 所示。

2）行走角：焊枪轴线与垂直于焊接方向直线所呈的角称为行走角。行走角根据焊接方向的不同，又分为前倾角与后倾角，右向焊时称为后倾角，左向焊时称为前倾角。在相同情况下，行走角较小时，电弧集中向下，热量集中，具有熔深大、保护效果好的特点；当行走角较大时，熔深小，保护效果变差，飞溅增大。因此，在实际操作时，焊枪的行走角大多选择 10° ～ 15°，以便对熔池进行良好的控制，达到良好的气体保护效果，从而保证焊缝成形质量。角焊缝焊枪角度与行走角对焊缝熔深的影响分别如图 3-24b、c 所示。

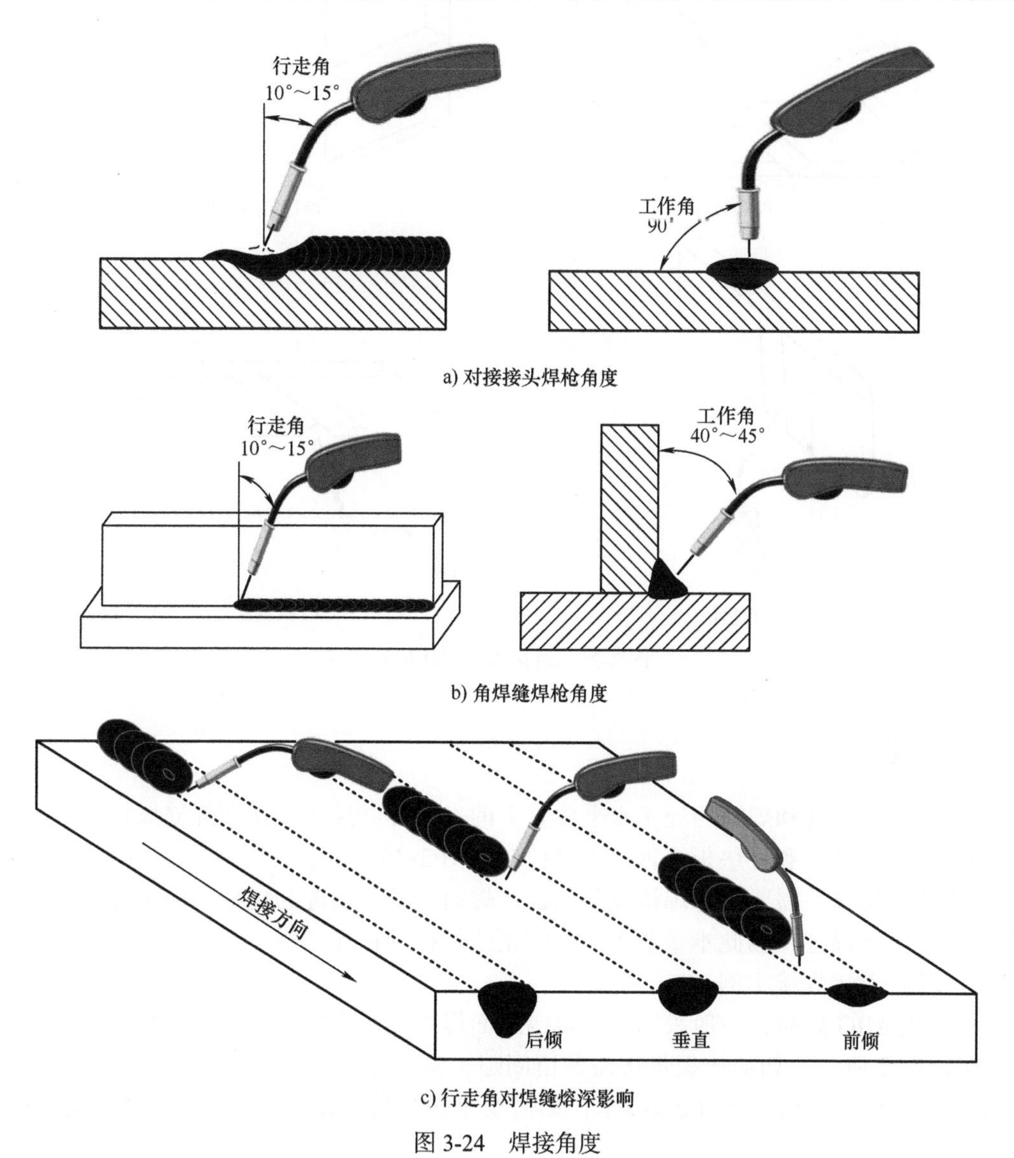

图 3-24　焊接角度

3.3 对接焊缝操作技巧

对接焊缝是指在工件的坡口面间或一工件的坡口面与另一工件端面间焊接的焊缝。因工件或零件的边缘常加工成各种形状的坡口，故对接焊缝又称坡口焊缝。对接焊缝按照焊缝所处的空间位置分为平焊（PA）、横焊（PC）、立焊（PF）、仰焊（PE）。对接焊缝焊接位置如图 3-25 所示。其中，仰焊操作难度最高，立焊次之，横焊较低，平焊操作难度最低。

本小节主要针对对接焊缝 4 种焊接位置的具体操作技巧进行详细讲解，焊接实例中所采用的母材统一为铝板 6N01，厚板 12mm，薄板 3mm，焊丝 ER5356、ϕ1.2mm，坡口角度为单边 35° ± 2°，气体为 99.99%Ar，在实例讲解中不再对此进行介绍。

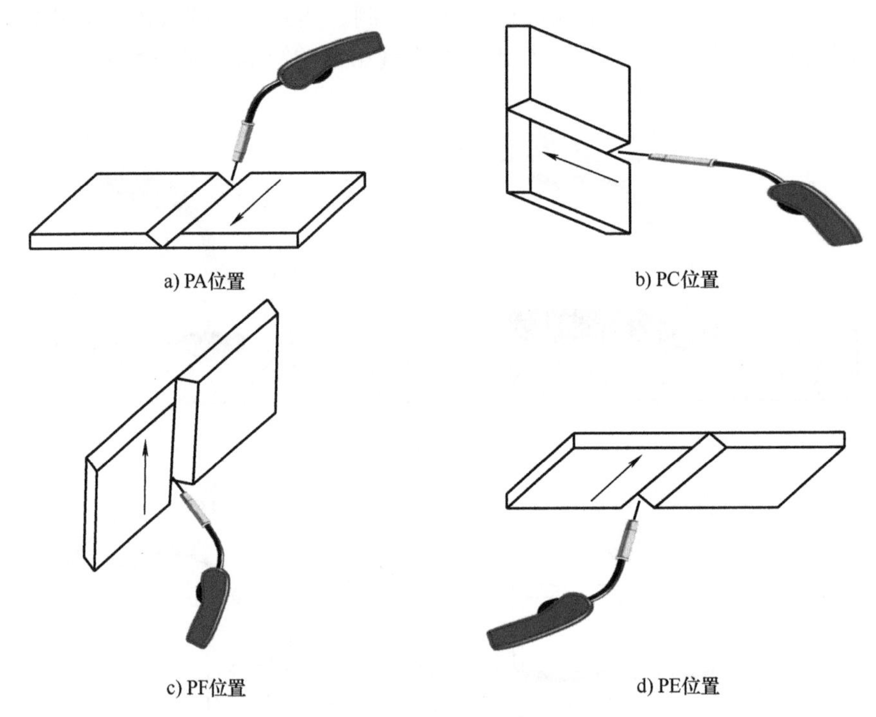

图 3-25　对接焊缝焊接位置

3.3.1　平焊

平对接焊是工件和焊缝均处于水平位置上的一种焊缝接头，按照焊缝坡口形式，一般分开坡口、不开坡口和带垫板 3 种。平焊位置如图 3-26 所示。

在正式焊接前，需要进行焊接设备调试、焊前准备、装配与定位，由于部分内容已在其他章节进行了描述，因此本章节主要介绍正式焊接的操作要领。

（1）薄板对接焊接实例

1）薄板 MIG 焊时，一般采用单面焊或双面焊焊接，不需要开坡口和预留间隙，薄板焊接如图 3-27 所示。如加垫板焊接需预留间隙，实际生产中，铝合金焊接不推荐采用焊缝背面无保护的单面焊双面成形技术，如需要单面焊接全熔透，则需在焊缝背面加垫板焊接。

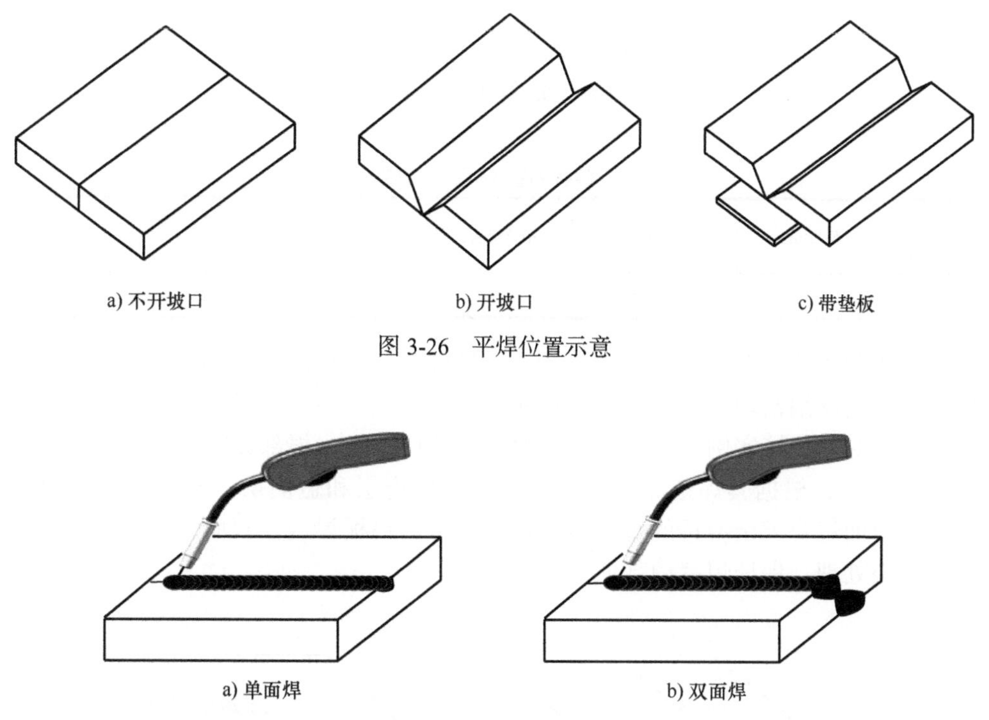

a) 不开坡口　　b) 开坡口　　c) 带垫板

图 3-26　平焊位置示意

a) 单面焊　　b) 双面焊

图 3-27　薄板焊接示意

2）对于薄板不开坡口的对接焊缝，通常情况下是单层单道焊，带垫板的焊缝采用多层焊。焊接角度如图 3-28 所示，焊枪与焊缝呈 75° ～ 85°（行走角），与工件表面呈 85° ～ 90°（工作角）。采用退焊法引弧或引弧板操作方式，具体操作方法前面章节已做介绍，此处不再赘述。

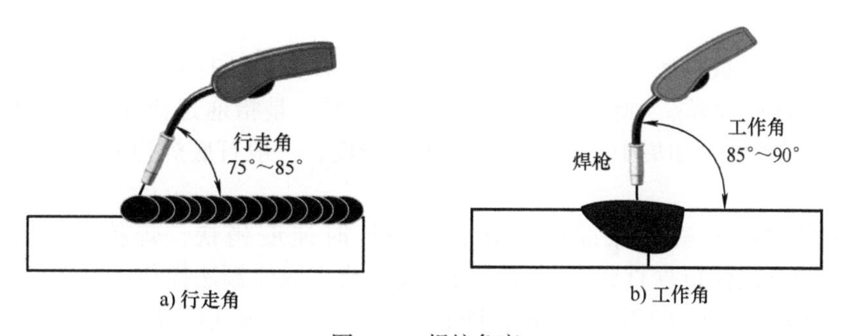

a) 行走角　　b) 工作角

图 3-28　焊接角度

3）铝合金焊接操作时焊接速度要比钢焊接速度稍快，高温下的液态铝合金流动性较好，焊接时要始终保证电弧燃烧点处于熔池前端，防止熔池前置产生未熔合缺欠。在焊接过程中，焊枪的摆动与否要根据实际情况决定，薄板焊接操作方法宜采用直线法或直线停顿法（见图 3-29）。带垫板的焊缝，要保证垫板与工件密贴，使用永久性垫板的要保证焊接时垫板与焊缝充分熔合，防止垫板脱落，注意焊接操作时既要保证垫板熔合，还要保证工件根部充分熔合，具体焊接参数的选择见表 3-2。

图 3-29 焊接摆动示意

表 3-2 薄板对接 MIG 平焊焊接参数

母材	板厚 /mm	焊丝	Ar 气纯度（%）	焊接电流 /A	电弧电压 /V	气体流量 /（L/min）
6N01	3	ER5356	99.99	130	23	20

无论选用何种焊接操作摆动方法，焊后焊缝成形要避免中间凸起过高或低于母材现象，保证焊缝波纹细密均匀、焊趾圆滑过渡。

（2）厚板对接焊接实例　厚板焊缝一般需开坡口焊接，根部无需预留间隙，采用多层焊或多层多道焊，根据其焊道布局分为打底层、填充层和盖面层。焊接层道数如图 3-30 所示。厚板单面焊要求全熔透的焊缝需在焊缝背部加垫板焊接，双面焊时需要对先焊焊缝背面进行清根处理，保证焊缝内部质量。

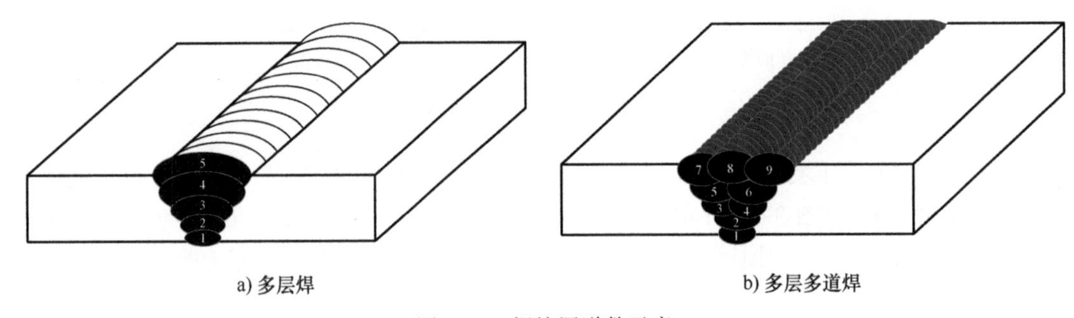

图 3-30 焊接层道数示意

1）打底层。厚板打底焊最易出现根部熔合不良，为保证打底焊得到一定熔深，焊接时尽量采用小直径焊丝、“硬弧”焊接。所谓“硬弧”是指通过修正电弧电压和电弧直径，使电能量弧密度更加集中，就是常说的电弧挺度，一般打底焊均采用硬弧焊接，可获得较大熔深。

打底焊最关键的就是保证根部熔合，焊接时速度稍快，焊枪前倾角尽可能小（5° ～ 10° 为宜）或保持垂直状态，可采用直线法或直线停顿法操作（见图 3-31a）。焊后避免出现焊缝表面凸起（见图 3-31b），防止焊趾处夹角影响填充层焊接，使焊缝形成凹形焊缝或平面形焊缝（见图 3-31c），为后续焊道焊接奠定基础，防止层间未熔合缺欠的产生。

带垫板焊缝根部需要预留间隙，打底焊操作时要同时兼顾垫板、坡口钝边充分熔合，焊接速度不宜太慢，防止因熔池前淌而阻碍电弧对垫板和钝边的熔化作用，产生未熔合缺欠。双面焊焊缝打底焊操作关键点在于焊缝背面清根，当一面焊缝焊接完成后，在另一面焊缝打底焊时需对先焊焊缝背面清根打磨，将产生的氧化物、焊渣等彻底清除干净，保证在板厚方向全焊透（见图 3-32）。

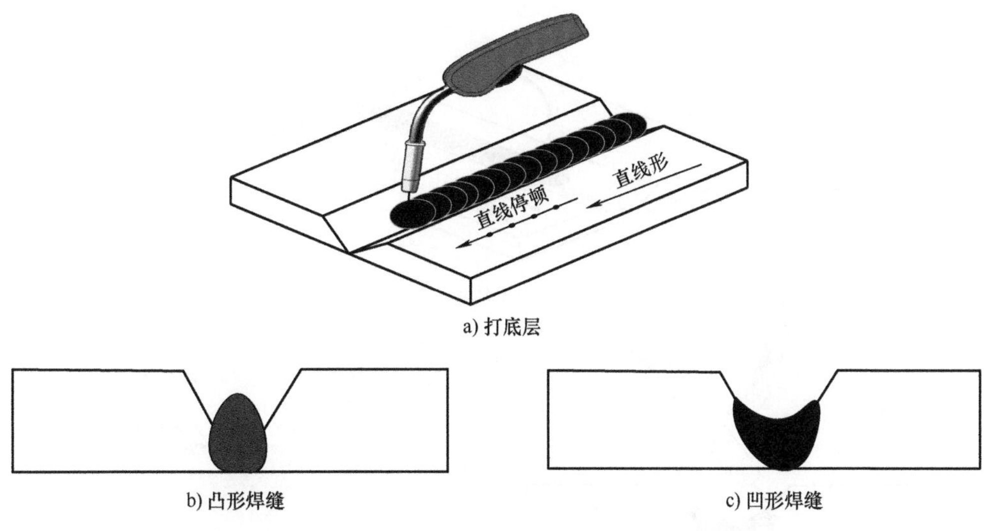

图 3-31　打底焊缝示意

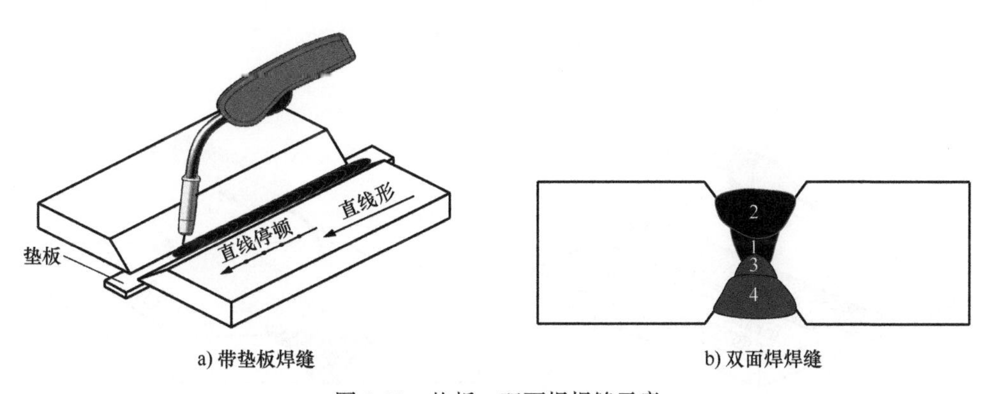

图 3-32　垫板、双面焊焊缝示意

2）填充层。单面焊、双面焊、带垫板焊缝填充层焊接技术要点均相同，填充层最易出现层间未熔合，在正式焊接时对前一道焊缝产生的氧化膜、焊渣、飞溅以及缺欠要彻底清理干净。焊接操作时以前一道焊缝两侧焊趾边线为基准，采用“中间快两侧慢”的直线停顿法或正圆圈形摆动法焊接（见图 3-33a），为保证层间熔合良好，焊接摆动停顿点要指向焊趾处（见图 3-33b），要注意每层焊缝不宜太厚，一般为 2 ～ 3mm；多层多道焊采用直线法或直线停顿法焊接，焊枪不作横向摆动，焊接摆动停顿点要指向焊趾处，最后一层填充焊应注意不要破坏坡口边缘轮廓线，留 1mm 左右不焊满（见图 3-33c），为盖面层焊缝留有余量。

3）盖面层。盖面层焊缝的成形直接决定焊缝外观质量，要求达到平、直、匀，单道焊盖面可根据焊缝宽度采用直线停顿或正圆圈形摆动，多道焊盖面可采用直线法或直线停顿法焊接。焊接过程中根据填充层预留量调整焊接速度，以坡口两侧棱线作为焊接参照线，运用“两侧停顿中间快”的摆动方式向前移动，注意观察坡口边缘，确保焊缝达到圆滑过渡，防止咬边、未熔合等缺欠产生（见图 3-34），具体焊接参数见表 3-3。

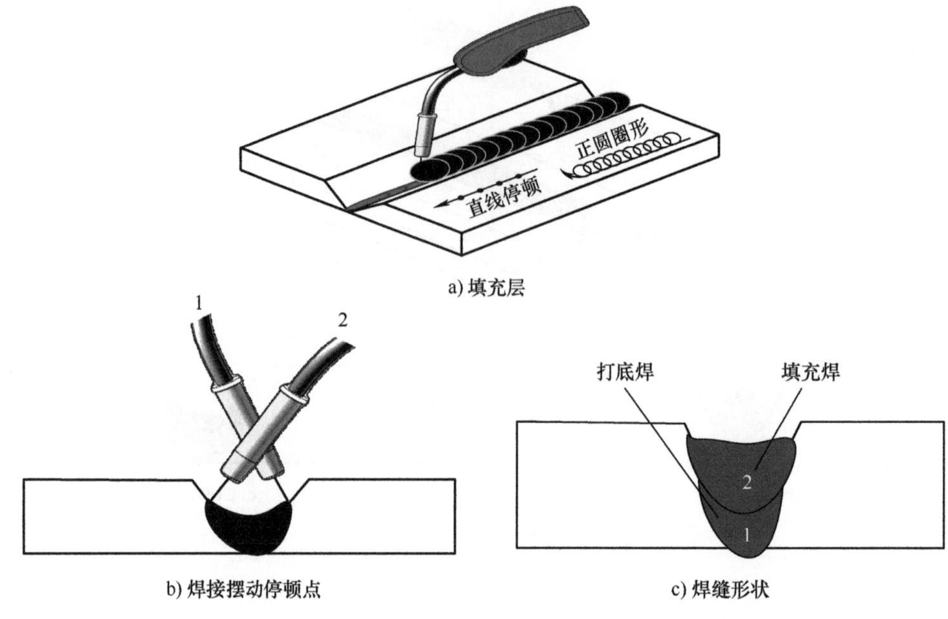

a) 填充层

b) 焊接摆动停顿点

c) 焊缝形状

图 3-33　填充焊缝示意

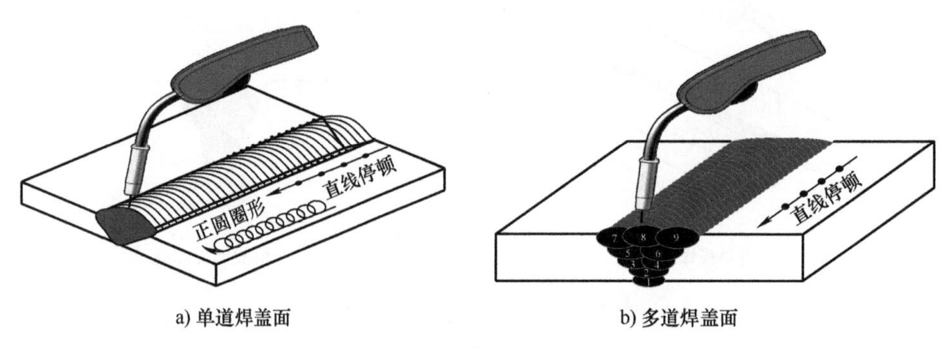

a) 单道焊盖面

b) 多道焊盖面

图 3-34　盖面层焊缝

表 3-3　厚板对接 MIG 平焊焊接参数

母材	板厚 /mm	焊丝	Ar 气纯度（%）	焊接层次	焊接电流 /A	电弧电压 /V	气体流量 /（L/min）
6N01	12	ER5356	99.99	打底层	210	23	20
				填充层	240	25	
				盖面层	220	26	

3.3.2　横焊

横对接焊是工件处于垂直、焊缝处于水平位置的一种焊接操作。横焊的难点在于焊接时熔池金属有下坠倾向，易使焊缝上侧出现咬边、下侧出现焊瘤和未熔合等缺欠（见图 3-35）。因此，对开坡口和不开坡口的横焊都要选择合适的焊接参数，掌握正确的操作方法。

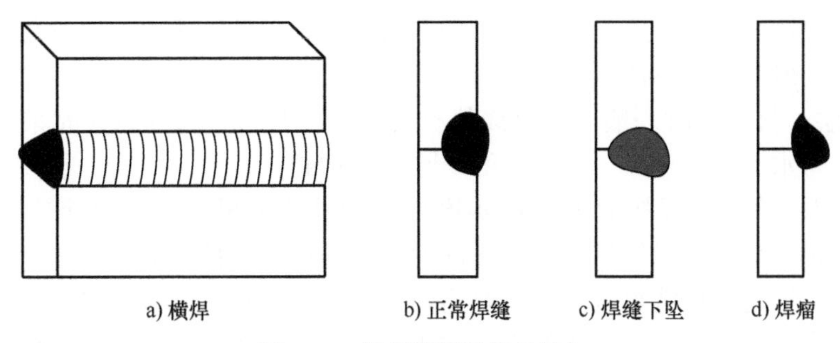

图 3-35　横焊焊缝及常见缺欠

在铝合金横焊焊接时，若操作不当，则极易出现焊缝上侧咬边、焊缝下坠问题，因此对操作技能要求较高，薄板单道焊接时在符合工艺要求的焊接条件下，需掌握以下几个要点。

1）焊接电流和电弧电压比同等条件下的平对接焊小 10% ～ 15%。

2）焊接时焊枪向下与水平面呈 10° ～ 15° 夹角（见图 3-36a），使电弧吹力托住熔化金属防止下坠；同时焊枪向焊接方向倾斜，与焊缝呈 70° ～ 80° 夹角（见图 3-36b）。

3）采用直线停顿法或斜圆圈形摆动法运枪，以借焊枪前移和停顿频率，使熔池得到冷却，防止焊缝咬边和下坠（见图 3-36b）。

4）当焊缝宽度较宽时，避免采用单道焊焊接，尽可能采用多层多道焊焊接，直线停顿法或直线法运枪操作；送丝速度要均匀并稍快一些，避免单道焊缝厚度过厚，形成焊缝下坠，焊接参数见表 3-4。

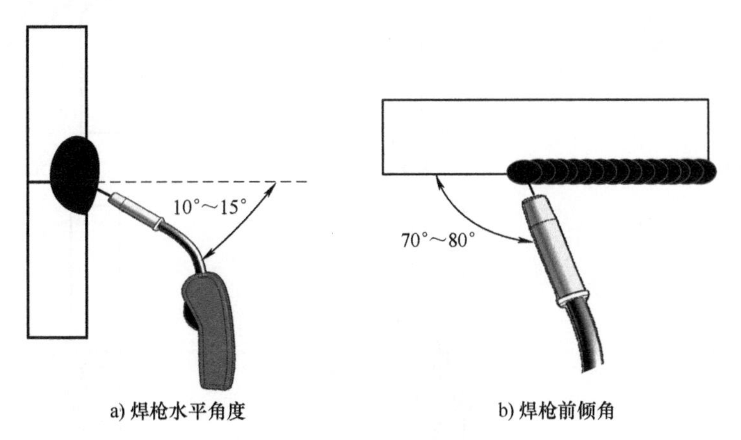

图 3-36　单道横焊焊接角度

表 3-4　薄板 MIG 横焊焊接参数

母材	板厚 /mm	焊丝	Ar 气纯度（%）	焊接电流 /A	电弧电压 /V	气体流量 /（L/min）
6N01	3	ER5356	99.99	110	22	20

厚板横焊焊接多采用多层多道焊，很少采用单道焊焊接方式，且焊枪角度以及焊缝布局非常关键，一般遵循以下原则。

1）打底层。打底焊时一般采用直线停顿法摆动，带垫板间隙较大时采用斜圆圈形摆动，焊枪向下与水平面呈 10° ～ 15° 夹角（见图 3-37a）。

2）填充层。填充层焊接时要根据各道焊缝的具体情况，调整焊接速度和焊枪角度（见图 3-37b、c），采用直线停顿或斜圆圈形摆动法均可，焊接时电弧中心点以前一道焊缝焊趾为中心点。填充层焊缝焊接完成后要达到平整或内凹状态，避免焊缝与坡口、焊道与焊道之间出现尖角或夹沟（见图 3-37d），防止未熔合缺欠的产生。因此，焊缝形状和焊道排序非常关键，一般后焊焊道参照基准是前一焊道中心最高点，重叠量为 1/2 左右。填充层焊缝不能焊接过满，要给盖面层留有一定余量，下侧留 2 ～ 2.5mm，上侧留 1 ～ 1.5mm（见图 3-37e）。

3）盖面层。盖面焊时，焊接电流要适当降低，控制好层间温度，焊接速度要快一些。焊枪角度随每道焊缝变化不断调整，焊道排序及操作要点同填充层焊缝（见图 3-37f），具体焊接参数见表 3-5。

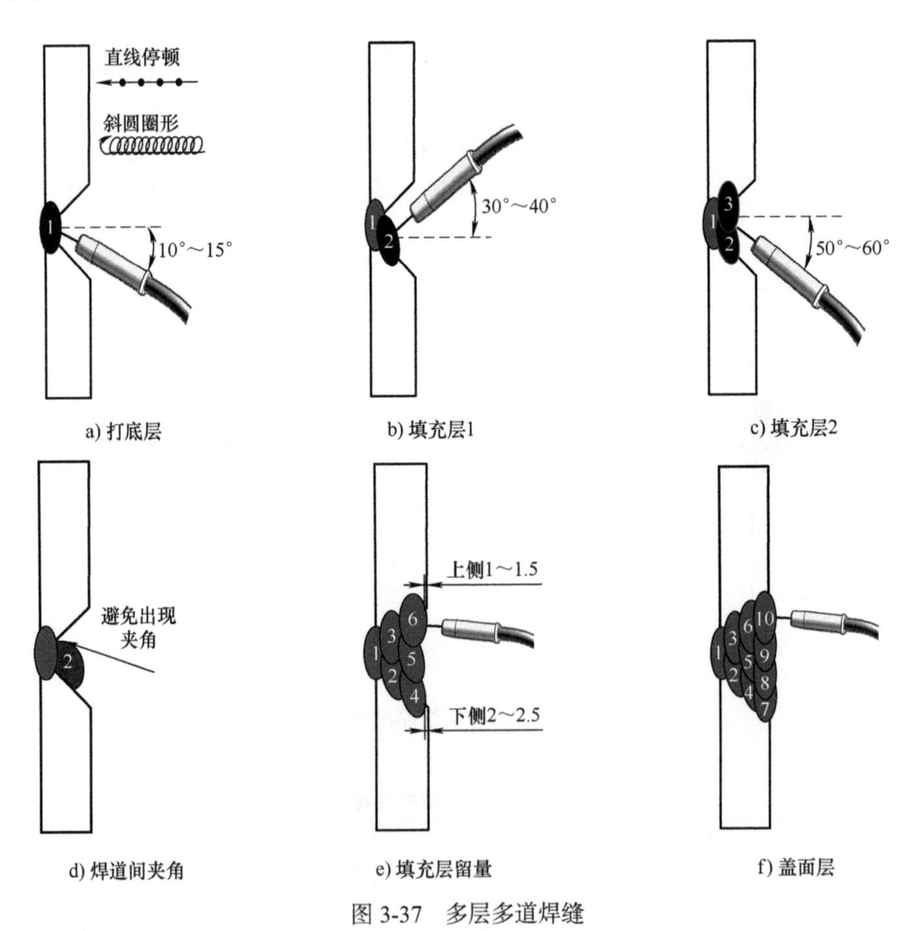

图 3-37　多层多道焊缝

表 3-5　MIG 横焊焊接参数

母材	板厚 /mm	焊丝	Ar 气纯度（%）	焊接层次	焊接电流 /A	电弧电压 /V	气体流量 /（L/min）
6N01	12	ER5356	99.99	打底层	200	22	20
				填充层	220	25	
				盖面层	190	24	

3.3.3　立焊

立对接向上焊是指工件和焊缝均处于立向上位置时的操作（见图 3-38）。立焊的操作难点在于熔池控制，容易出现熔池金属下淌，致使焊缝出现中间过高和两侧咬边现象。在铝合金立焊焊接中，有 4 种焊接操作手法应用最为广泛，分别是直线停顿法、快速直拉摆动法、反月牙形摆动法和锯齿形摆动法。

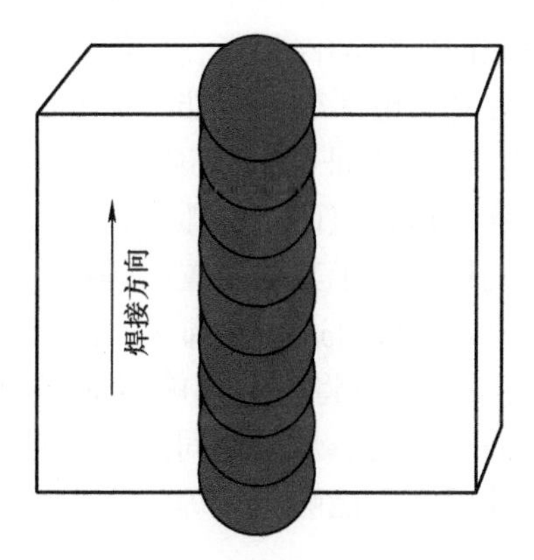

图 3-38　立对接向上焊焊缝示意

立焊薄板、厚板对接焊缝无论选择上述哪种焊接摆动方法，都要保证焊缝内部熔合良好，外观成形符合标准要求，厚板具体操作要领如下。

（1）打底层　打底焊焊接均采用单道焊，宜采用直线停顿法焊接，不宜用画圈或大幅摆动的方法。立焊焊枪角度的大小对焊缝内部熔合以及外观质量有较大影响，焊接时焊枪角度应控制在 75° ～ 85°（见图 3-39）。焊枪角度过小时容易出现熔合不良，过大容易造成焊缝外观成形不良。立焊操作时焊缝厚度不宜过厚，防止出现焊缝金属下淌，且要控制好熔池温度和焊接速度。

带垫板立焊打底层与平焊操作要领相同，对于单面焊全熔透焊缝，无需预留间隙和较大的钝边。焊缝背面成形以观察熔池下凹状态来判断，前部比坡口底面略下凹 0.5 ～ 1mm 为宜（见图 3-40），若未出现下凹现象，说明背部未焊透，平焊与立焊观察方法相同。必须指出，焊接操作时电弧指向特别关键，如果焊缝根部电弧热量分布不均，则极易造成焊缝错边问题，出现焊缝背部焊不透，因此务必充分注意。

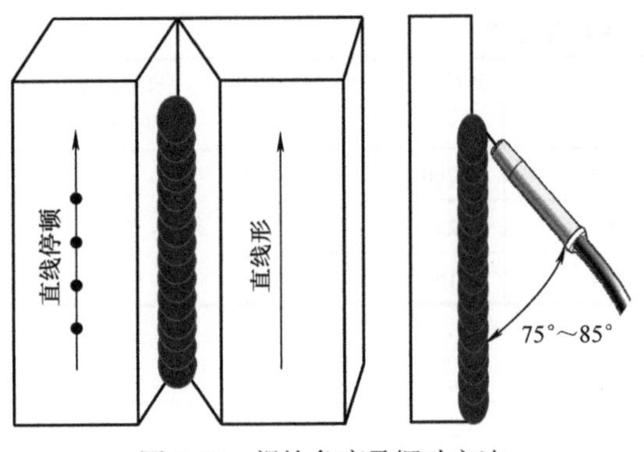

图 3-39　焊枪角度及摆动方法

图 3-40　单面焊全熔透熔池状态

（2）填充层　填充层焊缝相对较宽，焊接运枪操作手法可采用快速直拉摆动法、反月牙形摆动、锯齿形摆动均可（见图 3-41）。操作时为了避免焊缝出现下淌，焊枪摆动中间过渡要快，坡口两侧适当停顿，保证焊缝过渡平滑，防止焊缝中间凸起、两侧及焊道之间熔合不良。焊枪角度与打底焊相同，摆动停顿点在两侧焊趾处。

需注意的是，在多层多道焊时，电弧软硬度非常关键，直接关系到焊缝成形和内部熔合情况。一般打底焊电弧要偏硬，以保证根部焊透达到一定熔深；填充层电弧适当偏软，既要兼顾一定熔深还要保证焊缝成形；盖面层电弧要适当偏软，保证焊缝达到合适的宽度以及良好的外观成形。此原则同样适用于其他位置的焊接。

最后一层填充焊应注意不要破坏坡口边缘轮廓线，留 1.5 ～ 2mm 不焊满（见图 3-42），为盖面层焊缝留有余量，填充层预留量将直接影响盖面焊的操作难度，太大易出现焊不满、咬边问题，过小易出现盖面焊下淌、焊道中间凸起等问题。因此，立焊相对于平焊位置填充层为盖面层焊缝预留尺寸要大，能够降低焊接操作难度并保证焊缝外观成形。

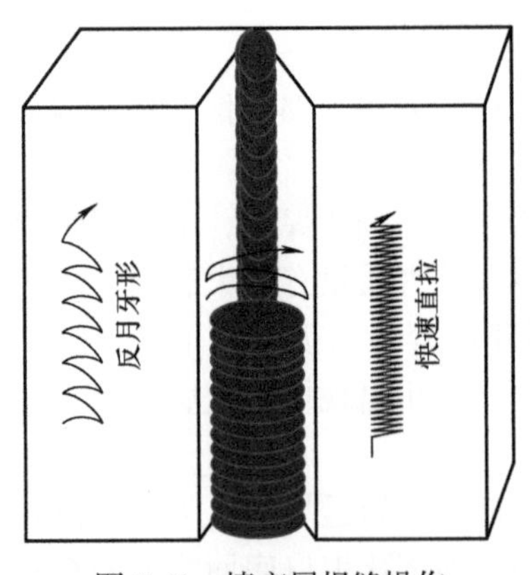

图 3-41　填充层焊缝操作

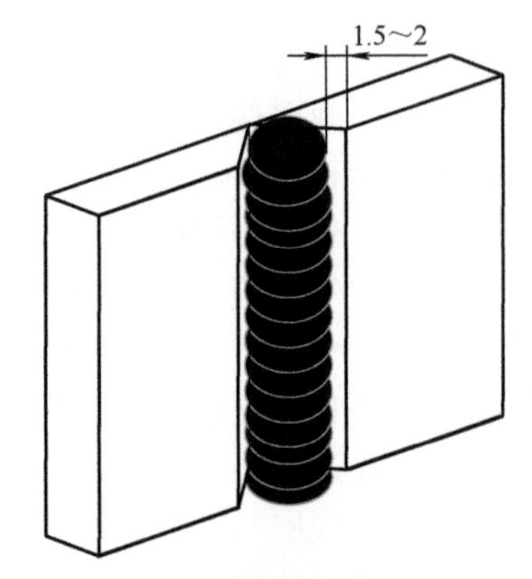

图 3-42　填充层预留尺寸

（3）盖面层　盖面层的好坏直接影响到焊缝的外观成形，立焊盖面应用最多的操作手法是反月牙形和快速直拉摆动法（见图 3-43），在操作时仍然是中间快两侧停顿，特别注意电弧在坡口两侧棱线处的停顿，电弧中心点要放置在棱线内侧停顿，观察电弧熔化坡口棱线边缘且液态金属填满即可快速摆动到另一侧，依次循环即可，焊枪角度同打底焊，焊接参数见表 3-6。

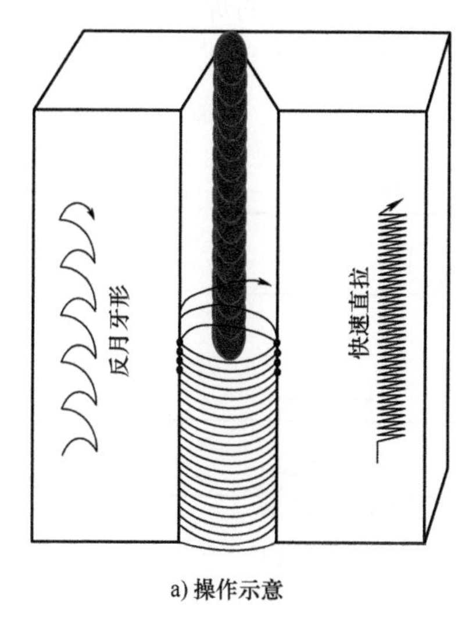

a) 操作示意

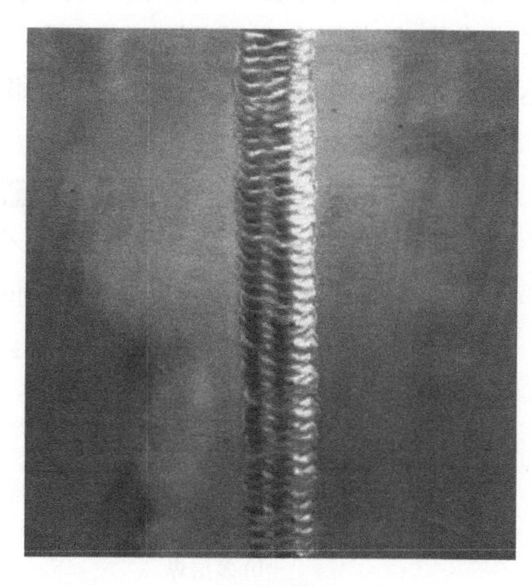

b) 焊缝形貌

图 3-43　盖面层焊缝焊接

表 3-6　MIG 立焊焊接参数

母材	板厚 /mm	焊丝	Ar 气纯度（%）	焊接层次	焊接电流 /A	电弧电压 /V	气体流量 /（L/min）
6N01	12	ER5356	99.99	打底层	190	22	20
				填充层	210	24	
				盖面层	160	22	

3.3.4　仰焊

仰焊是焊丝处于工件下方，焊工仰视工件所进行的一种焊接操作（见图 3-44）。仰焊是 4 种基本焊接位置中最困难的一种焊接。由于熔池位置在工件下面，焊接熔滴金属的重力会阻碍熔滴过渡，熔池金属也受自身重力作用下坠，熔池体积越大，温度越高，则熔池表面张力越小，故仰焊时焊缝背面容易产生凹陷，正面焊道出现焊瘤，焊道成形困难。铝合金仰焊运枪手法可采用直线停顿法、小圆圈摆动法两种。

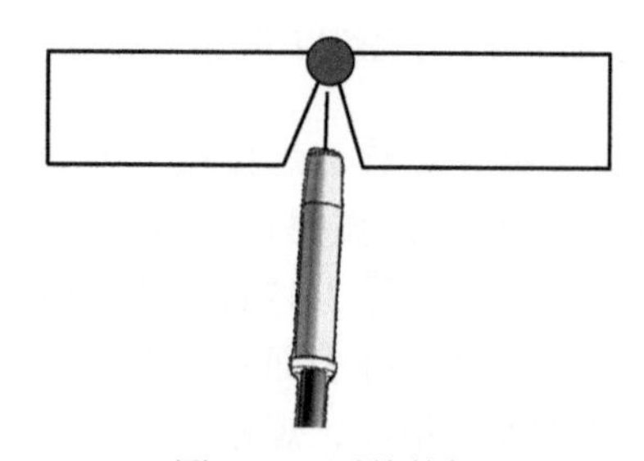

图 3-44　对接仰焊

铝合金板对接仰焊要求全熔透焊缝，背部必须加垫板，根部预留 2 ～ 3mm 的间隙（见图 3-45a）。当厚板开坡口时，需要采用多层焊或多层多道焊的焊道布局（见图 3-45b、c）。多层或多层多道焊布局需要根据板厚、焊缝宽度、坡口角度等进行合理选择。不要求焊透且不开坡口的焊缝一般采用单道焊接即可。

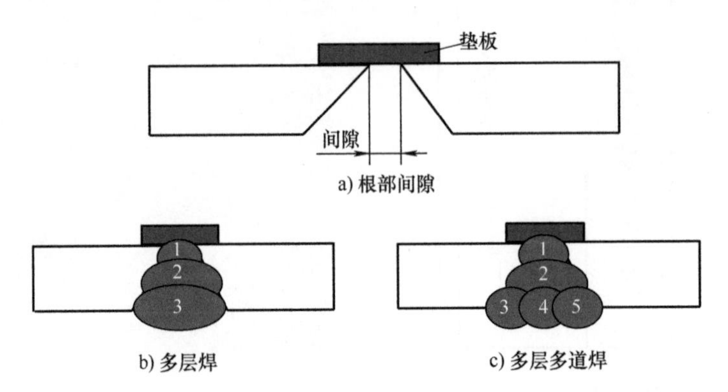

图 3-45　仰焊焊道布局

对于不开坡口的对接仰焊，宜采用直线停顿法摆动。开坡口焊缝根据每层焊道选择相应摆动方法，打底焊缝宜采用直线停顿法（见图 3-46a）；多层焊填充、盖面焊缝宜采用圆圈摆动法（见图 3-46b），多层多道焊填充、盖面宜采用直线停顿法（见图 3-46c）。由于仰焊时焊缝内部气体排出较困难，在焊缝内部容易出现气孔问题，因此焊缝单层厚度不宜过厚，以 2 ～ 3mm 为宜。

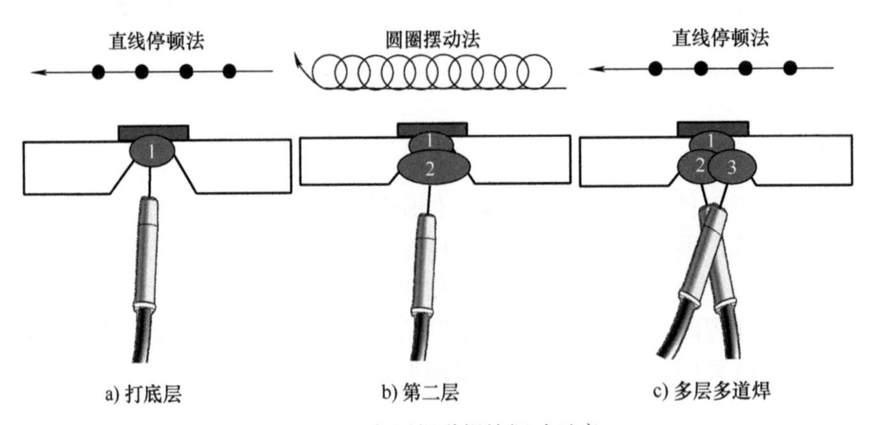

图 3-46　各层焊道焊枪摆动示意

仰焊时一定要注意保持正确的操作姿势，焊接点不要处于人的正上方，应处于上方偏前，且焊缝偏向操作人员的右侧，采用短弧焊接，以利于熔滴过渡。仰焊焊枪角度不宜垂直，一般前倾角 70° ～ 80° 为最佳（见图 3-47a）。若焊枪垂直，则容易造成焊缝成形不良，焊缝表面产生褶皱现象，甚至出现焊缝表面发黑即保护效果变差的问题，要根据各道焊缝的具体情况，调节焊接速度和焊枪角度，焊枪摆动时电弧中心点要指向焊趾处。

填充层焊缝焊接完成后要达到平整或内凹状态，避免焊缝与坡口、焊道与焊道之间出现尖角或夹沟，防止未熔合缺欠的产生。因此，焊缝形状和焊道排序非常关键，一般后焊焊道的参照基准是前一焊道中心最高点，重叠量为 1/2 左右。填充层焊缝不能焊得过满，要给盖面层留有一定余量，一般为 1 ～ 1.5mm（见图 3-47b）。

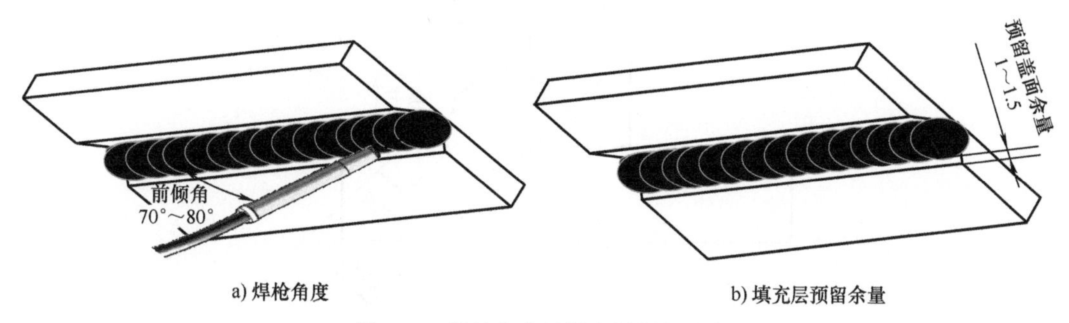

a) 焊枪角度　　b) 填充层预留余量

图 3-47　焊枪角度及填充层预留示意

在整个焊接过程中，必须注意的是：仰焊的熔池体积不宜过大，必须保持最短的电弧长度，表面层焊接速度要均匀一致，控制好焊道高度和宽度，利用电弧吹力使熔滴在短时间内过渡到熔池中，并使熔池尽可小而薄，以减小因重力作用而导致的下坠现象，防止焊道下淌和焊瘤的出现。MIG 仰焊焊接参数见表 3-7。

表 3-7　MIG 仰焊焊接参数

母材	板厚 /mm	焊丝	Ar 气纯度（%）	焊接层次	焊接电流 /A	电弧电压 /V	气体流量 /（L/min）
6N01	12	ER5356	99.99	打底层	190	22	20
				填充层	200	23	
				盖面层	170	22	

3.4　角焊缝操作技巧

角焊缝工件按焊缝所处的空间位置，分为平角焊、立角焊、横角焊和仰角焊等位置（见图 3-48），与板对接相同。

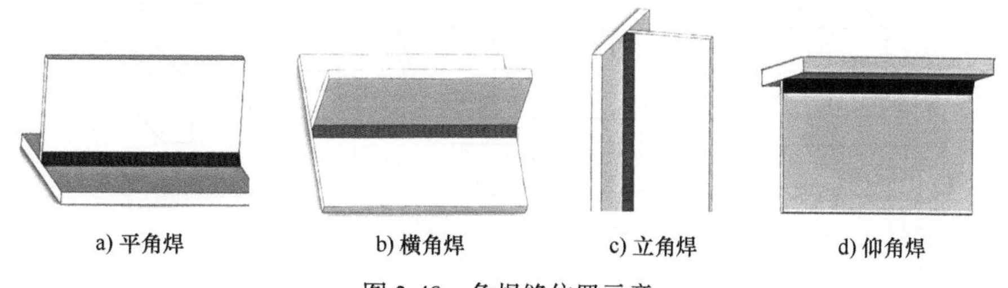

a) 平角焊　　b) 横角焊　　c) 立角焊　　d) 仰角焊

图 3-48　角焊缝位置示意

将两个工件的端面构成 >30°、<135° 夹角，用焊接方式连接起来的焊缝称为角焊缝。角焊缝各部分名称包括焊脚、焊缝余高、焊缝厚度及焊缝计算厚度等，如图 3-49 所示。

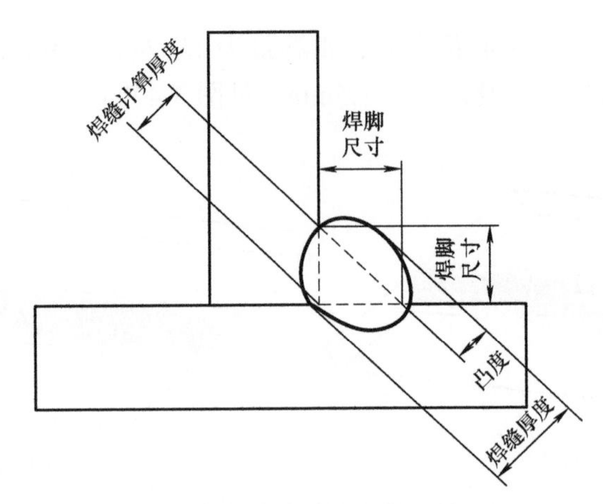

图 3-49 角焊缝各部分名称

角焊缝外观成形状态对焊缝承载能力有较大影响，因此角焊缝两个焊脚要基本对称，焊缝表面形状最好为平面或凹面（见图 3-50a、b），可提高结构的承载能力，要避免焊缝凸起过大（见图 3-50c），防止凸型焊缝在焊趾处形成严重的夹角应力集中，从而影响结构的承载能力。

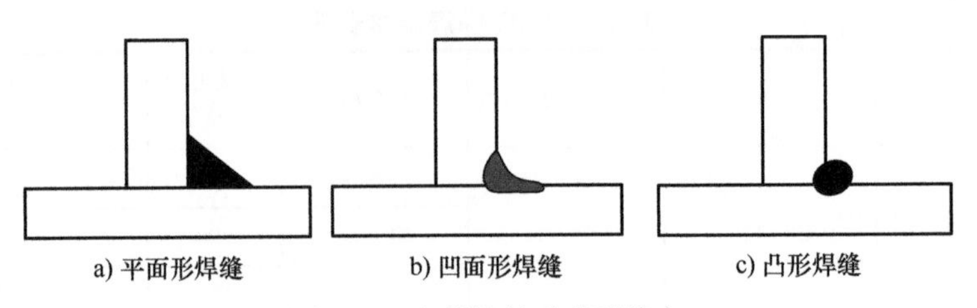

图 3-50 角焊缝外观成形状态

3.4.1 平角、横角

角焊缝包涵了 T 形接头、搭接接头和角接接头的焊缝（见图 3-51），因平角、横角焊在操作方法上类似，所以本节只介绍 T 形接头角焊缝具体操作。

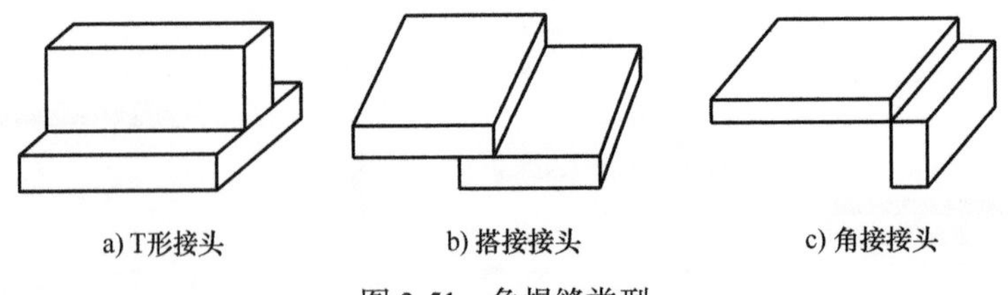

图 3-51 角焊缝类型

平角、横角在焊接时比较容易产生立侧板咬边、焊脚不对称（焊缝偏下）、焊缝根部不熔合现象（见图 3-52）。因此需要在焊接过程中掌握正确的焊接操作手法、焊枪角度，才能获得合格的焊缝。

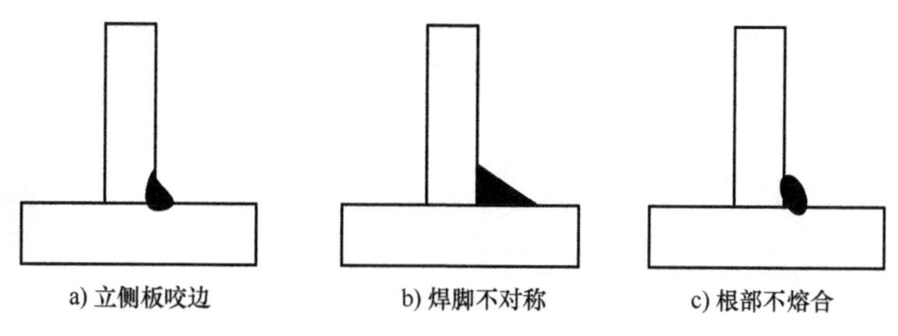

图 3-52　平角焊易出现缺欠类型

角焊缝焊接时也有行走角和工作角 2 个角度。焊接时工作角大小必须根据两板厚度差调整，同等板厚时为 40° ～ 45°（见图 3-53a），当立板板厚变薄时焊接电弧要偏向较厚底板（见图 3-53b），反之相同。行走角对焊缝外观成形、根部熔合影响较大，行走角太大容易出现焊缝根部不熔合、焊接飞溅增大，过小则会导致焊缝易凸起、表面易出现褶皱、焊缝表面颜色发黄等，故行走角以 10° ～ 25° 为宜（见图 3-53c），通过角度调整，使厚板和薄板的受热趋于均匀，以保证接头熔合良好。

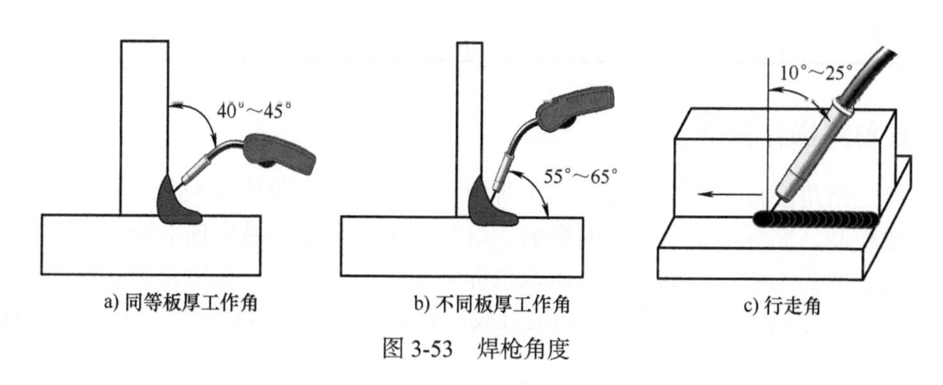

图 3-53　焊枪角度

根据板厚的不同，可采用单层焊、多层焊或多层多道焊。焊脚尺寸决定焊接层数和焊道数量。通常焊脚尺寸在 8mm 以下时，采用单层焊；焊脚尺寸为 8 ～ 10mm 时，采用多层焊；焊脚尺寸 >10mm 时，采用多层多道焊。

1）较小焊脚的单层焊或多层焊的打底焊采用直线停顿法（见图 3-54a）；多层多道焊采用直线停顿法；多层焊的填充层、盖面层采用斜圆圈形摆动法，采用斜圆圈摆动法时要掌握摆动的频率，如图 3-54b 所示，由 $a \rightarrow b$ 要慢，以保证水平工件的熔深和熔合良好；由 $b \rightarrow c$ 稍快，以防熔化金属下淌；在 c 处稍作停留，以保证垂直工件的熔深，避免咬边；由 $c \rightarrow d$ 稍慢，以保证根部焊透和水平工件的熔深；由 $d \rightarrow e$ 也稍快，到 e 处也作停留。多层多道焊时焊枪角度随焊道进行适时调整，填充层及盖面层焊道布置排序非常关键，操作时电弧中心放置在前一道焊缝焊趾处，使后焊焊缝的边缘与已焊焊缝最高点重叠，两道焊缝重叠量以 1/2 为宜，可有效避免出现夹沟现象（见图 3-54c），保证焊缝圆滑过渡。

2）无论采用哪种摆动手法，摆动过程中要始终观察熔池的熔化情况。一方面，要保持熔池在接口处不偏上或偏下，以便使立板与平板的焊道充分熔合；另一方面，防止熔池前置（前淌），出现根部未熔合缺欠，具体焊接参数见表 3-8。

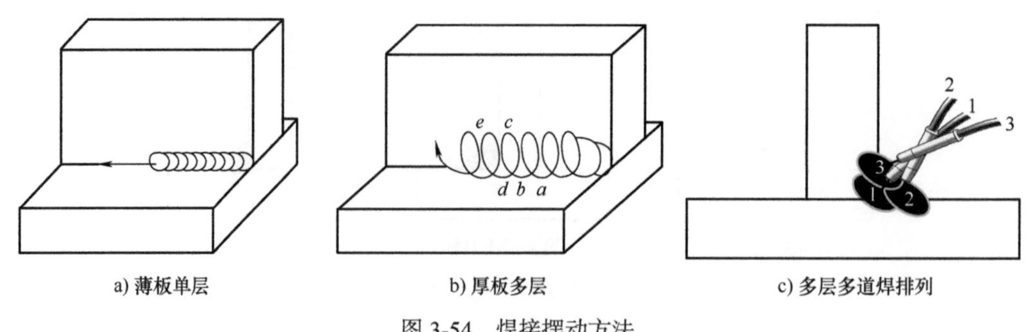

a) 薄板单层　　b) 厚板多层　　c) 多层多道焊排列

图 3-54　焊接摆动方法

表 3-8　MIG 平角、横角焊焊接参数

母材	板厚 /mm	焊丝	Ar 气纯度（%）	焊接层次	焊接电流 /A	电弧电压 /V	气体流量 /（L/min）
6N01	12	ER5356	99.99	打底层	240	23	20
				填充层	220	24	
				盖面层	210	25	

3.4.2　立角焊操作技能

立角焊是指角接接头焊缝处于立向上焊位置时的操作（见图 3-55）。立角焊的操作难点在于熔池控制，立焊由于受重力的影响，熔化的熔池金属容易出现下淌，焊缝外观易出现中间过高和两侧咬边，焊缝内部易出现根部尖角不熔及孔洞。在铝合金立角焊接中，有 3 种焊接操作手法应用最为广泛，分别是直线停顿法、反月牙形摆动法、三角形摆动法。

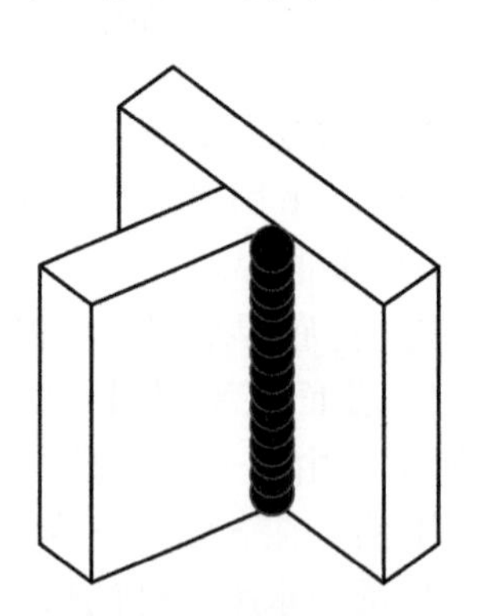

图 3-55　立角焊焊缝 1

立角焊操作要领与板立对接类似。不同点主要有以下几方面。

1）行走角为 75° ～ 85°，工作角左右相等（板厚相等时），板厚不等时要进行适当调节，一般电弧偏向厚板侧（见图 3-56a）。

2）在与立对接焊相同的条件下，焊接电流比立对接稍大。

3）立角焊焊缝焊接多数以单道焊或多层焊布置为主，较少采用多层多道焊的焊道布局方式。

4）可采用直线停顿法、三角形摆动法和反月牙形摆动法。直线停顿法主要用于焊脚较小的单道焊和多层焊的打底焊焊接；三角形摆动法、反月牙形摆动法主要用于多层焊的填充层及盖面层焊缝，其中三角形摆动法在操作时根据图 3-56b 所示运枪方式进行，其路径为引燃电弧①→后拉停顿②→快速横拉停顿③→快速前推④，依次重复向前移动焊接。

5）由于角焊缝焊接时在焊缝两侧没有参照线，因此极易出现焊脚不对称现象。为保证焊缝侧直线度，操作时需以焊缝为中心、以眼作尺，使焊枪在两侧运动幅度始终相同。立角焊焊接参数见表 3-9。

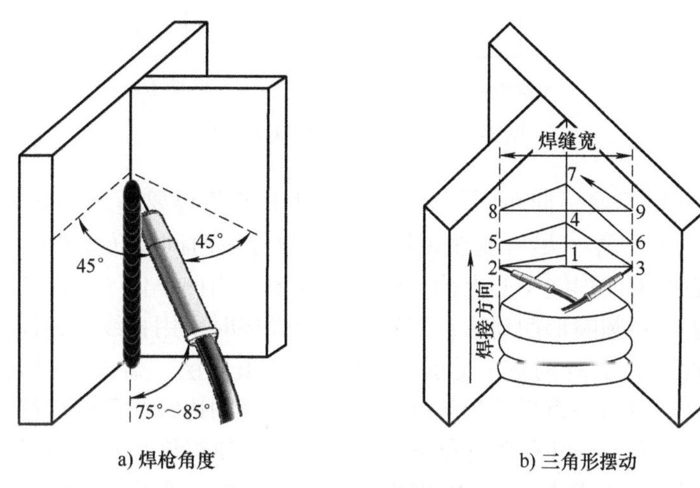

图 3-56　立角焊焊缝 2

表 3-9　MIG 立角焊焊接参数

母材	板厚 /mm	焊丝	Ar 气纯度（%）	焊接层次	焊接电流 /A	电弧电压 /V	气体流量 /（L/min）
6N01	12	ER5356	99.99	打底层	240	23	20
				填充层	220	24	
				盖面层	210	25	

3.4.3　仰角焊操作技能

仰角焊是焊丝处于工件下方，焊工仰视焊缝所进行的一种焊接操作（见图 3-57）。仰角焊的操作要领与平角焊基本相同，常用的焊接操作手法有直线停顿法、斜圆圈摆动法。

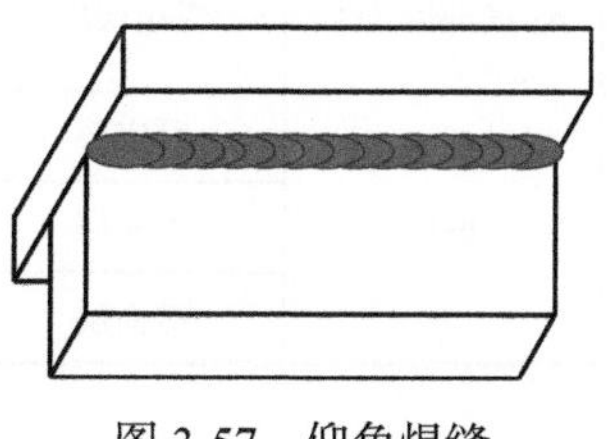

图 3-57　仰角焊缝

仰角焊的操作难点在于底板容易出现咬边、焊缝易焊偏以及下坠（见图 3-58），故仰焊操作时焊枪角度非常重要，可以通过调整角度和电弧中心点位置来解决咬边和焊偏问题。

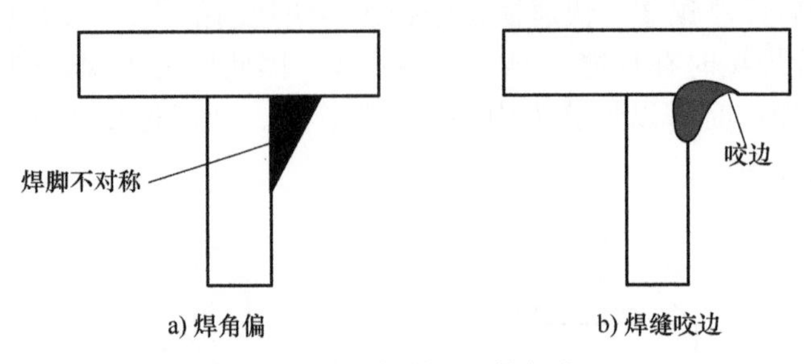

图 3-58　仰角焊易出现缺欠类型

为了防止咬边和焊偏，仰角焊焊接速度相对于平角焊要适当稍快，焊缝单层厚度 2 ～ 3mm 为好，不宜过厚，尽可能缩短熔池的高温停留时间，防止焊缝下坠。进行单道焊焊接时电弧中心点偏向焊缝中心上侧，焊枪角度要适当向下偏（见图 3-59a），运枪手法可采用直线停顿法、斜圆圈形摆动法；多层多道焊焊接时采用直线停顿摆动法，焊枪角度要随焊缝布局情况进行实时调整（见图 3-59b、c）。填充层、盖面层焊道排序非常重要，操作时电弧中心放置在前一道焊缝焊趾处，使后焊焊缝的边缘与已焊焊缝最高点重叠，两道焊缝重叠量以 1/2 为宜，可有效避免出现夹沟现象，使焊缝达到圆滑过渡，焊接参数见表 3-10。因仰角焊与平角焊操作基本相同，具体操作可参照平角焊具体要领，本节不再重复介绍。

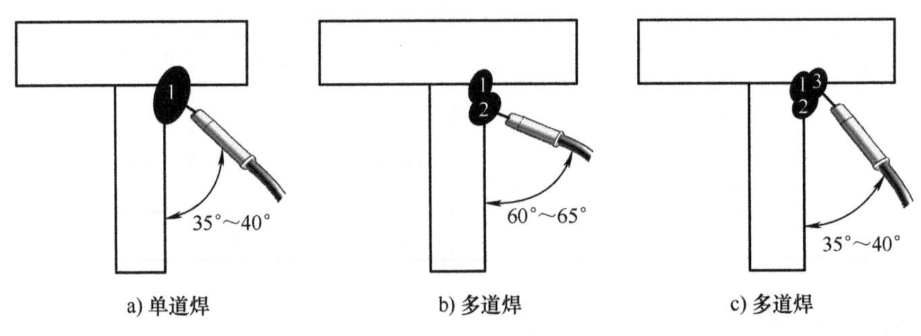

图 3-59　焊道布局及焊枪角度

表 3-10　MIG 仰角焊焊接参数

母材	板厚 /mm	焊丝	Ar 气纯度（%）	焊接层次	焊接电流 /A	电弧电压 /V	气体流量 /（L/min）
6N01	12	ER5356	99.99	打底层	210	22	20
				填充层	190	24	
				盖面层	180	24	

3.5　特殊焊缝操作技巧

在实际生产中，除了对接、角接、搭接和 T 形等 4 种焊缝接头形式之外，还有一些特殊的焊缝形式，如燕尾焊缝、塞焊焊缝、十字接头、环焊缝、变位置焊缝和 T-BW 焊缝等（见图 3-60），每种焊缝都具有独特的操作要领，本节将针对每种焊缝形式的操作要领进行详细介绍。

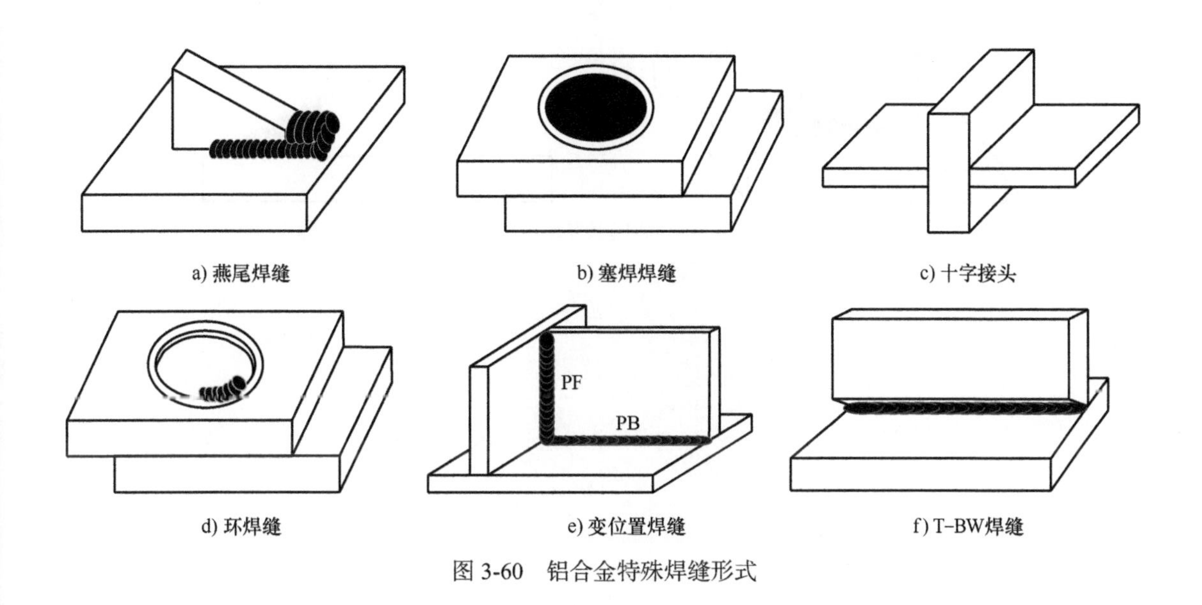

图 3-60　铝合金特殊焊缝形式

3.5.1　燕尾焊缝

燕尾焊缝是指对角焊等焊缝端部进行延续焊接形成缓慢过渡的一种堆焊焊接形式，因其堆焊焊接完成后焊缝形状呈燕尾形状，故称为燕尾焊缝（见图 3-60a），燕尾焊缝焊接时如果操作不当，则容易产生未填满、气孔、未熔合和层间夹杂等缺欠，在实际生产中燕尾焊缝应用非常普遍，如在结构的加强筋板两端、需要圆滑过渡等部位的焊接。

燕尾焊缝通常采用多层多道堆焊的焊接方式进行，操作方式有两种，一是横向焊接（见图 3-61a），二是纵向焊接（见图 3-61b），尽量避免采用大幅摆动单道焊缝。焊接操作要领如下。

1）焊接操作手法采用直线停顿法。

2）在堆焊过程中严格控制层间温度，避免连续焊接，待前一层焊道冷却到 70° 以下方可焊接下一层焊道。

3）堆焊层中的每道焊缝收弧采用回焊收弧法，将收弧点回焊到焊道中（见图 3-61a、b），以降低收弧缺欠的产生。

4）燕尾焊接完成后焊缝形状呈燕尾形缓坡状。

5）焊接完成后焊缝要饱满，给打磨留有一定余量（见图 3-61c）。

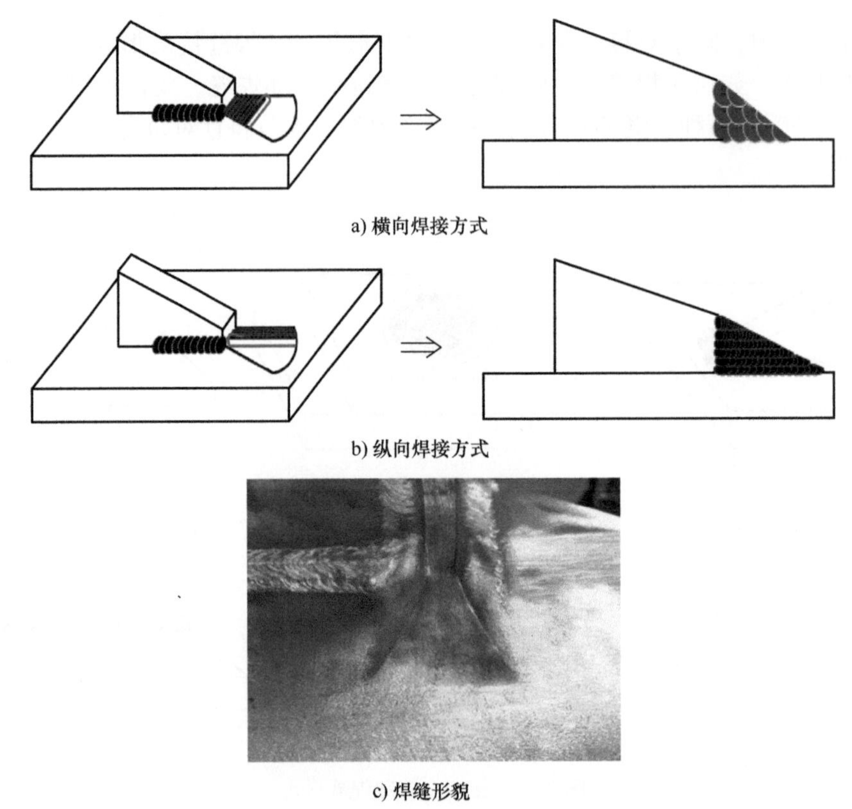
a) 横向焊接方式

b) 纵向焊接方式

c) 焊缝形貌

图 3-61　燕尾焊接操作示意

6）对燕尾焊缝作业时，焊缝应包含板厚，焊脚不小于正式焊缝。焊后焊缝外观成形应圆滑，焊趾处顺滑过渡。其焊接的焊脚长度应该为凸台高度 H 的 2 ～ 3 倍（见图 3-62）。

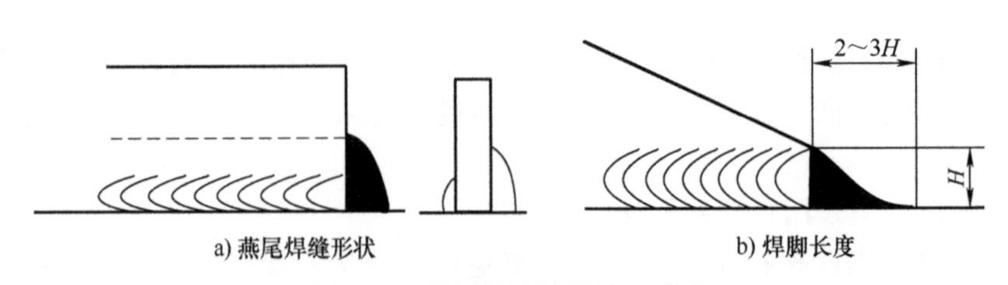

a) 燕尾焊缝形状　　b) 焊脚长度

图 3-62　燕尾焊缝端部处理示意

7）燕尾焊缝堆焊处宽度至少应在 30mm 以上，保证堆焊延伸部分的焊接质量不低于正式焊缝（见图 3-63）。

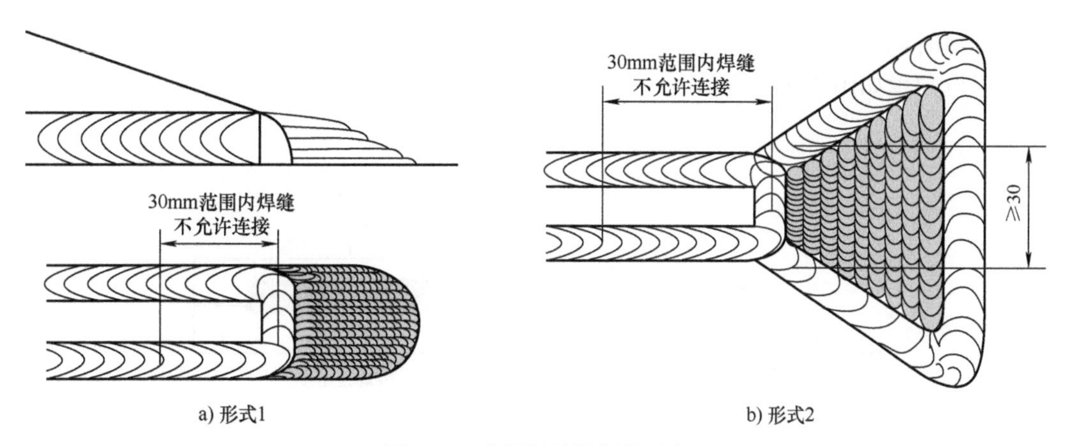

a) 形式1　　b) 形式2

图 3-63　燕尾焊缝堆焊接示意

3.5.2　塞焊焊缝

塞焊焊缝是指当两零件相重叠时，对其中一块开孔，然后在孔中焊接两零件并填满孔形，这里所开的孔就是塞焊孔（见图 3-64）。塞焊焊接的难点在于底板和焊缝根部不熔合，焊接操作时需要根据焊缝轨迹进行圆周焊，对操作者的操作技能要求较高。

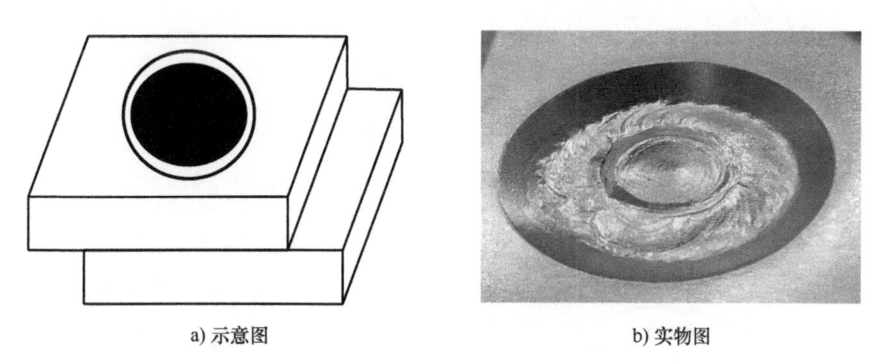

a) 示意图　　b) 实物图

图 3-64　塞焊焊缝

塞焊焊缝相对于其他类型焊缝在操作上具有一定难度，尤其当塞焊孔直径较小时，会使电弧摆动范围受限，操作稍有不当就会产生未熔合缺欠，因此在焊接时要掌握以下几个要点。

1）对于塞焊焊缝组装时要保证焊缝与底板密贴，间隙≤0.5mm。

2）非必要情况下定位焊应避免焊接在塞焊孔内，如需定位焊，焊缝应焊接在焊道内，焊缝长度 10 ～ 15mm。

3）正式焊接前，对定位焊引弧、收弧两端修磨至缓坡状，保留焊缝中部即可，避免未熔合焊接缺欠，塞焊焊缝定位焊修磨如图 3-65a 所示。

4）塞焊焊缝焊接推荐采用沿塞焊直径方向作锯齿形摆动运枪，电弧偏向要根据焊接位置进行适时调整，摆动到两侧根部时电弧指向焊缝根部偏向底板侧，并做适当停留，塞焊焊缝焊枪角度如图 3-65b 所示。

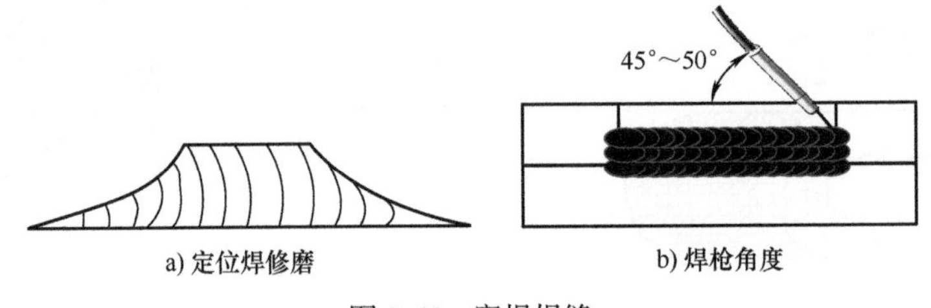

图 3-65　塞焊焊缝

5）焊接时采用焊接设备“4 步”模式，调节好引弧和收弧电流、电压，收弧方式有两种方式，既引入式收弧、引出式收弧。塞焊焊接收弧方式如图 3-66 所示。

6）焊接时引弧位置为焊缝坡口面引入，能够有效解决引弧未熔合问题。

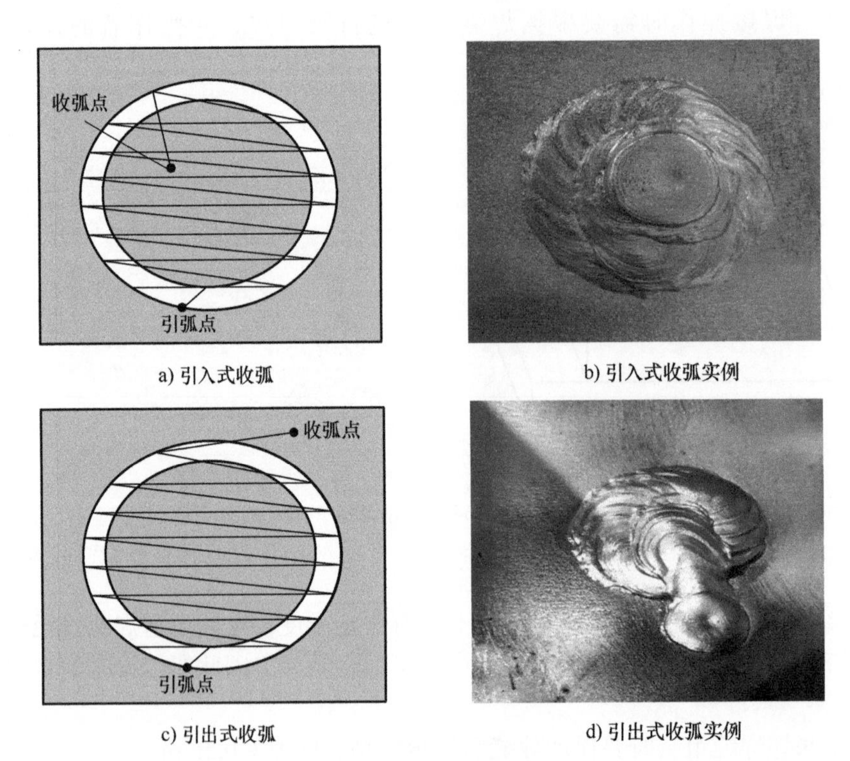

图 3-66　塞焊焊接收弧方式

7）焊道层数需根据母材厚度决定，单层焊道厚度不宜过厚，更不可出现一次性将塞焊焊缝填满的情况。

3.5.3　十字接头

十字接头是指由 4 条角焊缝组成，整体呈十字交叉形式，故称为十字接头（见图 3-67）。十字接头主要以角焊缝为主，具体操作要领可参照平角焊、仰角焊和立角焊等，本节主要对十字接头封头操作进行介绍。

十字接头封头焊接在生产中应用非常普遍，如骨架、桁架结构等。为了保证焊缝的完整性，降低焊接应力，提升承载能力，需要对铝合金十字接头的端部进行封头焊接。封头焊接如图 3-68 所示。

图 3-67　十字接头

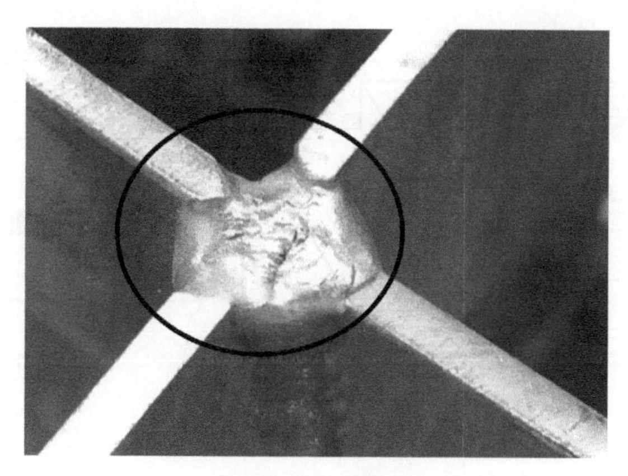

图 3-68　封头焊接

在进行封头焊缝焊接之前，需先将端部打磨清理干净，焊接操作方法如图 3-69a 所示进行。焊接时引燃电弧迅速拉到焊缝边缘进入正式焊接，在进行横向摆动时要将已焊接的 4 条焊缝端部包熔到焊缝内，保证母材、焊缝充分熔合，焊接收弧时要充分利用焊接设备的收弧功能，降低电流将收弧点引入焊缝中，填满弧坑，如图 3-69b 所示。

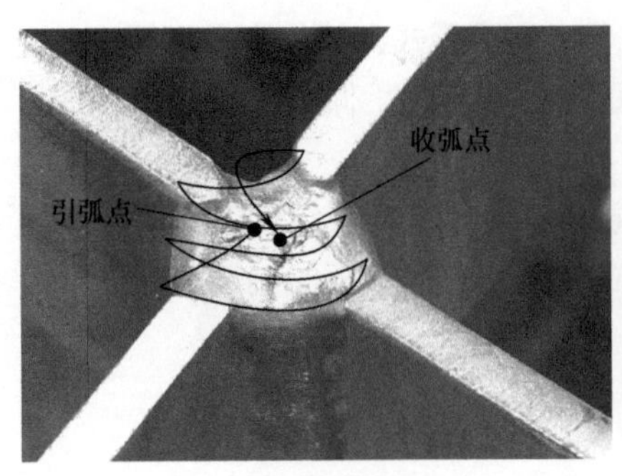

a) 操作方法

b) 焊缝实例

图 3-69　封头焊接操作示意

3.5.4　环焊缝

所谓环焊缝是指焊接成形的焊缝呈封闭的圆环形，其焊接路径为 360°，本小节主要介绍圆孔形环焊缝的操作要领。圆孔形环焊缝接头形式为搭接角焊缝，其操作难点在于焊接过程中操作者需随焊接前移沿焊接路径快速准确地调整焊枪角度及电弧长度，因此对操作者技能要求较高。为保证焊缝根部熔合，焊接前移时焊枪与圆环始终保持相切，工作角控制在 45° ～ 50°，行走角 80° ～ 90°。环焊缝焊接角度如图 3-70 所示。

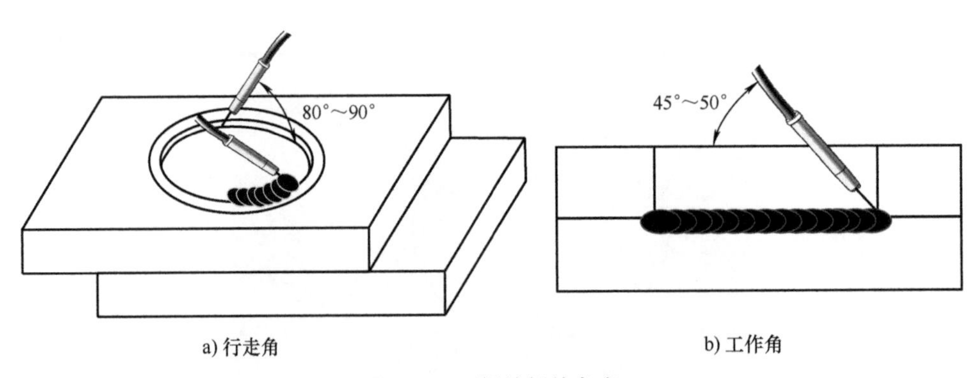

a) 行走角　　b) 工作角

图 3-70　环焊缝焊接角度

环焊缝焊接时的运枪方法可采用直线停顿法和正圆圈摆动法，具体根据图样焊脚尺寸大小进行选择，单道焊或焊脚尺寸较小时一般采用直线停顿法焊接（见图 3-71a）；当焊脚尺寸较大或多层焊盖面层时宜采用正圆圈形摆动法。正圆圈形摆动法焊接的焊缝宽度较宽，摆动时电弧在焊缝上侧边缘要做停顿，在下侧底板处适当快速带过（见图 3-71b），防止上侧咬边和焊缝下淌。

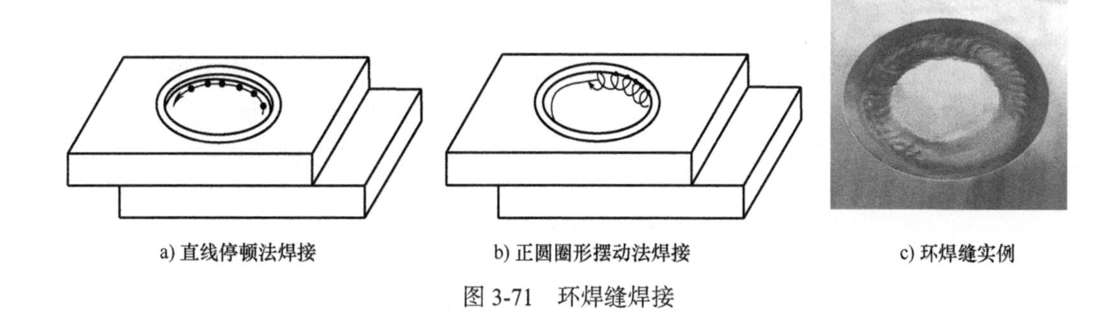

a) 直线停顿法焊接　　b) 正圆圈形摆动法焊接　　c) 环焊缝实例

图 3-71　环焊缝焊接

3.5.5　变位置焊缝

变位置焊缝是指在焊接不停弧的情况下由一种焊接位置转换到另一种焊接位置的焊接。变位置焊缝的焊接如图 3-72a 所示。变位置焊缝在铝合金焊接中非常普遍，为了避免在焊接位置转换部位产生缺欠，通常采用变位置焊接不停弧的操作方式，此焊缝的操作难点主要在于位置转变处拐角顶点操作，其他焊接按照正常位置焊接即可。

拐角顶点处焊接操作要领可总结为“四步操作法”，既“一深、二带、三画、四停”，如图 3-72b 所示操作方法。在进行焊接位置转换时，要充分利用设备的“四步”功能，实现焊接参数切换，具体操作如下。

1）“一深”指在焊接到平角焊焊缝结尾处时，电弧要深入到顶点根部稍作停顿，以确保根部拐角点母材充分熔化，避免出现顶点部位熔合不良的现象。

2）“二带”指当顶点熔化后迅速将电弧由内向外沿另一侧带出一段距离，带出距离根据焊缝尺寸决定，防止顶点处焊缝堆积过厚。

3）“三画”指当电弧带出后在平角焊与立角焊交叉处根部，沿顺时针或逆时针方向画圈（此动作进行一圈即可），画圈的大小要与角焊缝的焊脚尺寸相吻合，电弧要充分作用于拐点的三面母材，避免出现熔合不良问题，同时保证焊缝圆滑过渡、美观。

4）“四停”指电弧画圈到立角焊缝中心位置时，将电弧在交叉点停顿一下，为立角焊缝的起始点得到充分熔合创造条件，同时能够增加焊缝的填充量，确保拐角点焊缝圆滑饱满。

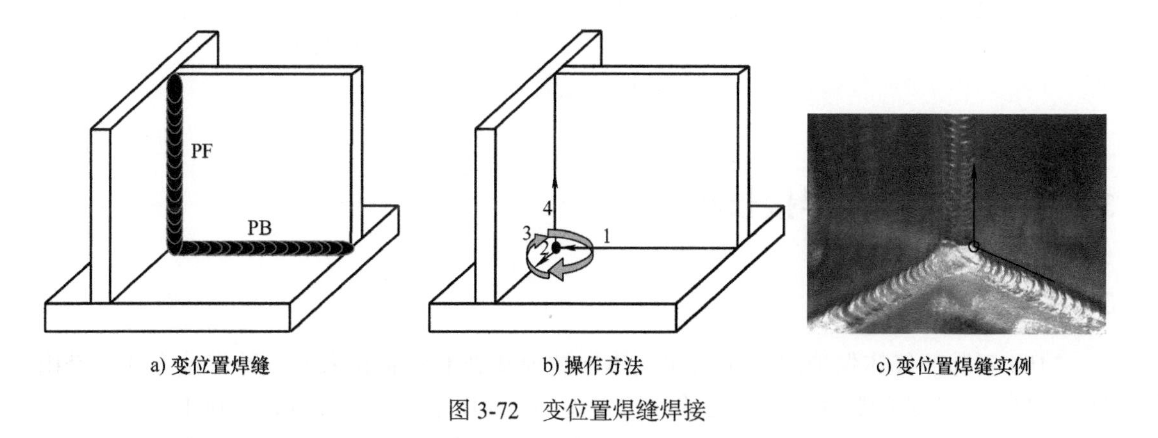

a) 变位置焊缝　　b) 操作方法　　c) 变位置焊缝实例

图 3-72　变位置焊缝焊接

3.5.6 T 形接头

T 形接头有角焊缝和对接焊缝之分，其中对接焊缝较为特殊。为了使 T 形接头焊缝能够达到一定熔深或焊透，需要在接头其中一块板材开单 V、K 或 X 形坡口，如图 3-73 所示，焊接操作时可采用直线形摆动法、直线停顿摆动法和斜圆圈形摆动法。

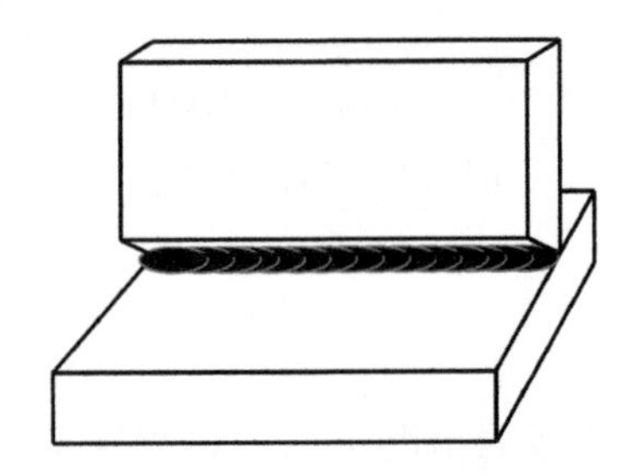

图 3-73　T 形接头对接焊缝焊接示意

T 形对接焊缝一般采用多层焊或多层多道焊的焊缝布局，操作难点在于根部、层间及未开坡口侧易出现未熔合问题，因此在焊接过程中焊接角度非常关键。打底焊时为保证根部熔合良好，适宜采用直线形摆动法和直线停顿摆动法，焊接角度偏向于未开坡口侧（见图 3-74a），始终保持电弧点在熔池前端，防止因熔池前淌而造成未熔合缺欠；填充层及盖面焊可采用直线停顿摆动法和斜圆圈形摆动法，填充焊接时要保证焊缝表面平滑过渡，避免出现尖角或沟槽，焊接角度根据焊道情况实时调整（见图 3-74b），盖面焊可参照角焊缝操作方法进行焊接。

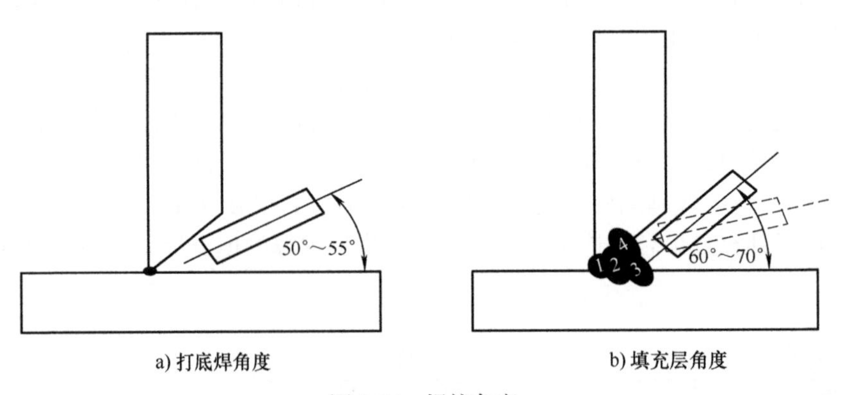

a) 打底焊角度　　b) 填充层角度

图 3-74　焊接角度

3.6 MIG 双脉冲焊接技巧

3.6.1 双脉冲的应用

MIG 双脉冲气体保护焊是在脉冲气体保护焊基础上发展起来的一种焊接方式，是由两个不同大小电流的脉冲交替变化的焊接方式，主要用于铝合金焊接，能在不摆动的情况下焊出鱼鳞纹效果，与交流 TIG 焊接效果类似。双脉冲焊缝外观效果如图 3-75 所示。

图 3-75　双脉冲焊缝外观效果

铝合金焊接过程易产生气孔，而双脉冲焊接工艺能够减小气孔发生率，获得理想的焊接质量和美观的焊缝外观。双脉冲波形就是在高频的基础上，再对高频电流波形进行低频调制，使单位脉冲的强度在强与弱之间低频周期性切换，得到周期性变化的强 - 弱脉冲。双脉冲是脉冲焊的一种延伸工艺，该工艺的特点是脉冲频率高、能量集中，适合焊接导热较快的铝及铝合金等金属。双脉冲焊接的最大特点是高频时实现“一脉一滴”的熔滴过渡，低频时控制熔池，即一个低频周期形成一个熔池，形成鱼鳞纹，同时每个低频周期都能对熔池产生一定的搅拌作用，促使熔池中的气体排出，从而减小气孔倾向。

3.6.2　MIG 焊操作技巧

双脉冲焊接铝合金需要调节的主要参数较多，除了常规的参数调节外，还需调节强脉冲峰值电流 I_{ps}、强脉冲时间 T_{ps}、弱脉冲峰值电流 I_{pw} 和弱脉冲时间 T_{pw} 等，只有具备相当经验的操作工才能够熟练操作。双脉冲焊接波形如图 3-76 所示。

双脉冲焊是一种参数复杂的焊接工艺，获得合适美观的焊缝，需要合理匹配每个参数，并与焊接人员在操作频率上形成一致。因此，强弱脉冲时间和峰值、基值电流等参数设置的目的就是得到合适的弧长，如果强脉冲时间设置过长或峰值基值电流过大，则会造成焊丝回烧焊嘴；反之，如果弱脉冲时间太长或基值峰值电流过小，则极易造成顶丝。

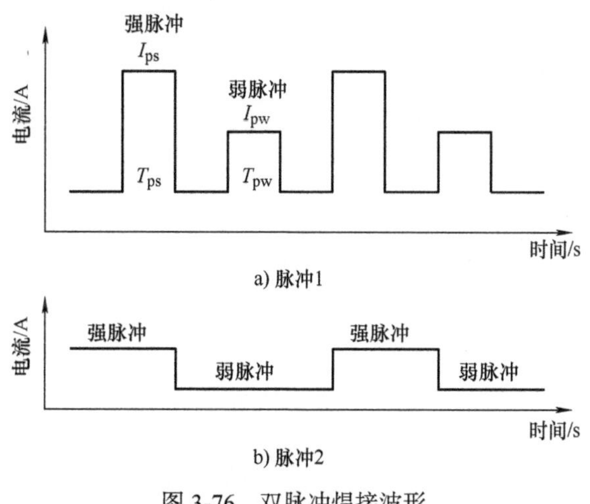

图 3-76　双脉冲焊接波形

在使用双脉冲焊接方式时，有两个参数非常关键，即脉冲频率和脉冲幅度。脉冲频率是指基值电流与脉冲电流之间的间隔时间，通常选择 0.3 ～ 0.8s；脉冲幅度是指基值与峰值之间或强脉冲与弱脉冲之间的电流差距。这两个参数可根据板材厚度、焊接位置和焊接人员操作习惯等因素来设置，双脉冲焊接的最大特点是可实现“一脉一滴”的熔滴过渡，精准控制焊缝尺寸及外观成形，得到均匀、细密的鱼鳞纹焊缝。因此，双脉冲焊接一般不需要摆动，根据电弧变化的频率、周期采用直线形或停顿法均可。双脉冲焊枪移动示意图如图 3-77 所示。

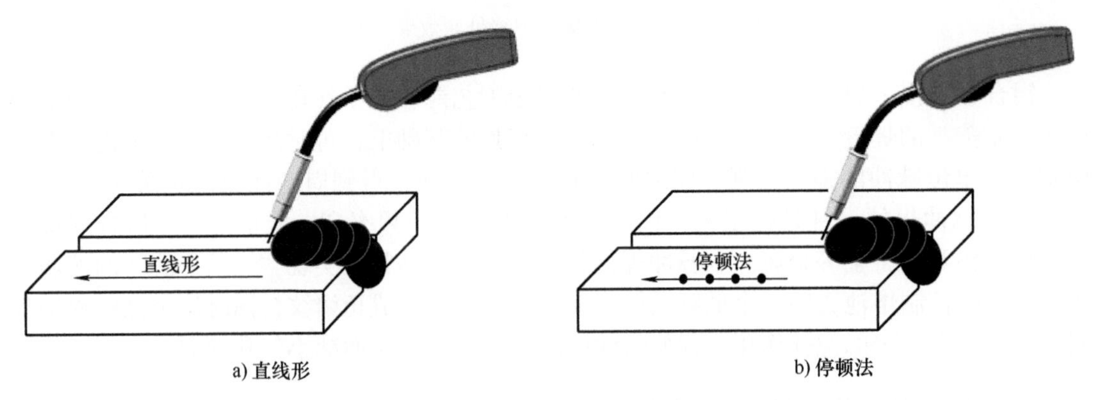

图 3-77　双脉冲焊枪移动示意图

第 4 章

TIG 焊操作技巧

4.1　TIG 焊原理及特点

钨极氩弧焊（TIG 焊）是用钨棒作为电极加上氩气进行保护的焊接方法，其原理如图 4-1 所示。焊接时氩气从焊枪的喷嘴中连续喷出，在电弧周围形成保护层隔绝空气，以防止其对钨极、熔池及邻近热影响区的氧化，从而获得优质的焊缝。焊接过程中根据工件的具体要求可以加或不加填充焊丝。

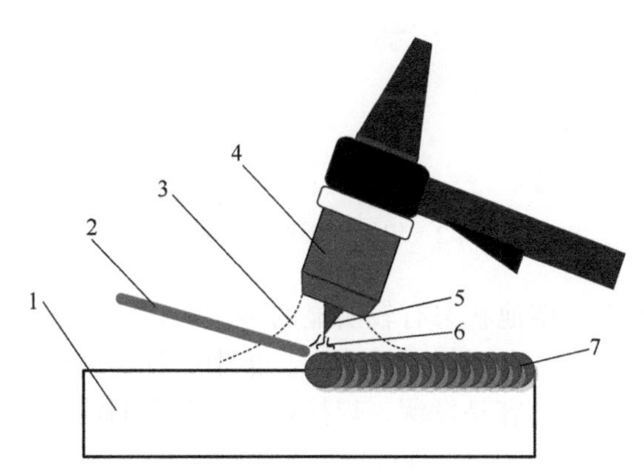

图 4-1　TIG 焊原理示意

1—工件　2—焊丝　3—保护气体　4—喷嘴　5—钨极　6—电弧　7—焊缝

这种焊接方法由于电弧在氩气中进行燃烧，因此具有以下优缺点。

1）氩气具有极好的保护作用，能有效地隔绝周围空气。氩气本身既不与金属起化学反应，也不溶于金属，使焊接过程中的冶金反应简单易控制，因此可为获得较高质量的焊缝提供良好条件。

2）钨极电弧非常稳定，即使在很小电流情况下仍可稳定燃烧，特别适用于薄板材料焊接。

3）由于热源和填充焊丝可分别控制，热输入容易调整，因此这种焊接方法既可进行全方位焊接，也是实现单面焊双面成形的理想方法。

4）由于填充焊丝不通过电流，故不产生飞溅，焊缝成形美观。

5）交流氩弧焊在焊接过程中能够自动消除工件表面的氧化膜作用，因此可成功地焊接一些化学活泼性强的有色金属，如铝、镁及其合金。

6）钨极承载电流能力较差，过大的电流会引起钨极的熔化和蒸发，其微粒有可能进入熔池而引起夹钨，因此熔敷速度小、熔深浅、生产率低。

7）氩弧周围受气流影响较大，不宜室外工作。

4.2 钨极修磨技巧

在TIG焊接时，钨极的端部形状是一个重要工艺参数（见图4-2），应根据所用电流种类选用。钨极尖端角度的大小会影响钨极的许用电流、引弧及稳弧性能。小电流焊接时，小的钨极直径和锥角可使引弧容易，电弧稳定。大电流焊接时，增大锥角可避免尖端过热熔化，减少损耗，并防止电弧因往上扩展而影响阴极斑点稳定。钨极尖端角度对焊缝熔深和熔宽也有影响。减小锥角，熔深增大，熔宽减小；反之，则熔深减小，熔宽增大。

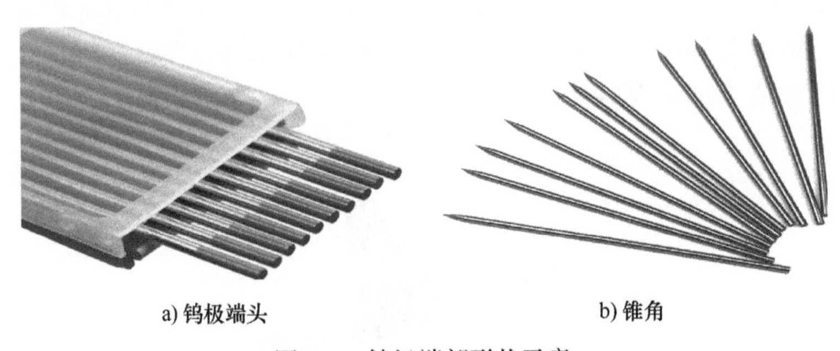

a) 钨极端头　　b) 锥角

图4-2　钨极端部形状示意

钨极的端部锥角对电弧、熔池状态有较明显的影响。在焊接电流、电源和电极材料等一定的情况下，钨极锥角越小，电弧相对越稳定、集中，焊接熔池相对窄而深；而锥角越大，电弧越发散，稳定性较差，容易发飘，焊接熔池相对宽而浅，如图4-3所示。

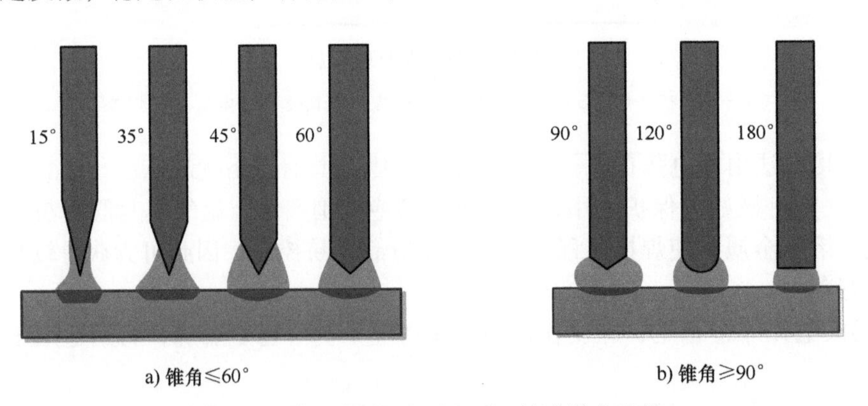

a) 锥角≤60°　　b) 锥角≥90°

图4-3　钨极端部锥角对电弧、熔池影响示意

除了锥角对电弧及熔池状态有影响外，钨极的端部修磨形状对整个焊接也有明显的影响，如易出现钨极烧损、电弧飘移和电弧不集中等问题。铝合金焊接时钨极端部形状常采用半圆球形或圆锥台形，如图 4-4 所示。因此，在实际焊接中，焊工修磨钨极时需根据电流大小、工件厚度和焊缝宽度等进行选择，应掌握以下技巧。

1）铝合金 TIG 焊接时，对钨极要进行及时、正确的修磨，否则将影响钨极的许用电流、引弧及稳弧性能。一般要求锥面光滑，尖端要呈半圆球形或圆锥台形（见图 4-4），这样不易烧损，且稳弧效果好。

2）若工件含有低电离能物质，比如表面镀锌，则会造成钨极易熔化，加速烧损，因此使用时应注意材料表面的清洁。

3）小电流焊接时，选用小直径钨极、小的端部角度和锥台，可使电弧容易引燃和稳定；大电流焊接时，增大钨极端部的角度和锥台可避免端部过热熔化，减少损耗，并防止电弧往上扩展而影响阴极斑点的稳定性。

4）磨钨极时，电极尖部不得磨偏，刃磨后应抛光表面。

5）钨极修磨时应沿轴线一个方向打磨，不要来回旋转打磨，使钨极端部修磨纹路与钨极本身纹路一致，保证焊接时电弧能够沿钨极中心均匀分布，可防止电弧不稳或偏离中心。

6）钨极端部角度过渡不能太突然，否则电弧易形成伞状或蘑菇头状，造成电弧不集中、电弧发散。

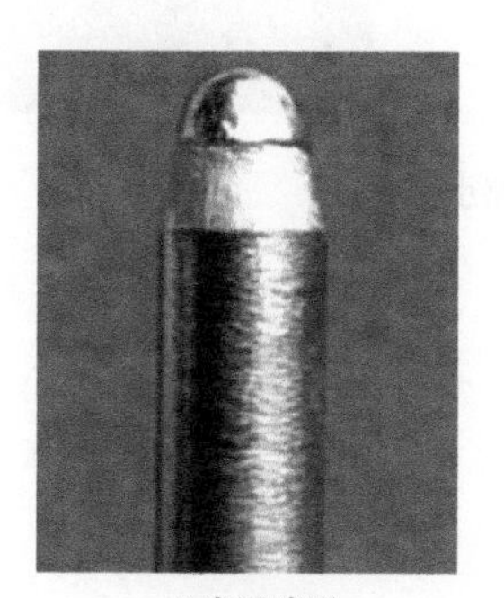

a) 半圆球形

b) 圆锥台形

图 4-4　铝合金焊接钨极端部形状示意

在实际生产中，钨极端部修磨直径、角度以及对应电流可参照表 4-1 进行选择。

表 4-1　钨极端部修磨形状与电流对应参数

钨极直径 /mm	尖端直径 /mm	尖端角度 /（°）	电流 /A（交流）
1.6	0.5	25	10 ～ 110
1.6	0.8	30	10 ～ 150
2.4	0.8	35	15 ～ 180
2.4	1.2	45	15 ～ 250
3.2	1.2	60	20 ～ 300
3.2	1.5	90	25 ～ 350

4.3 引弧与熄弧技巧

（1）引弧　TIG 焊常见的引弧方法有接触短路引弧、高频高压引弧和高压脉冲引弧 3 种（见图 4-5）。引弧前需预送保护气体 2 ～ 3s 后，在气体保护下进行引弧。接触短路法是采用钨极末端与工件表面近似垂直（70° ～ 85°）接触后，立即提起 3 ～ 5mm 引燃电弧。这种方法在短路时会产生较大的短路电流，从而使钨极端头烧损、形状变差，在焊接过程中使电弧分散，甚至飘移，影响焊接过程的稳定，甚至引起夹钨。该方法在实际生产中应用较少，只有在设备无高频高压引弧装置的情况下才会被采用。

高频高压引弧和高压脉冲引弧是在焊接设备中装有高频或高压脉冲引弧装置，焊接引弧时钨极与工件保持一定距离，按动开关后产生高频高压，击穿空气间隙，引燃电弧，引弧后高频或高压脉冲自动切断。这种方法操作简单，钨极不与工件接触，可有效避免钨极对焊缝的污染，保证钨极末端的几何形状，使钨极的使用寿命延长。

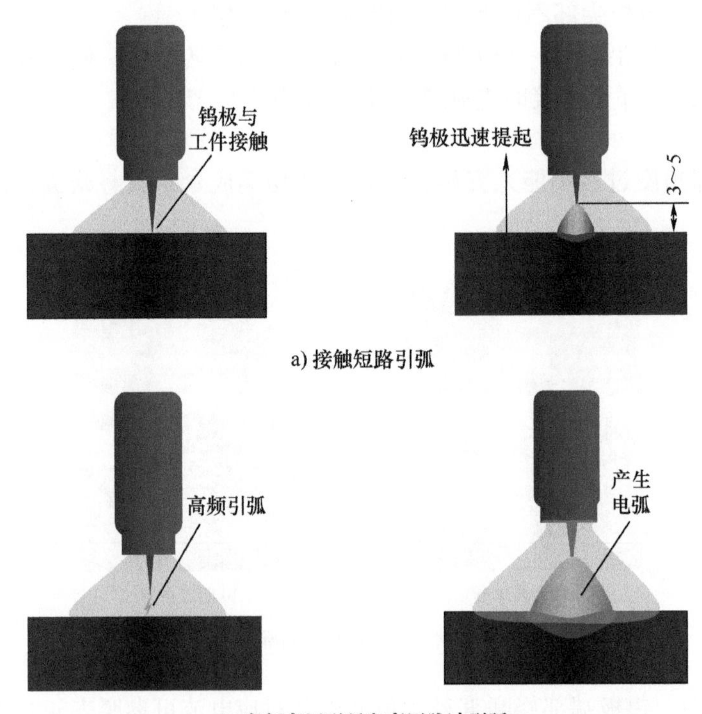

图 4-5　引弧示意

（2）熄弧　焊缝焊接终止时要熄弧，但其方法较多，熄弧的好坏，会直接影响焊缝质量和成形。熄弧时应避免产生弧坑，防止产生裂纹、烧穿和气孔等缺欠。操作时可采用以下方法。

1）熔池衰减法。在焊缝即将终止处加快焊接速度，使熔池尺寸逐渐减小，添加少量的焊丝，弧坑填满后熄弧，该种方法特别适用于环焊缝的熄弧（见图 4-6a）。

2）焊接电流衰减法。利用焊接设备电流衰减装置，预设好熄弧电流值与时间，在熄弧时通过按动焊枪开关切换收弧电流，使焊接电流逐渐减小，并逐渐减少焊丝送入量，缓慢降温，缩小熔池，完成熄弧（见图 4-6b）。

3）焊缝增高法。减慢运弧速度，焊枪后倾角加大，焊丝给送量增多，焊缝增高，熄弧后，反复几次，以便熔池凝固收缩时继续得到补给（见图 4-6c）。

4）引出板熄弧。在焊缝终止端加装引出板，焊接终止时将弧坑引到引出板上，然后切除引出板（见图 4-6d）。

熄弧时避免焊枪立即移开，应在延迟气体保护下，在熄弧处停留 5 ～ 6s，以保证高温下的熄弧部位不被氧化。

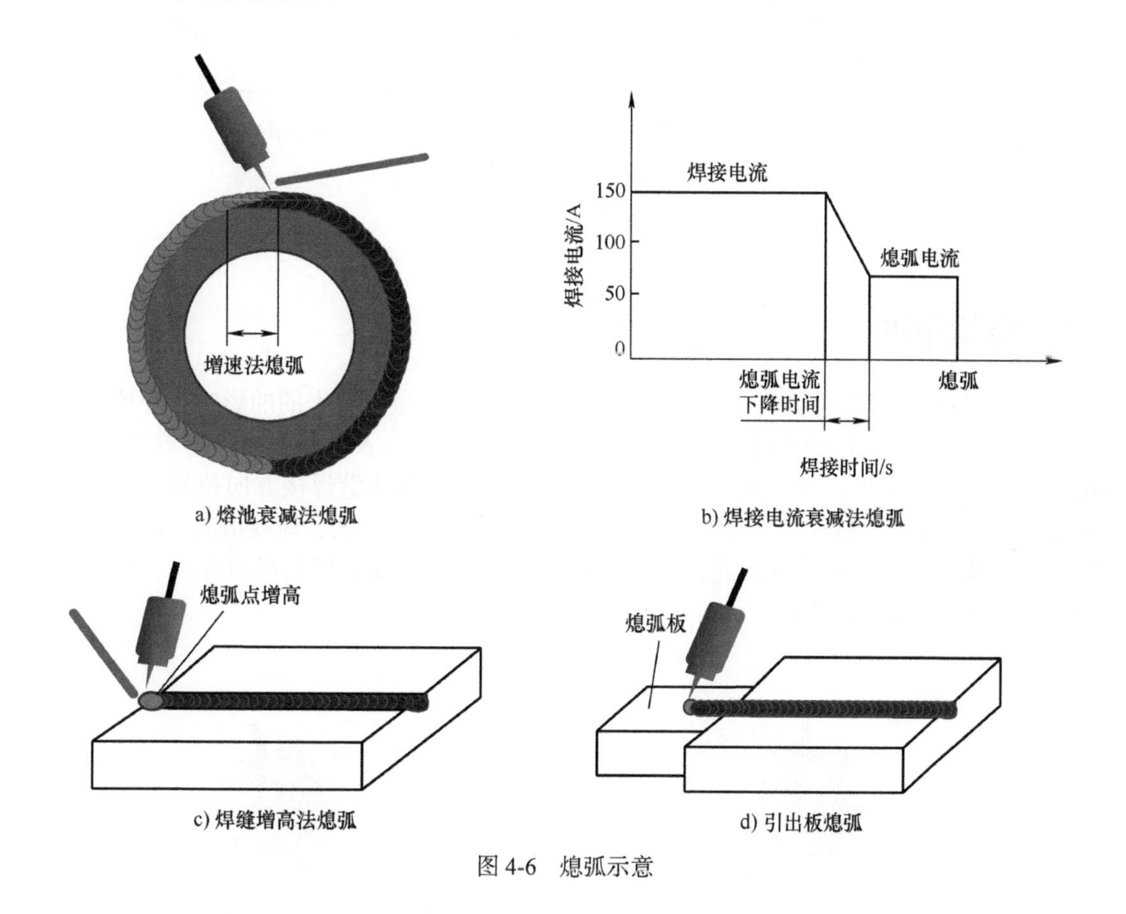

图 4-6 熄弧示意

（3）停弧 在正常焊接过程中，因某种原因而使焊接中途停止，称为停弧。停弧应采取正确的操作方法，以免产生缩孔或裂纹。停弧应用最广泛的方法有两种：焊接增速引出法和电流衰减法。

焊接增速引出法在焊接坡口焊时应用较多，具体操作方法是在需要停弧处加快焊接速度，并将电弧引出正常焊道至坡口面上，使熔池尺寸逐渐减小，添加少量的焊丝，弧坑填满后熄弧（见图 4-7a）；电流衰减法是利用焊接设备电流衰减装置，在熄弧时通过按动焊枪开关切换收弧电流，使焊接电流逐渐减小，缓慢降温，缩小熔池，完成停弧（见图 4-7b）。

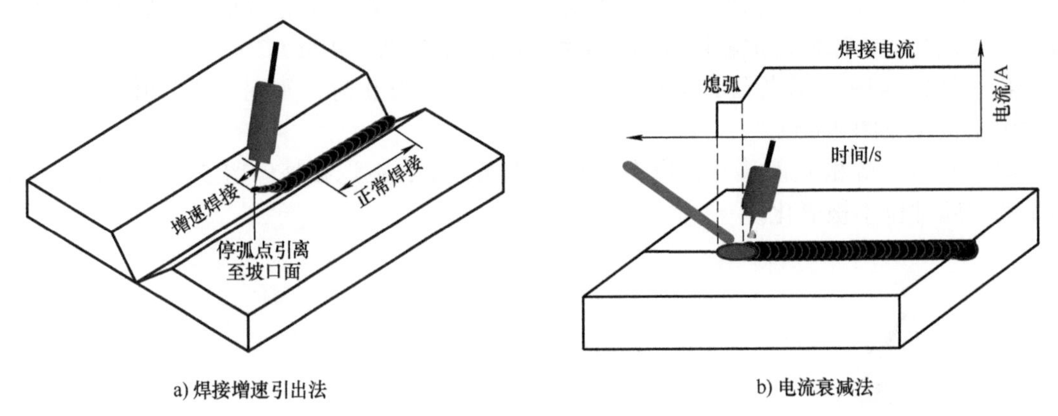

a) 焊接增速引出法　　b) 电流衰减法

图 4-7　停弧方法示意

4.4　焊枪角度

TIG 焊焊枪角度也分为行走角和工作角，并对焊缝质量有较大的的影响。焊枪角度直接决定电弧指向，对熔池温度、熔深、熔池形状、熔池指向及电弧热量分布等均有影响。由图 4-8a ～ c 可看出，当焊接行走角度变小时，电弧与熔池沿焊接方向拉长，熔深逐渐变浅；当焊接工作角沿焊缝中心线发生偏斜时，电弧、熔池形状、焊缝指向均随焊枪方向偏斜，如图 4-8d ～ f 所示。因此，在实际焊接时，焊枪角度要根据母材厚度、坡口形式和电流大小等因素进行选择。

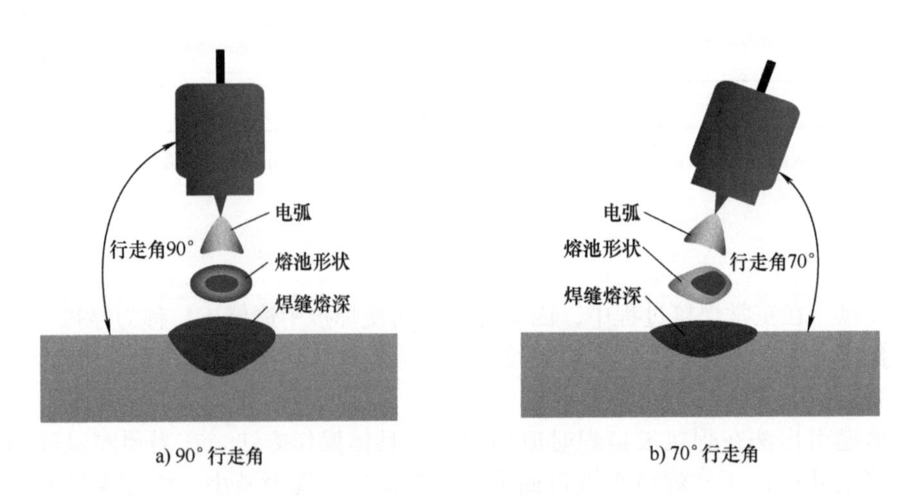

a) 90° 行走角　　b) 70° 行走角

图 4-8　焊枪角度对焊接影响示意

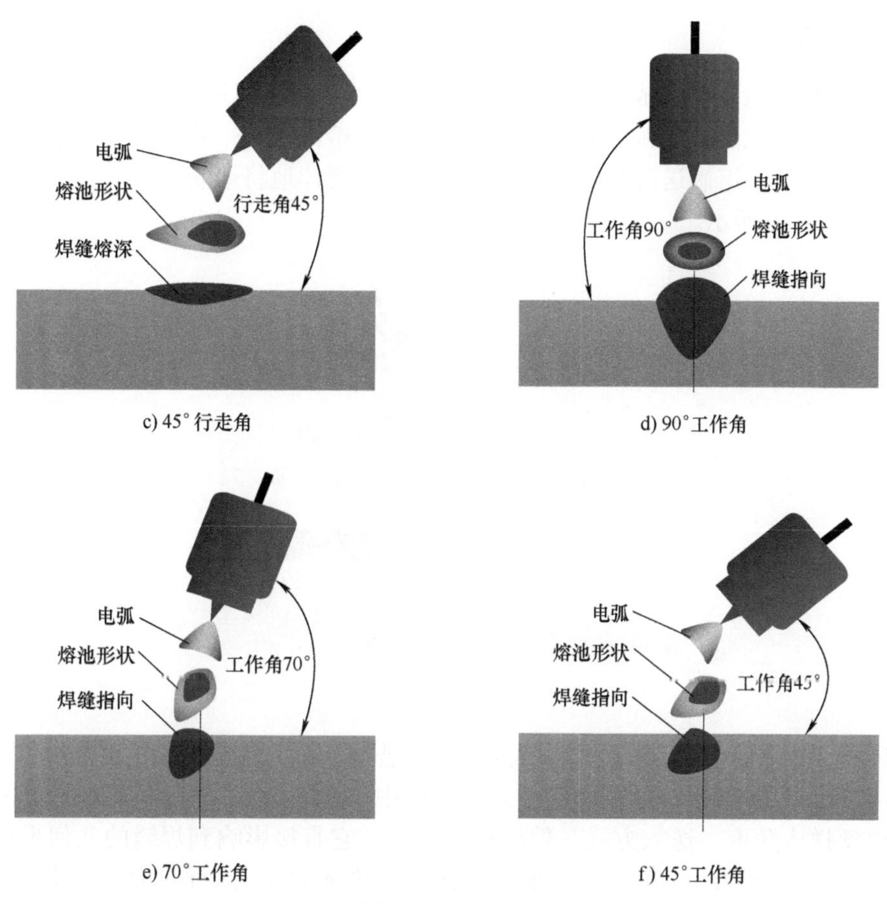

图 4-8　焊枪角度对焊接影响示意（续）

4.5　送丝方式

手工 TIG 焊是一种左右手同时协同动作的操作，焊丝的送进是依靠手工来完成的（见图 4-9）。因此，如何精准、及时地将熔滴送进熔池，送丝方式非常重要。铝合金 TIG 焊中最常用的送丝方法有两种，分别是点丝法和压丝法。送丝方式会直接影响焊缝外观、内部质量。若填丝较快，则焊缝易堆高、熔深变浅、氧化膜也难以排除；若填丝过慢，则焊缝易出现咬边、下凹或氧化，焊缝表面发暗无光泽。

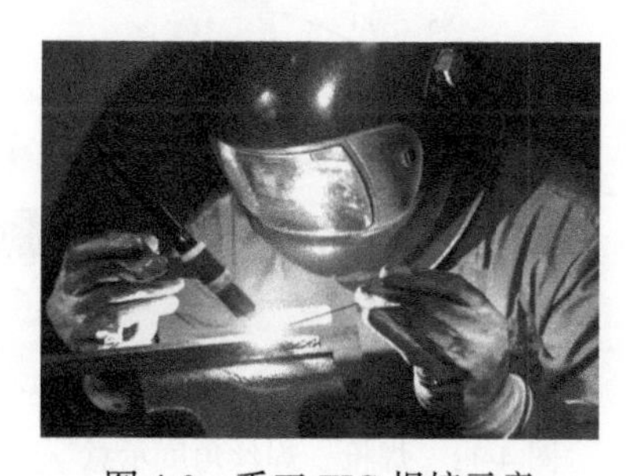

图 4-9　手工 TIG 焊接示意

4.5.1 点丝法

点丝法是指电弧引燃形成熔池后，立即将焊丝端部的熔滴送进熔池，然后回抽焊丝，但不离开气体保护范围，电弧熔池前移，焊丝再次向熔池送进一滴，重复上述动作完成焊接的方法。由于焊丝熔滴送进是跟随熔池的移动而有规律地将熔滴点状送入熔池，故称为点丝法，如图 4-10 所示。

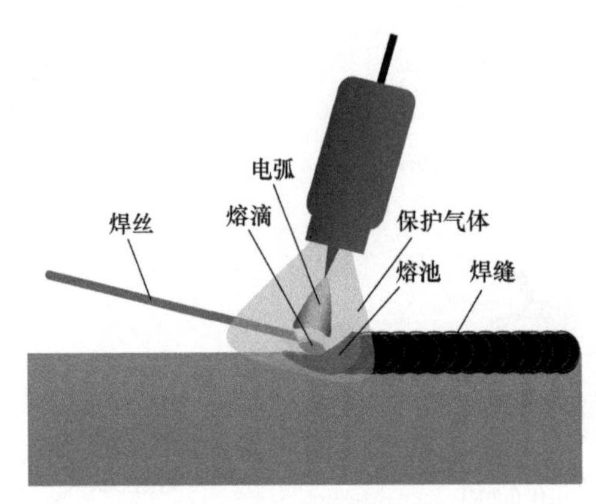

图 4-10 点丝法示意

在铝合金焊接中，点丝法的送丝方式应用最为普遍，特点是容易获得鱼鳞状的焊缝外观，送丝量易控制，不受空间位置的限制。在实际焊接中，采用点丝法送丝需要掌握以下技巧。

1）焊丝送入角度、送入方式与熟练程度有关，它直接影响到焊缝的几何形状。焊丝应低角度送入，一般为 10° ～ 20°，通常≤ 25°（见图 4-11）。这样有助于熔化端被保护气覆盖并避免碰撞钨极，使焊丝以滴状过渡到熔池中的距离缩短。

2）电弧引燃后不要急于送入填充焊丝，要稍停留一定时间，使基体金属形成熔池后，再立即填充焊丝，以保证熔敷金属和基体金属很好地熔合。

3）送丝动作要轻，不要搅动气体保护层，以免空气侵入。焊丝在送入熔池时动作要快，熔滴送入熔池即可将焊丝回抽，要避免与钨极接触短路，以免因钨极烧损落入熔池而引起焊缝夹钨（见图 4-12）。

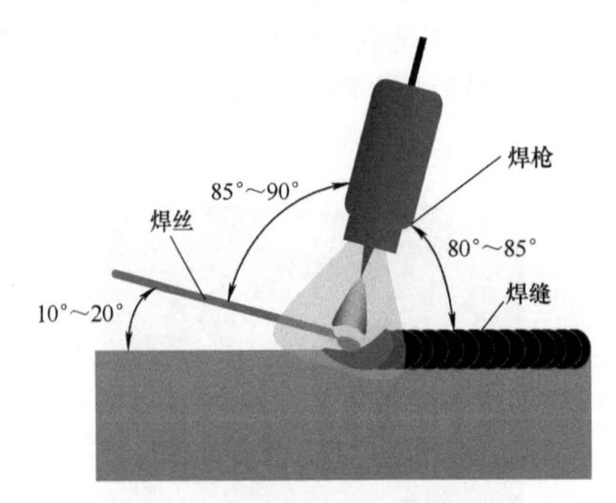

图 4-11 焊枪、焊丝角度示意

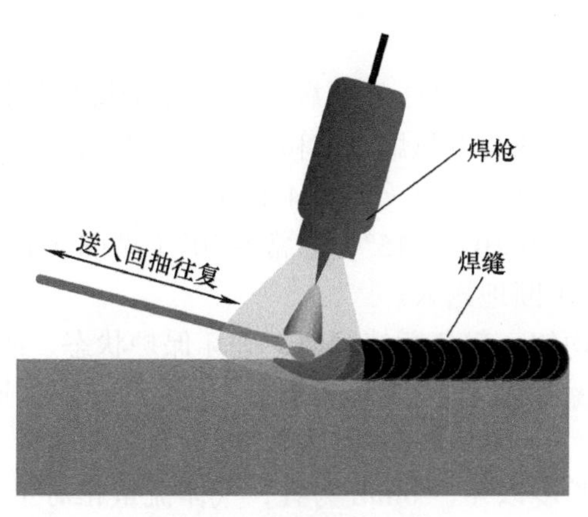

图 4-12　焊丝送入示意

4）焊丝末端不要伸入弧柱内，即在熔池和钨极中间，否则，在弧柱高温作用下，焊丝剧烈熔化滴入熔池（俗称燎丝），易引起飞溅或打钨，破坏电弧的稳定燃烧，造成熔池内部污染，使焊缝外观变差，焊缝波纹之间出现黑灰。

5）回抽焊丝且其末端并不离开保护区，与熔池前沿保持着如分似离的状态准备再次送入焊丝。

6）焊接时钨极伸出长度以 3 ～ 4mm 为宜，伸出长度过长时，会影响保护效果，钨极易烧损，且易与熔池短路，造成焊缝夹钨。

4.5.2　压丝法

压丝法是指电弧引燃形成熔池后，立即将焊丝端部送入熔池边缘约 1/3 处，在电弧和熔池的热作用下焊丝端部熔化过渡到熔池中，电弧熔池前移时，焊丝端部始终压在熔池边缘随着电弧熔池前移，不脱离熔池，不断向熔池做推动式送丝（见图 4-13）。由于焊丝端部始终压在熔池的边缘且不间断地将焊丝送入熔池，故称为压丝法。

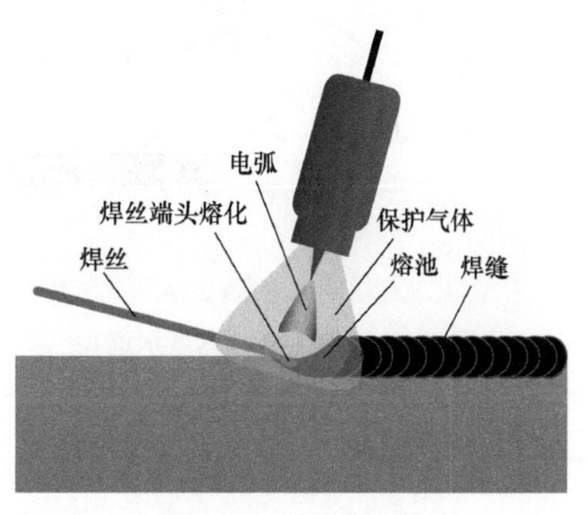

图 4-13　压丝法示意

压丝法的优点是容易获得细密的焊缝波纹，操作简单；缺点是受空间位置限制，在较小的焊接空间内不易实现送丝。此方法特别适用于 T 形接头及搭接接头的焊接。采用压丝法需掌握以下技巧。

1）送丝时焊丝端部放在熔池 1/3 处，靠熔池的热量将焊丝接触熔入，焊接过程中焊丝端部始终压在熔池边缘且随着电弧熔池前移，不脱离熔池，不断持续地向熔池做推入式送丝，送丝速度应与熔化速度相适应（见图 4-14）。

2）焊丝送入角度一般为 10° ～ 15°，通常≤20°（见图 4-15），这样可防止焊丝阻挡操作工视线，也便于焊丝不断地送入。

3）焊丝送入熔池要均匀，避免搅拌熔池，破坏保护状态，防止气孔的产生。

4）焊接过程中要观察熔池温度变化和形状，适时调整焊接速度，保持焊丝送入量均匀，确保焊接质量。

5）焊接时钨极伸出长度以 4 ～ 6mm 为宜，气体流量相对于点丝法适当加大。

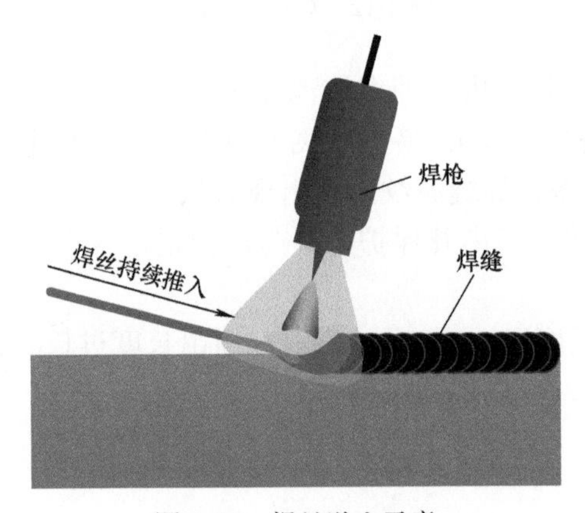

图 4-14　焊丝送入示意

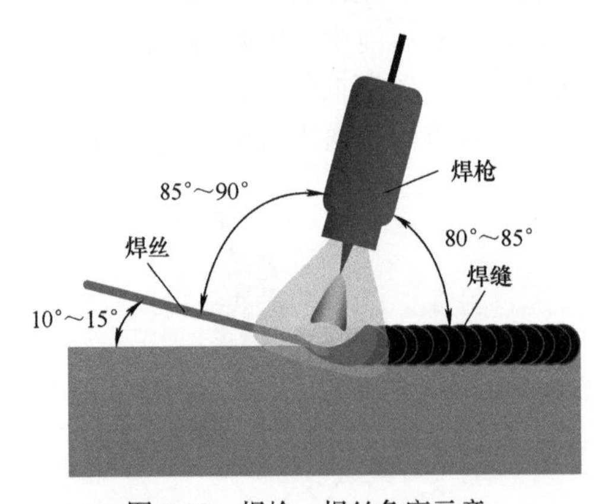

图 4-15　焊枪、焊丝角度示意

4.6　焊枪手持方式及摆动方法

4.6.1　焊枪手持方式

手工 TIG 焊接是在手持焊枪和焊丝密切配合下完成的，其中焊枪的手持方式一般分为“拖把法”和“摇把法”两种。

（1）拖把法　拖把法是指手拖住焊枪，通过小拇指或无名指靠或不靠在工件上，手腕摆动拖着焊枪进行的焊接（见图 4-16）。其优点是容易学会、适应性好；缺点是对电弧的稳定性要求较高，特别在仰焊位置的焊接作业。

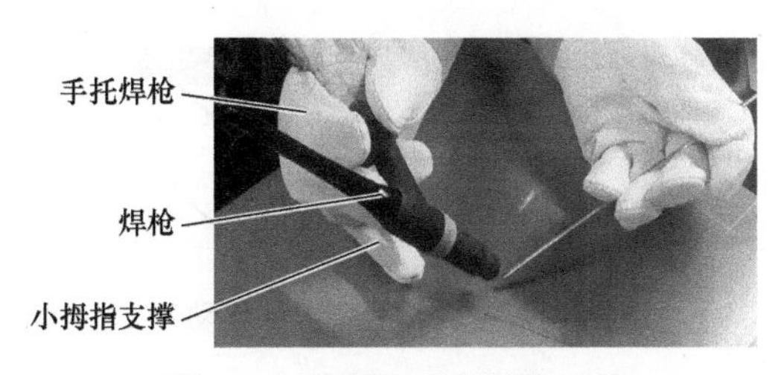

图 4-16　拖把法手持焊枪示意

（2）摇把法　摇把法是指将焊枪喷嘴轻微压在焊缝上面，摆动焊枪通过喷嘴接触点不断向前移动的焊接（见图 4-17）。其优点是焊枪喷嘴压在焊缝上，电弧在运行过程中非常稳定，焊缝保护好，特别是在仰焊时操作方便、省力；缺点是学起来较难，因焊接过程中手臂需要大幅摆动，所以无法在空间受限和有障碍处进行焊接。

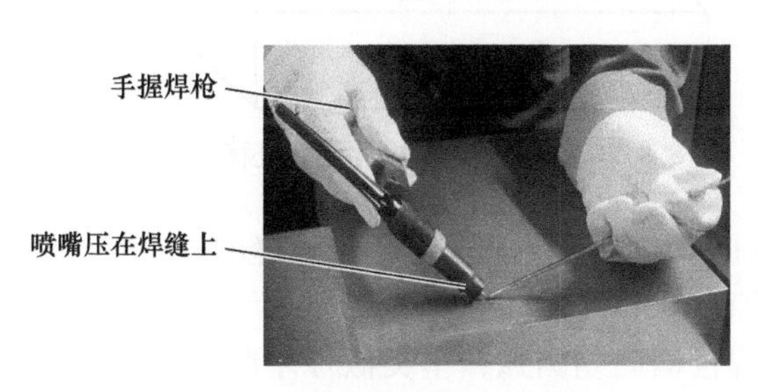

图 4-17　摇把法手持焊枪示意

4.6.2　焊枪摆动方法

TIG 焊接时也有两个基本方向的运动，即焊枪沿焊接方向的纵向移动和横向摆动，两个方向的运动通称为焊枪摆动。焊接时电弧随焊枪的摆动前移，从而控制熔池形状，获得所需要的焊缝尺寸。

（1）直线移动　直线移动可分为直线停顿移动和直线往复移动。

1）直线停顿移动是指焊枪在焊接过程中需停留一定的时间，以便于焊丝的送入并保证焊透，即沿焊缝作直线移动过程是一个有规律停顿的前进过程（见图 4-18）。其主要应用于中厚板的焊接。

2）直线往复移动是指焊枪沿焊缝作往复直线移动（见图 4-19），其特点是控制熔池温度和焊缝成形，主要用于焊接铝及铝合金的薄板，可以防止烧穿。

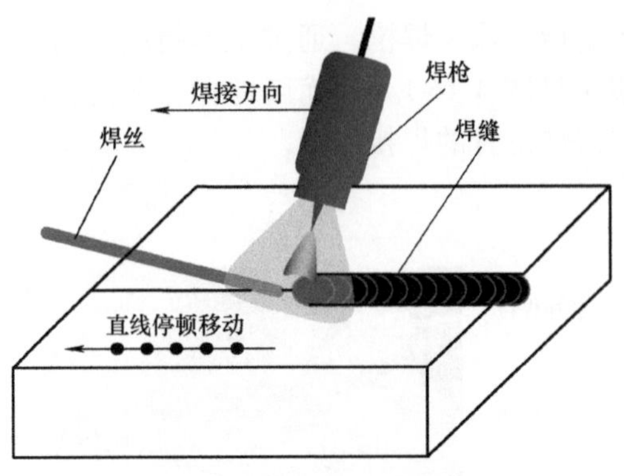

图 4-18　焊枪直线停顿移动

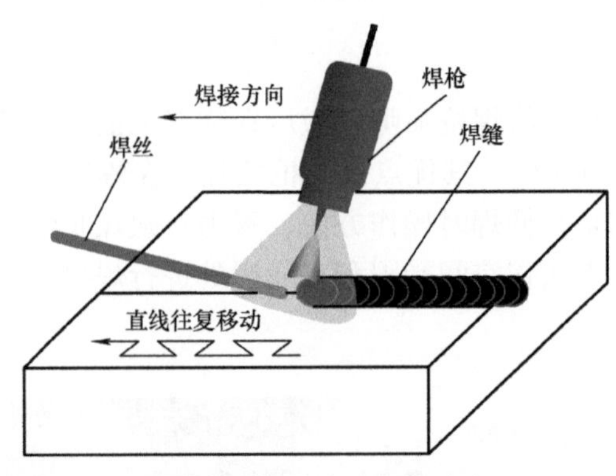

图 4-19　焊枪直线往复移动

（2）横向摆动　横向摆动是为保证获得一定焊缝的外观尺寸以及不同的接头形式而采取的小幅摆动，常见的有以下 3 种形式。

1）月牙形摆动。焊枪横向划圆弧，呈类似月牙形往前移动，如图 4-20 所示。这种形式适用于大的 T 形接头、厚板搭接接头以及中厚板开坡口的对接接头。操作时焊枪在焊缝两侧停留时间稍长些，在通过焊缝中心时移动速度可适当加快，从而获得较宽的焊缝尺寸及鱼鳞纹状焊缝外观。

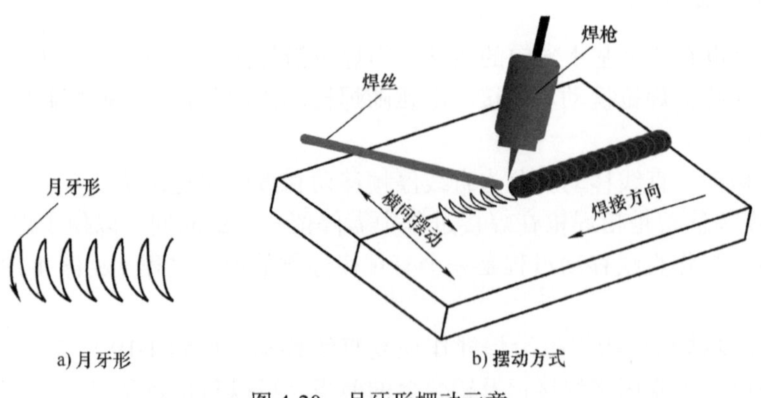

图 4-20　月牙形摆动示意

2）斜锯齿形摆动。焊枪在焊接过程中划锯齿，且呈“斜之字形”往前移动，如图 4-21 所示。这种形式适用于不平齐的角接头、横焊位置的对接接头。横焊操作时电弧可以在锯齿的上侧稍作停留，中间快速斜拉使熔池处于水平位置，焊丝应从熔池上侧位置送入，可防止焊缝下坠。不平齐的角接头操作时使焊枪偏向凸出部分，焊枪作锯齿形斜向移动，使电弧在凸出部分停留时间增加，以熔化凸出部分，保证焊缝外观达到圆滑过渡。

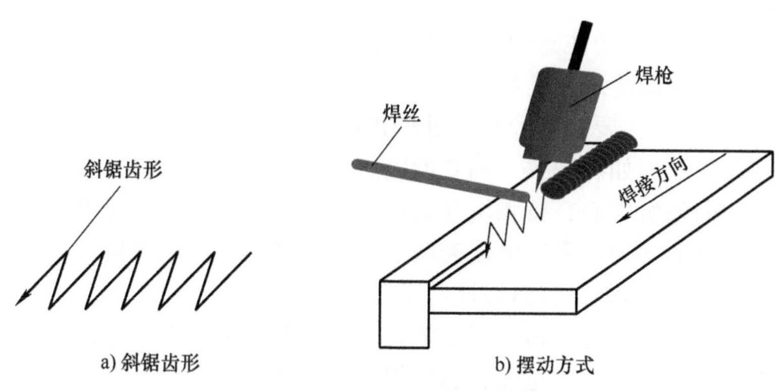

图 4-21　斜锯齿形摆动示意

3）n 字形摆动。焊枪作横向摆动的运行轨迹呈类似 n 字形的摆动，如图 4-22 所示。这种形式适用于不等板厚的对接接头，操作时焊枪作 n 字形摆动，电弧稍偏向厚板，使电弧在厚板一边停留时间稍长，以控制两边的熔化温度，可防止薄板烧穿而厚板出现未熔合的情况。

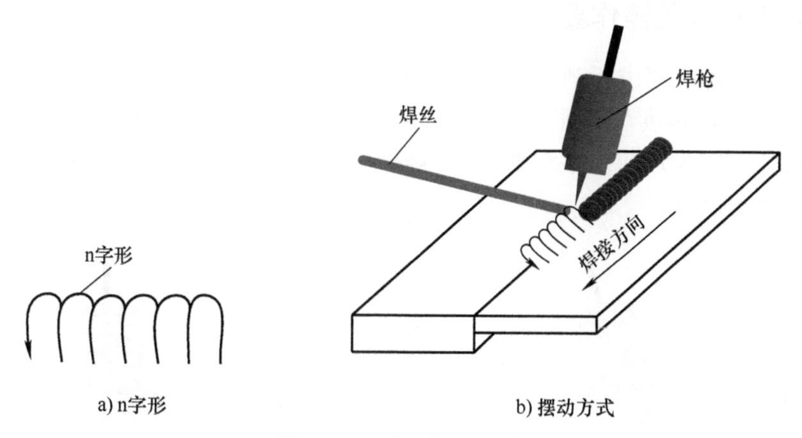

图 4-22　n 字形摆动示意

4.7　板对接操作技巧

4.7.1　焊接操作要点

铝合金 TIG 板对接焊时，无论是单层焊还是多层焊，在操作方面均需掌握以下要点。

1）焊接前首先检查焊缝区域清理状态，是否存在氧化膜、油污和锈蚀等影响焊接的杂质，确认坡口、钝边和定位焊等是否达到焊接条件。

2）铝合金焊接时焊缝根部一般不预留间隙，如需预留间隙，则焊接背部必须加永久性或临时性垫板。

3）在焊接引燃电弧后，焊枪停留在原位置不动稍加预热后，当板材基体形成熔池后，再开始送入焊丝。

4）在焊接过程中，密切注意焊接参数的变化及相互关系，随时调整焊接速度、焊枪角度与填丝位置，保证焊缝成形良好。

5）焊接接头时，首先要检查原弧坑处的焊缝质量，如保护效果较好、无氧化物等缺欠，则可直接焊接接头；如有缺欠，则要彻底清除后方能进行焊接。接头方法是在弧坑前方边缘处引弧带回向弧坑中心，待弧坑开始熔化并形成熔池后，方可继续送丝焊接。收弧时要减小焊枪与工件的夹角，采用电流衰减、焊缝增高法等填满弧坑。

6）多层焊的打底、填充、盖面焊接需掌握以下原则。

第一打底焊时，应减小行走角，压低弧长，使电弧热量集中，保证根部熔合良好，观察熔池状态掌握焊接速度和送丝速度，避免焊缝下凹和烧穿。

第二填充焊接时焊枪的横向摆动幅度要比打底焊时稍大，在坡口两侧稍加停留，保证坡口两侧熔合良好、焊道均匀。填充焊时不要熔化坡口上的棱边，也不要填充过满，给盖面焊预留填充量，一般焊道比工件表面低 0.5 ～ 1mm。

第三盖面焊时要进一步加大焊枪摆动幅度，以保证熔池两侧超过坡口棱边 0.5 ～ 1mm 为宜，根据焊缝的余高决定送丝速度和焊接速度。

4.7.2 不同焊接位置操作要点

（1）平焊　平焊时要求运弧和焊丝送进配合协调、动作均匀，焊枪可作月牙形摆动或直线停顿运动，焊接角度可参照图 4-23 所示。当焊接不等厚的工件时，电弧稍偏向厚板一边，焊枪可作斜锯齿形或 n 字形摆动。薄板焊接时可减少焊枪与工件之间的夹角，加快焊接速度和送丝速度。

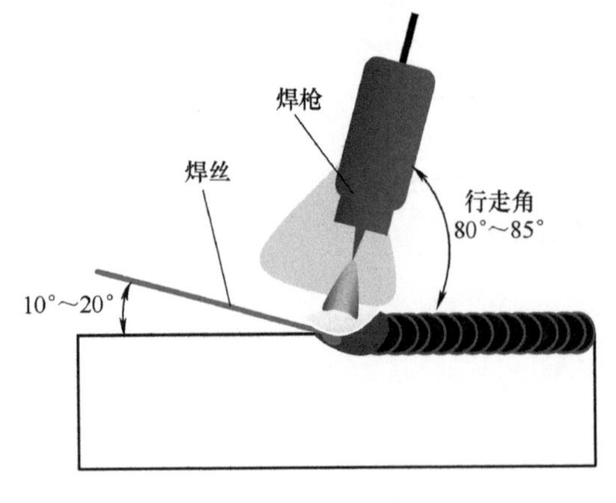

a) 行走角

工作角
85°～90°

b) 工作角

图 4-23　平焊焊接角度示意

（2）立焊　立焊时由于重力作用，易出现凸状焊缝，因此为防止熔池金属和熔滴向下淌，在熔池上方填丝，应控制熔池的温度，选用较小焊接电流和较细的填充焊丝，电弧不宜拉得太长，焊枪行走角不能太小，否则易产生气孔、焊瘤及咬边等焊接缺欠（见图 4-24）。

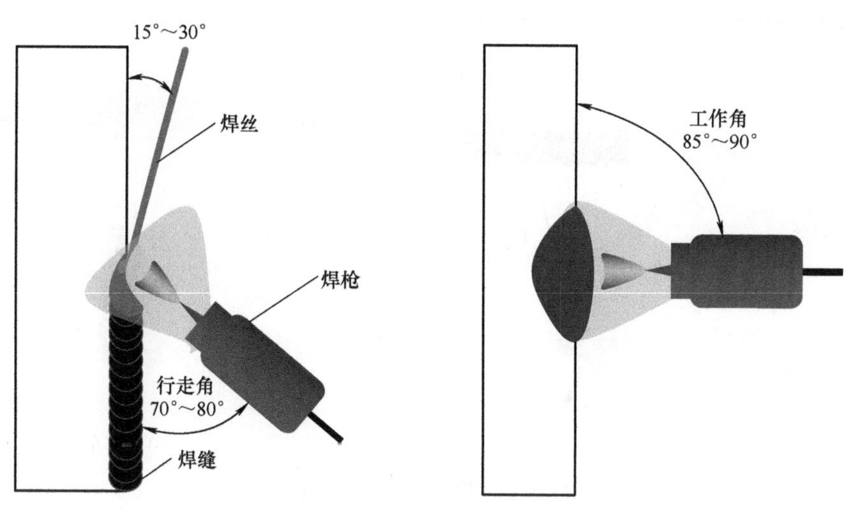

图 4-24　立焊焊接角度示意

（3）横焊　受重力作用，焊缝上侧易出现咬边，下侧易出现焊缝下坠，因此在操作时，必须注意掌握好焊枪的水平角度和焊丝送进的角度。为防止熔敷金属下坠，焊枪工作角应偏向焊缝中心下侧，在熔池前上方送丝（见图 4-25）。

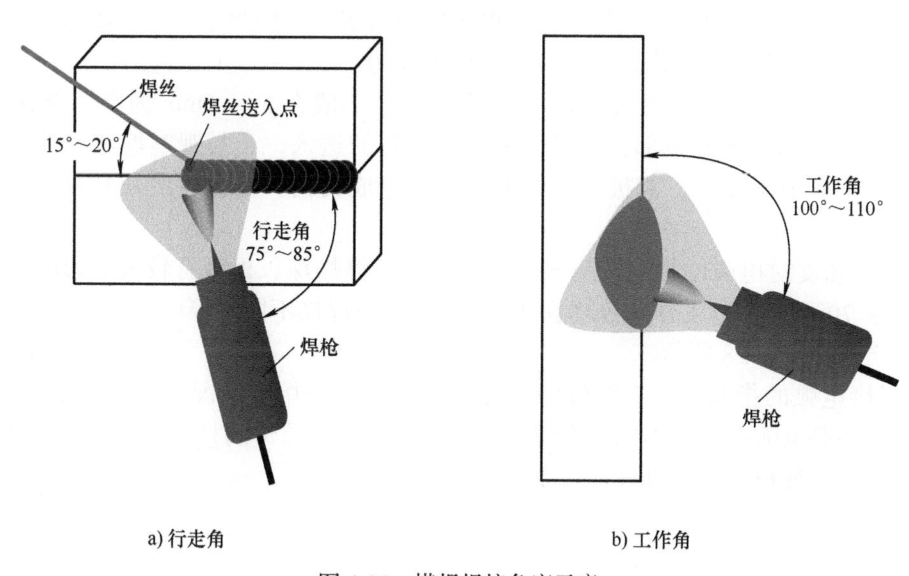

a) 行走角　　b) 工作角

图 4-25　横焊焊接角度示意

（4）仰焊　仰焊是所有焊接位置中最难操作的一种，焊接时重力对熔池的影响比立焊和横焊更显著。熔池观察难，保持焊枪稳定和均匀地填充焊丝更困难，因此仰焊时必须保持焊接姿势稳定。为避免熔池金属和熔滴在重力作用下产生下淌，在操作时要适当减小焊接电流，送丝要准，焊接速度要快，焊接角度如图 4-26 所示。

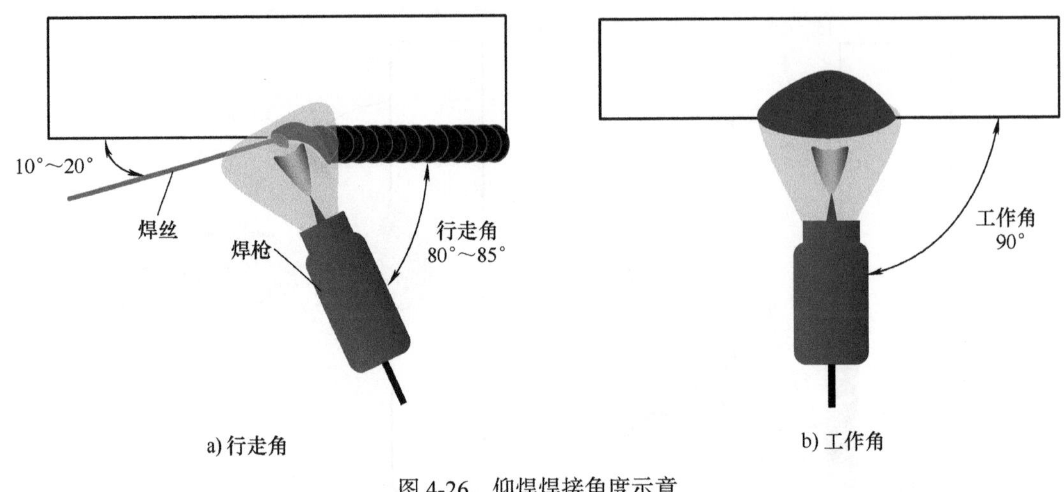

图 4-26　仰焊焊接角度示意

4.8　角焊缝操作技巧

4.8.1　操作要点

TIG 焊焊接铝合金角焊缝时最易出现焊缝根部未熔合、焊脚不对称、咬边及焊缝厚度不足等问题，因此在焊接操作过程中应掌握以下技巧。

1）钨极伸出长度相对于对接焊缝要长一些，一般在 5 ～ 6mm 为宜。伸出长度太短时，电弧不易到达焊缝根部，且阻碍视线及焊丝的送入，不易观察熔池；伸出长度太长时，焊接保护效果变差，钨极易与熔池接触而造成夹钨。钨极伸出长度及焊枪角度如图 4-27 所示。

2）焊枪角度对电弧的指向有明显影响，也对焊缝熔深、外观有较大的影响。一般行走角控制在 70° ～ 85°，工作角控制在 45° ～ 50°，当焊接不同板厚时焊枪应偏向厚板侧。焊接电弧指向如图 4-28 所示。

3）焊接电弧的指向直接影响焊缝熔深的指向和根部熔合情况（见图 4-28），无论焊枪角度偏向还是电弧指向都不能脱离焊缝根部，尤其在多层焊的打底焊时要始终将电弧朝向焊缝根部，保证根部熔合良好。

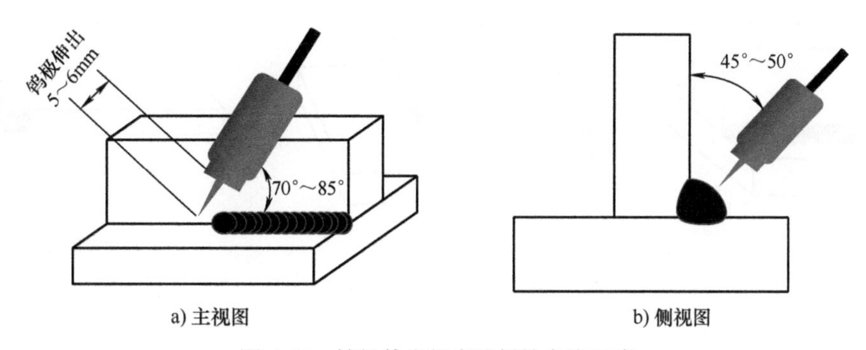

a) 主视图　　b) 侧视图

图 4-27　钨极伸出长度及焊枪角度示意

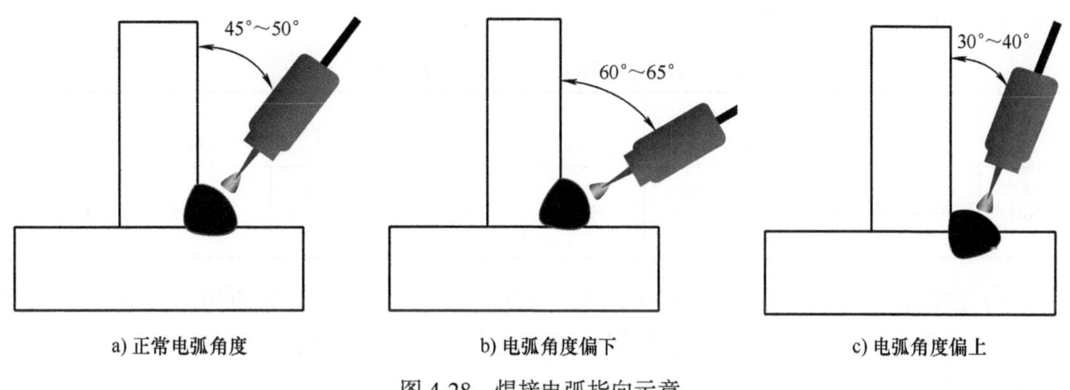

a) 正常电弧角度　　b) 电弧角度偏下　　c) 电弧角度偏上

图 4-28　焊接电弧指向示意

4）焊接时焊丝送入熔池的最佳时机是焊缝根部母材充分熔化形成熔池（见图 4-29），熔滴进入到熔池后电弧迅速前移形成下一个熔池，依次循环完成焊接。勿在母材未熔化形成熔池就送入焊丝，否则会造成焊缝根部未熔合。

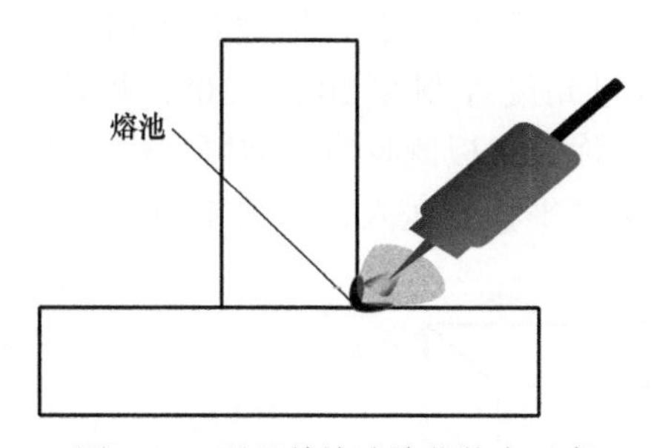

图 4-29　送丝前熔池熔化状态示意

4.8.2　焊接实例

角焊缝包括角接接头、T 形接头和搭接接头 3 种接头形式，如图 4-30。由于这 3 种接头焊接的操作方法相似，因此本小节只介绍 T 形接头平角焊、立角焊的操作技巧。

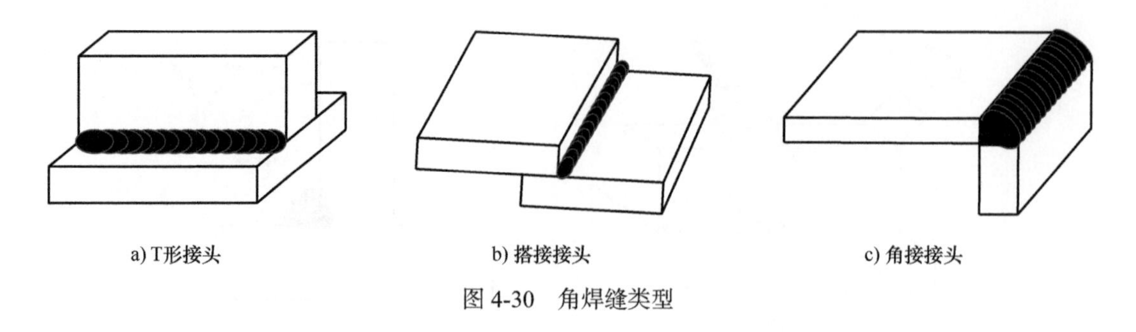

图 4-30　角焊缝类型

1. 实例 1：平角焊

（1）母材及工艺参数　6N01 铝合金板材，选用 5 系铝镁 ϕ2.4mm 焊丝。板厚分别为 3mm 和 6mm 时，焊接参数见表 4-2。

表 4-2　TIG 平角焊焊接参数

母材	板厚 /mm	焊接道数	焊丝及直径 /mm	Ar 气纯度（%）	钨极直径 /mm	焊接电流 /A	气体流量 /（L/min）	喷嘴孔径 /mm
6N01	3	1	ER5356 ϕ2.4	99.99	2.4	110 ～ 130	8 ～ 15	8 ～ 12
	6	1 ～ 3				140 ～ 180		

（2）焊前清理　先用有机溶剂（丙酮、酒精）擦拭工件表面的油污，然后用不锈钢钢丝刷刷至表面露出金属光泽，用刮刀将端面毛刺清理干净，清理后的工件应在 4h 内施焊，否则应重新清理。

（3）组装定位缝　组装时尽可能保证焊缝根部无间隙，如板材有剪切唇，则在组装前需处理平整。定位焊缝长 10 ～ 15mm，焊接在焊道内，两板保证垂直角度，当工件较长时，定位焊间隔 80 ～ 100mm，焊后彻底清理焊接区域。

（4）焊接工艺　平角焊时，立板侧易产生咬边，焊缝易偏向底板侧。为防止这些缺欠，控制焊枪角度、电弧指向和焊丝送入熔池位置就非常重要，同时也要考虑金属重力的作用。焊接时焊丝送进角度控制在 20° ～ 30°，焊枪与焊丝之间夹角一般控制在 90° ～ 100°。为避免焊脚不对称、立板侧咬边等问题，焊丝送入点应从熔池前方立板侧送入，避免焊丝熔滴从熔池下边缘平板侧送入，如图 4-31 所示。

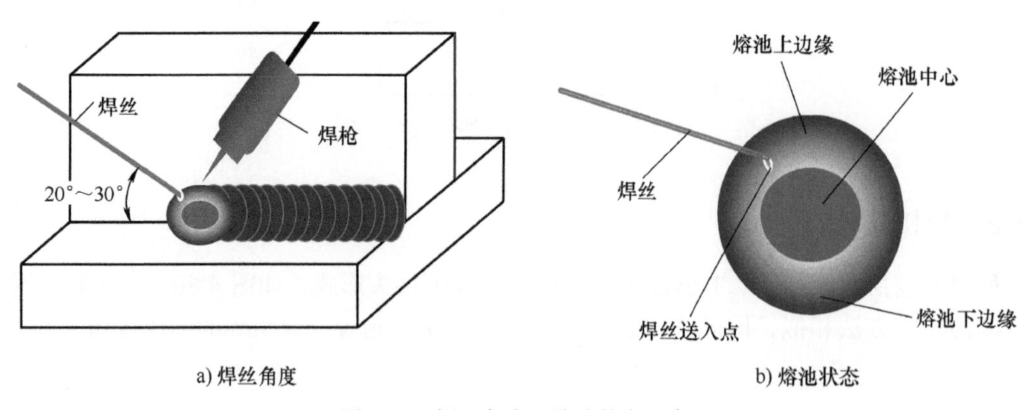

图 4-31　焊丝角度及熔池状态示意

在焊接单道焊时，焊枪角度可按照图 4-32 所示。多层多道焊的第一道焊与单道焊相同。第二道焊焊接时，焊枪与立板方向的夹角应小些，使水平位置的工件很好地熔合，一般为 40° ～ 45°，对第一道焊缝应覆盖 2/3 以上。第三道焊焊枪与立板方向的夹角应大些，为 50° ～ 60°，防止咬边及下垂现象，对第二道焊缝的覆盖应≥1/3，避免焊道与焊道之间出现夹沟。各焊道的位置及对应焊枪角度如图 4-32 所示。

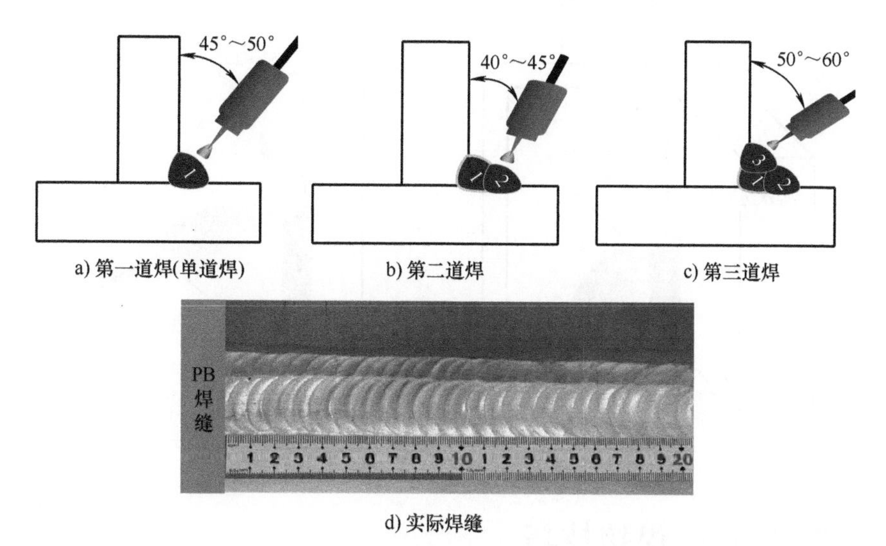

图 4-32　多层多道焊各焊道焊枪角度示意

2. 实例 2：立角焊

（1）母材及工艺艺参数　6N01 铝合金板材，选用 5 系铝镁 ϕ2.4mm 焊丝，板厚为 3mm，焊接参数见表 4-3。

表 4-3　TIG 立角焊焊接参数

母材	板厚 /mm	焊接道数	焊丝及直径 /mm	Ar 气纯度（%）	钨极直径 /mm	焊接电流 /A	气体流量 /（L/min）	喷嘴孔径 /mm
6N01	3	1	ER5356 ϕ2.4	99.99	2.4	100 ～ 120	8 ～ 15	8 ～ 12

（2）焊前清理、组装定位　要求与平角焊相同。

（3）焊接工艺　角焊缝立焊时，焊丝送入熔池比较困难，焊丝前端容易球化，受重力的影响，熔滴易被电弧吸附在钨极上，从而造成熄弧和焊缝污染。另外，如果送丝不规范，则会造成未焊透、焊缝呈凸形，以及焊缝边缘咬边等现象。因此，要特别注意送丝角度、送丝位置和送丝量。

操作时焊枪角度与焊接方向呈 60° ～ 70°，与母材表面呈 45°，钨极伸出长度 4 ～ 5mm，焊丝送进角控制在 15° ～ 20°，电弧中心对准接头根部，待母材充分熔化并建立熔池后，沿熔池上部边缘将焊丝快速送入熔池（见图 4-33），送丝要干净利索、快进快出，焊丝端部始终不离开保护区域，焊枪前移可作直线停顿方式移动，其余焊接要点与平角焊相同。

各种位置的焊接时，焊枪角度、钨极伸出长度、焊接速度、焊丝送入位置和角度都是操作技术的基本要领。焊枪角度是控制熔池形状、熔深和焊道宽窄的关键。电弧太短时会影响熔池、焊缝表面成形以及操作视线；电弧太长时，会使保护效果变差，且容易产生咬边。另外，焊丝送入位置及角度正确与否，将直接影响焊道表面成形和焊接能否顺利进行。

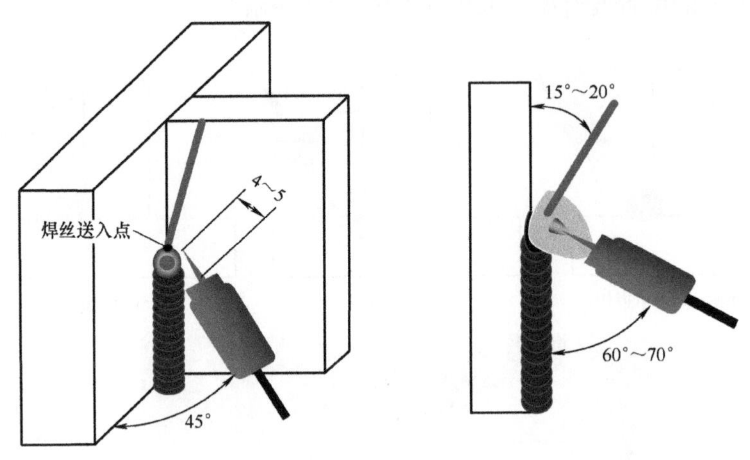

图 4-33　立焊焊枪角度及焊丝送入示意

4.9　交流脉冲 TIG 焊接技巧

铝合金的钨极氩弧焊主要是采用交流 TIG 焊，交流电的极性是在周期性地变换，相当于在每个周期里半波为直流正接，半波为直流反接。在正接的半波期间，钨极可以发射足够的电子而又不致过热，有利于电弧的稳定。在反接的半波期间，工件表面生成的氧化膜很容易被清理掉而获得表面光亮美观、成形良好的焊缝。这样，同时兼顾了阴极清理作用和钨极烧损少、电弧稳定性好的效果，对于活泼性强的铝、镁及铝青铜等金属及其合金一般都选用交流氩弧焊。

在焊接铝合金薄板、超薄板或减小焊接热影响区及工件变形时，宜采用脉冲氩弧焊，脉冲钨极氩弧焊脉冲波形如图 4-34 所示，是在普通氩弧焊的基础上增加脉冲功能，控制基值和峰值两个电流幅值按一定频率呈周期性变化。

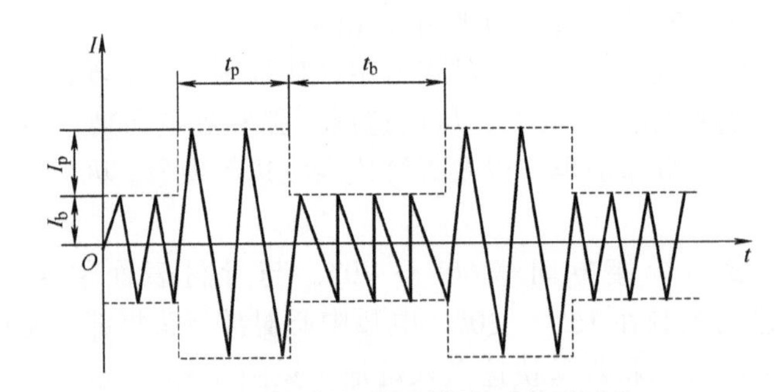

图 4-34　脉冲钨极氩弧焊脉冲波形示意

注：I_p 为脉冲电流，I_b 为基值电流，t_p 为脉冲电流持续时间，t_b 为基值电流持续时间。

脉冲氩弧焊通过调节脉冲波形、脉冲电流幅值、基值电流、脉冲电流持续时间和基值电流持续时间，可以对焊接热输入进行控制，从而控制焊缝及热影响区的尺寸和质量。

脉冲氩弧焊的优点及适用范围如下。

1）可以精准控制熔池尺寸，提高焊缝抗焊穿和熔池的保持力，易获得均匀的熔深，特别适用于薄板全位置焊和单面焊双面成形。

2）脉冲氩弧焊每个焊点加热和冷却迅速，焊接过程中熔池金属冷凝快，高温停留时间短，可减小热敏材料焊接时产生裂纹的倾向。

3）脉冲电弧可以用较低的热输入而获得较大的熔深，故同样条件下，能减小热影响区。焊接热敏材料时，可减小脉冲电流通过时间和基值电流值，能把热影响区范围降低到最小值。

脉冲氩弧焊焊接过程是由基值电流来维持电弧稳定燃烧，用可控的脉冲电流加热熔化工件，每个脉冲形成一个点状熔池，脉冲间隙熔池得到冷却。当下一个脉冲电流作用时，在已冷却的熔池上又有部分填充金属和母材金属被熔化，形成新的熔池，通过焊接速度和脉冲间隙的调节，得到相互重叠的焊点，最后获得连续焊缝。

脉冲钨极氩弧焊的主要参数有脉冲电流 I_p、基值电流 I_b、脉冲电流持续时间 t_p、基值电流持续时间 t_b、脉冲幅比 $R_A=I_p/I_b$、脉宽比 $R_W=t_p/(t_p+t_b)\times100\%$、脉冲周期 $T=t_p+t_b$ 和脉冲频率 $f=1/T$。焊接时通过调节脉冲频率、脉冲宽度比、脉冲电流值等参数来控制热输入量的大小，进而控制熔池体积、熔深及热影响区大小，最后达到完美的焊缝成形。脉冲钨极氩弧焊实际焊缝如图 4-35 所示。

a) 管板PA

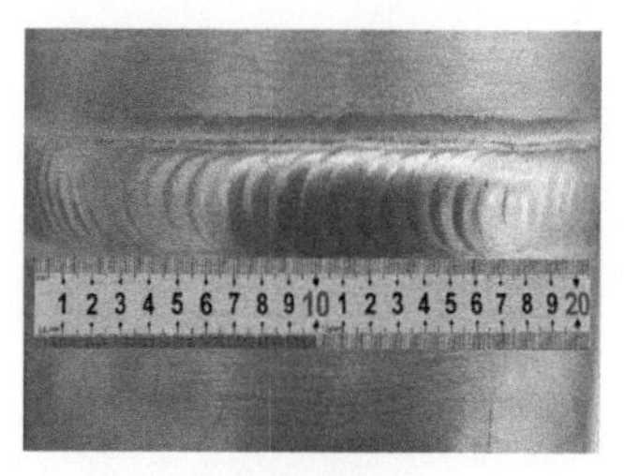

b) 管对接PC

图 4-35　脉冲钨极氩弧焊实际焊缝

脉冲钨极氩弧焊与普通氩弧焊在实际操作上基本相同，不同之处在于参数的设置与匹配上需要掌握一定技巧。

1）对于一定板厚，应该选择一个合适的脉冲电流 I_p 和脉冲电流持续时间 t_p，而最佳的 I_p 取决于材料的种类，与工件厚度无关。因此，一般步骤应是先根据材料种类选择 I_p，然后由板厚决定 t_p。当焊接薄板时，I_p 值稍低一些，同时适当延长 t_p；当焊接厚板时，I_p 应稍高一些，并适当缩短 t_p。

2）基值电流 I_b 一般为脉冲电流 I_p 的 30% ～ 40%，基值电流持续时间 t_b 为脉冲电流持续时间 t_p 的 1 ～ 3 倍。基值电流 I_b 与基值电流持续时间 t_b 的相互匹配应保证电弧不灭及熔池在基值电流持续时间内得以冷却。

3）脉冲幅比、脉宽比值较大时，脉冲特点较显著，有利于避免产生热裂纹，但过大会增加咬边倾向。焊接过程中通过调节脉冲幅比、脉宽比和焊接速度，在一定程度上可控制熔透率，避免产生热裂纹和咬边。

4）焊接操作时的焊枪移动、送丝速度与脉冲频率要相互匹配，以满足焊点间距的要求。为获得连续致密的焊缝，每个脉冲熔池之间应达到一定的重叠量，避免熔池脱节。6N01 铝合金板对接脉冲 TIG 焊焊接参数见表 4-4，可参照选择。

表 4-4　6N01 铝合金板对接脉冲 TIG 焊焊接参数

<table>
<tr><th rowspan="2">母材</th><th rowspan="2">板厚 /mm</th><th rowspan="2">焊丝
直径 /mm</th><th colspan="2">焊接电流 /A</th><th rowspan="2">脉宽比
（%）</th><th rowspan="2">频率 /Hz</th><th rowspan="2">钨极直径
/mm</th><th rowspan="2">气体流量
/（L/min）</th><th rowspan="2">喷嘴孔
径 /mm</th></tr>
<tr><th>基值</th><th>脉冲</th></tr>
<tr><td rowspan="4">6N01</td><td>2</td><td rowspan="2">（ER5356）
2.4</td><td>45</td><td>85</td><td>37</td><td>0.9</td><td rowspan="2">2.4</td><td rowspan="4">10 ～ 15</td><td rowspan="4">8 ～ 15</td></tr>
<tr><td>3</td><td>55</td><td>100</td><td>36</td><td>0.9</td></tr>
<tr><td>6</td><td rowspan="2">（ER5356）
3.0</td><td>140</td><td>190</td><td>44</td><td>1.1</td><td rowspan="2">3.2</td></tr>
<tr><td>8</td><td>160</td><td>220</td><td>66</td><td>1.3</td></tr>
</table>

第 5 章

焊接辅助操作

在铝及铝合金焊接生产过程中，焊接辅助操作直接影响焊接工艺、产品质量和劳动生产率。因此，提高焊接辅助操作的技能水平，对缩短产品制造周期、降低生产成本和保证产品质量等方面均具有重要的意义。

本章主要从铝及铝合金焊接辅助常规操作方面——焊接装配、焊接清理、温度控制和焊后矫形的相关知识和实际操作要点及注意事项进行了阐述。

5.1 焊接装配

铝及铝合金材料的装配是产品焊接生产过程中的组成部分。焊接装配工作是产品焊接生产的重要环节之一，直接关系到焊接产品的质量和生产效率。焊接装配主要进行焊接接头的几何尺寸、垫板、引（收）弧板、定位焊，以及焊前变形控制等准备工作的修整、研配和定位，从而达到焊接要求条件，保证焊缝焊接质量。

5.1.1 焊接接头的几何尺寸

由于铝及铝合金线膨胀系数大、焊接变形大，因此焊后矫正部件的整体尺寸是能保证在公差范围内。当单件与部件装配时，零件的原有线性尺寸就要做适当调整，调整后焊接接头的几何尺寸就需要研配后再进行组焊。焊接接头的几何尺寸主要包括坡口角度、根部间隙、钝边和根部半径，焊接接头的几何尺寸如图 5-1 所示。

1）坡口角度：工件上的坡口表面叫坡口面。工件表面的垂直面与坡口面之间的夹角叫坡口面角度，两坡口面之间的夹角叫坡口角度。开单面坡口时，坡口角度等于坡口面角度，开双面对称坡口时，坡口角度等于 2 倍的坡口面角度。

2）根部间隙：焊前，在焊接接头根部之间预留的空隙叫根部间隙。根部间隙的作用在于焊接打底焊道时，能保证根部可以焊透。

3）钝边：工件开坡口时，沿工件厚度方向未开坡口的端面部分叫钝边。钝边的作用是防止焊缝根部焊穿。钝边尺寸要保证第一层焊缝焊透。

4）根部半径：在 T 形、U 形坡口底部的半径叫根部半径，如图 5-1b、d 所示。根部半径的作用是增大坡口根部的空间，使电弧能够伸入根部空间，以促使根部焊透。

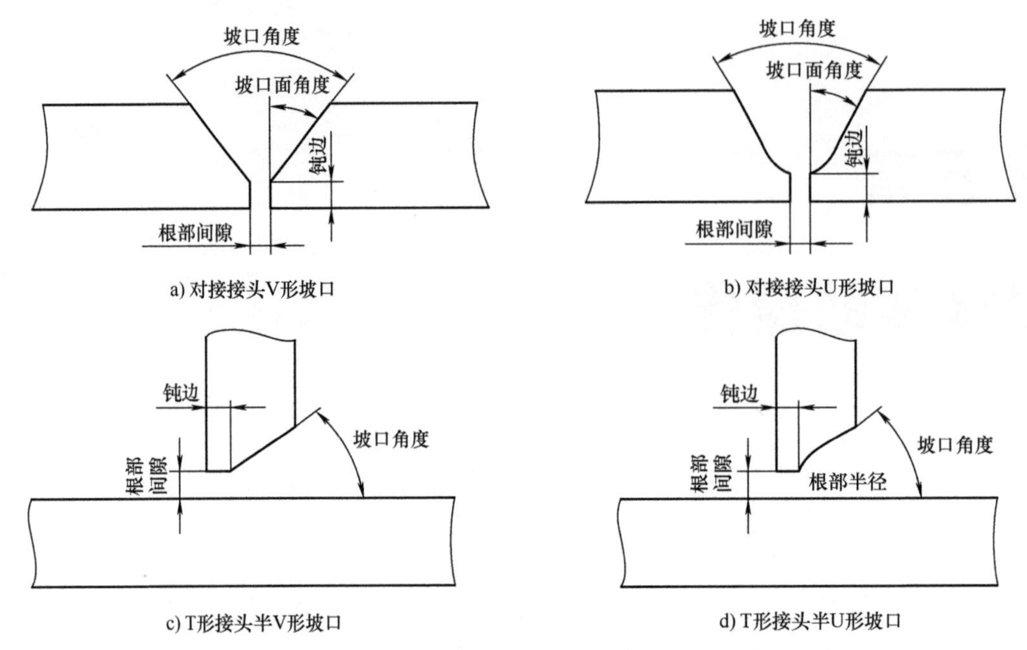

a) 对接接头V形坡口　b) 对接接头U形坡口　c) T形接头半V形坡口　d) T形接头半U形坡口

图 5-1　焊接接头的几何尺寸

5.1.2　焊接接头几何尺寸测量工具

单件与部件装配时，原有尺寸需要进行适当调整的单件，调整后焊接接头的几何尺寸必须满足图样设计要求，保证焊接质量。在实际生产中，为了满足焊接接头的几何尺寸，需借用测量工具来确保各项尺寸的准确，具体测量工具及精度见表 5-1。在使用和保管中，应注意保护量具不受损坏，并按期检验其精度的准确性。

表 5-1　测量工具及精度

序号	名称	规格（测量范围）	等级 / 示值误差	图示
1	钢直尺	0 ～ 150mm	± 0.1mm	
2	焊缝焊脚尺	0° ～ 320°	主尺边缘线性尺：± 0.2mm 高度：± 0.3mm 咬边深度：± 0.1mm 宽度尺：± 0.3mm 间隙尺：± 0.2mm 30′	

（续）

序号	名称	规格（测量范围）	等级 / 示值误差	图示
3	钢卷尺	0 ～ 5m	I级	
4	楔形塞尺	0 ～ 150mm	± 0.1mm	

5.1.3　焊接接头几何尺寸修整技巧

工件尺寸大于装配尺寸后，需要将余量磨削后进行组焊，铣削位置若带有焊接接头几何尺寸的情况，要注意修整顺序和磨削过程控制，预防修整时出现工件尺寸小于装配尺寸，消除工件报废隐患。

选用合理的修整顺序，不仅可有效地避免工件在修整时出现失误，同时还可以提高修整效率及修整质量。考虑到焊接接头几何尺寸之间的关系，修整时一般遵循以下操作流程（以修整接头几何尺寸情况为例），接头修整操作流程如图 5-2 所示。

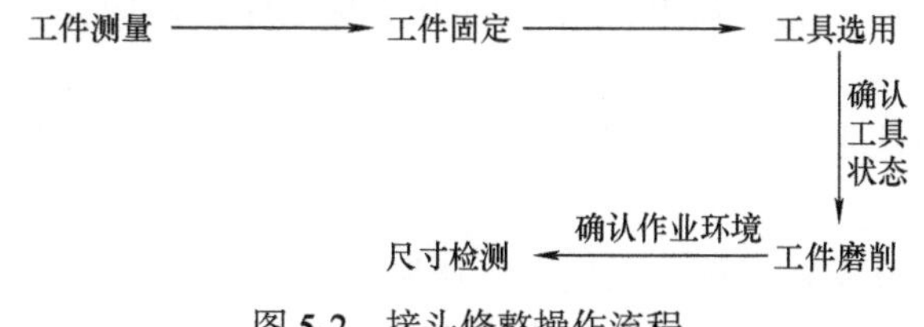

图 5-2　接头修整操作流程

1. 工件测量

利用卷尺在工件上测出装配所需尺寸，划线标注尺寸位置。

操作要点和注意事项如下。

1）在使用卷尺过程中，有时为了测量得更准确，员工使用卷尺时经常会从 100mm（除 0 刻度线）刻度线测量，而标注位置时忘记卷尺的起点数值，因此出现修整位置错误。

2）控制卷尺测量状态，卷尺在扭曲或弯曲使用时，数值会出现较大偏差。

3）必须预留 1 ～ 2mm 磨削余量，预防手工磨削操作出现偏差。

2. 工件固定

工件应使用工装、夹具等方式进行固定，工件固定如图 5-3 所示，保证磨削过程安全可靠。工件处于易于操作的位置，操作时应有足够的空间。

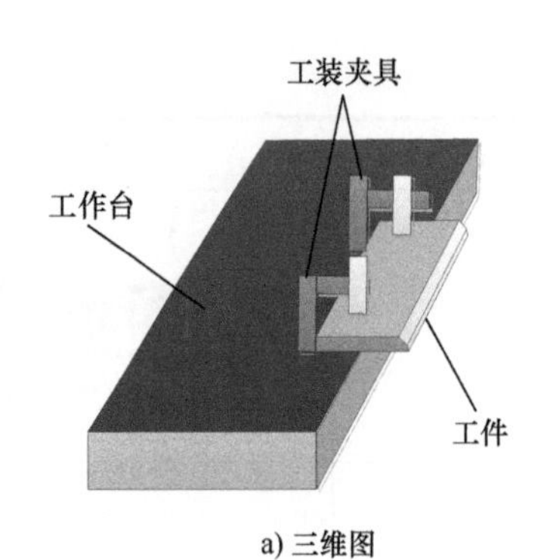

a) 三维图

b) 实物图

图 5-3　工件固定

操作要点和注意事项如下。

1）铝及铝合金工件在夹持固定时应注意避免污染和划痕，特别注意不能与碳素钢类工具或工装直接接触。严禁手持工件磨削。

2）在夹持固定工件时，磨削端不宜伸出过长，预防因工件颤抖而影响磨削质量。

3）固定工件时，工件高低位置应适当，尽可能水平夹持，以方便操作人员观察磨削表面。

3. 工具选用

在进行磨削作业前，应根据铝及铝合金材质的厚度、结构、磨削位置合理选取使用工具，避免出现磨削质量和安全问题。

操作要点和注意事项如下。

1）作业前检查打磨片、铣刀完好，无裂纹、缺刃及受潮等情况。

2）使用的打磨工具、电缆盘电源线、插头及漏电保护器应完好无损（适用电动打磨工具）。

3）作业前点检确认手持电动工具、风动工具外观无裂纹、破损，防护罩、防护挡板完好有效。

4）打磨片、刀具的装夹牢靠，无松动，压紧螺母或螺栓无滑扣，有防松措施。

5）作业前合理布置风管或电线，防止将人绊倒、拖拽。

4. 工件磨削

焊接接头的几何尺寸在修整时，应合理选用打磨工具，操作前先确认好根部间隙、钝边和坡口之间的关系及修整顺序。

操作要点和注意事项如下。

1）手握的位置不得靠近磨片、刀头，打磨时严禁砂轮旋转方向对着人员，操作者必须戴防护眼镜，旋转方向不得有人，尽量设置防护屏。

2）启动打磨工具后，待设备运转正常后方可进行作业，应先以较缓慢的速度接近工件的被修磨表面，避免工具与工件的冲击。施加在打磨工具上的压力要按照循序渐进的原则逐渐加大，直至达到合适的压力，且压力应均匀一致，如出现打磨工具卡阻现象，应立即断开电源或风源，防止弹跳伤人。

3）首先使用铣削类工具铣削坡口面，注意一次铣削量不宜过大，一般不超过 1.5mm，工件铣削如图 5-4 所示。然后使用粗磨工具将坡口面磨平，要求坡口表面平齐无凹陷，最后使用碗刷和笔刷类工具抛光坡口面。

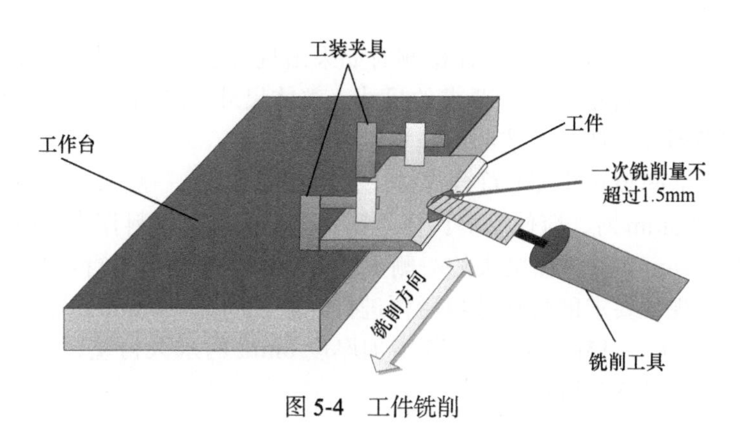

图 5-4　工件铣削

4）当焊接接头为对接接头单面焊双面成形时，为使根部更好地熔合，应在根部背面打磨倒角，坡口面角度约为 45°，根部背面打磨倒角如图 5-5 所示。

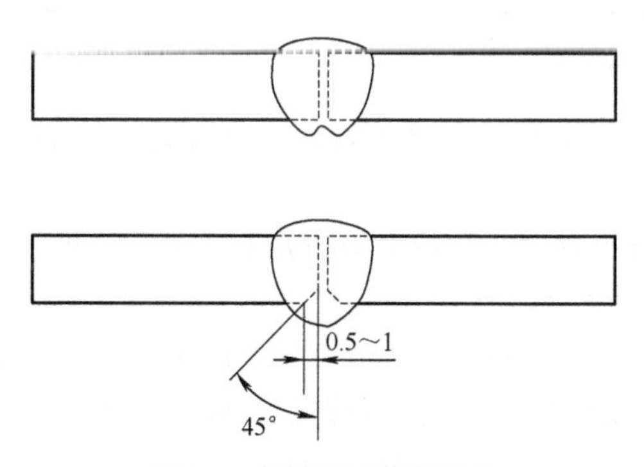

图 5-5　根部背面打磨倒角

5. 尺寸检测

焊接接头几何尺寸准备按照设计图样要求执行，应符合焊接工艺规程要求，对接接头几何尺寸检查标准见表 5-2。

表 5-2　对接接头几何尺寸检查标准

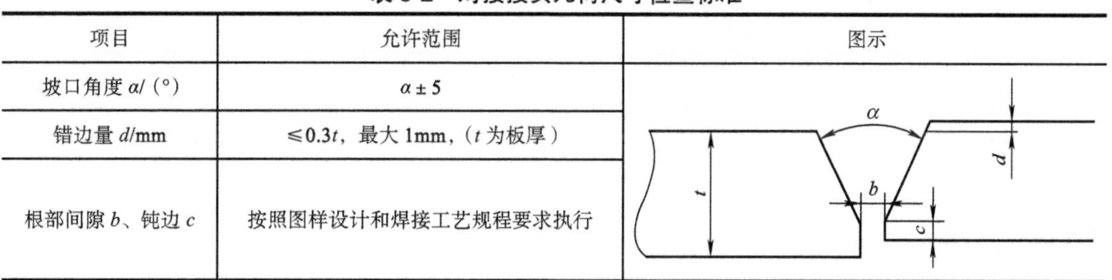

项目	允许范围	图示
坡口角度 α/（°）	$\alpha \pm 5$	
错边量 d/mm	≤0.3t，最大 1mm，（t 为板厚）	
根部间隙 b、钝边 c	按照图样设计和焊接工艺规程要求执行	

操作要点和注意事项如下。

1）检测时注意基准面和基准点的选择，基准面和基准点必须符合测量条件的要求，一些坡口角度可用固定样板辅助测量，操作简单方便。

2）单面焊双面成形的焊缝根部间隙≤0.5mm。钝边控制在1mm左右，钝边可用刮刀、锉刀等工具进行处理。

3）焊接接头几何尺寸修整后，在检测时如果出现大于图样要求的尺寸，则可以重新磨削直至合格；如果出现小于图样要求的尺寸，整体尺寸 <15mm 时，一般可以进行补焊处理，但补焊前必须经设计、工艺部门同意后才能进行。

当对接接头根部间隙 b 过大不符合焊接工艺规程要求时，一般采取以下措施进行处置。

1）根部间隙≤3mm时，应使用奥氏体不锈钢、铜或陶瓷材料作为临时衬垫进行焊接。

2）根部间隙≤6mm时，在接头的一侧（需要时可在两侧）进行堆焊，然后磨削，打磨成符合焊接工艺规程要求的焊接坡口后再进行焊接，间隙≤6mm处置如图5-6所示。

3）根部间隙在6～15mm时，背部增加厚度6mm的永久衬垫，再进行焊接，间隙在6～15mm处置如图5-7所示。

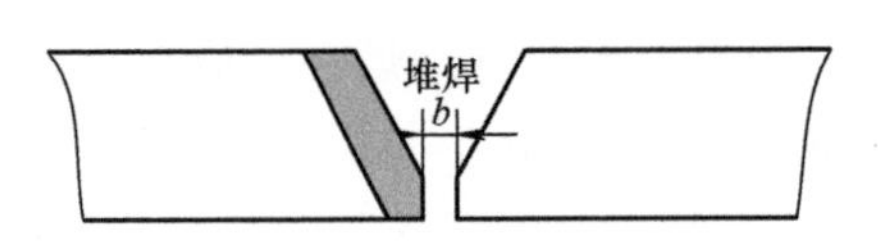

图5-6　间隙≤6mm处置示意

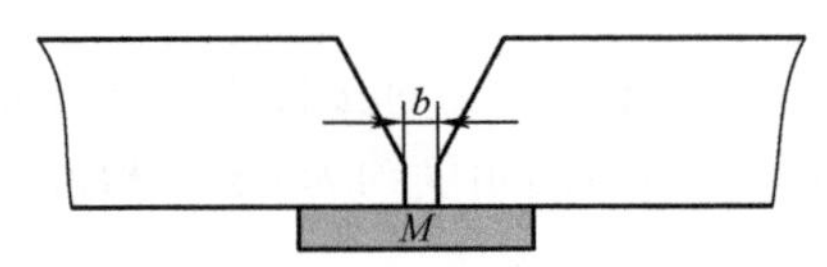

图5-7　间隙在6～15mm处置示意

当角焊的接头根部间隙 b 过大不符合焊接工艺规程要求时，一般采取以下措施进行处理。

1）当根部间隙 b 超过焊接工艺规程上限值 b_1 且 h≤3mm时，焊脚尺寸设计值 z 增加 h。间隙≤（b_1+3）mm处置如图5-8所示。

2）当根部间隙 b>（b_1+3）mm，且最大值≤10mm时，加工为45°的HV形坡口，然后在背部增加4～6mm的永久性衬垫进行焊接。间隙>（b_1+3）mm处置如图5-9所示。

3）当焊接接头及焊缝厚度按以上措施进行调整后，按调整后的接头形式及焊缝厚度的相应焊接工艺规程进行焊接。

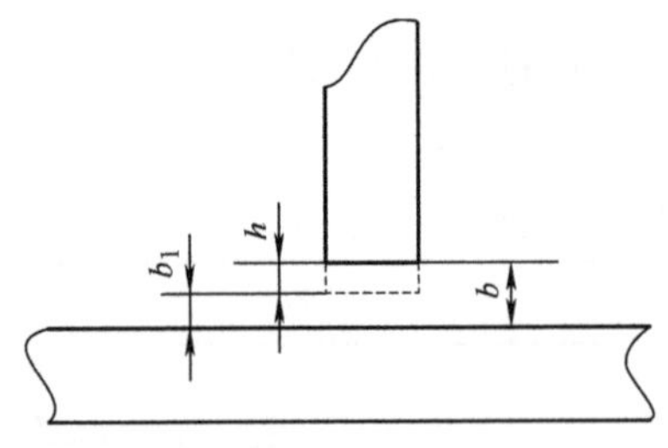

图5-8　间隙≤（b_1+3）mm处置示意

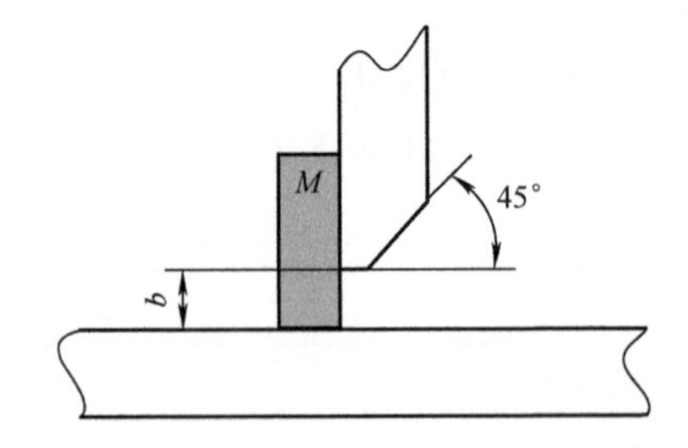

图5-9　间隙>（b_1+3）mm处置示意

5.1.4　垫板

铝及铝合金焊接时功率较大，熔透能力较强，为了保证焊透并使铝板不致烧穿或塌陷，焊前可在焊缝下面放置垫板。反面垫板有利于减小接头的有关尺寸，操作条件较为宽松，对操作技能的要求可适当降低。焊接时常用的垫板有以下两种。

（1）临时垫板　采用奥氏体不锈钢、铜或陶瓷材料。临时垫板如图 5-10 所示。临时垫板一般用夹具、防粘纸固定，与焊缝位置对应，并紧贴在两零件反面，焊后可将垫板拆除。主要用于铝及铝合金材料补焊；薄板 PA 位置非全熔透的对接、角接焊缝；焊缝背面组装空间受限，无法安装组装类永久性垫板的 PA 位置全熔透的对接、角接焊缝等。

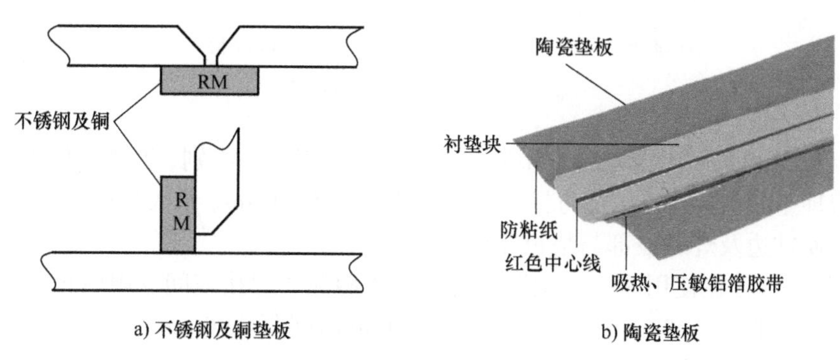

a) 不锈钢及铜垫板　　b) 陶瓷垫板

图 5-10　临时垫板示意

（2）永久性垫板　永久性垫板分为组装类垫板和型材自带类垫板，如图 5-11 所示。组装类垫板用铝及铝合金制造，焊前随工件一起装配定位焊接，焊后不再拆除。型材自带类垫板一般用于长大型材自动焊焊接，组装简单，焊后无需拆除。永久性垫板主要用于焊缝背面留有组装空间的全位置全熔透焊缝；长大型材自动焊全熔透焊缝等。

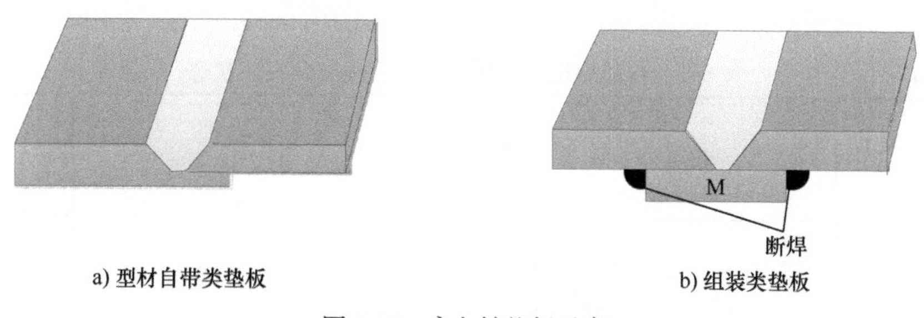

a) 型材自带类垫板　　b) 组装类垫板

图 5-11　永久性垫板示意

（3）操作要点和注意事项

1）为了更好地保证焊缝背面焊接质量，焊接垫板上可加工凹槽，凹槽截面可呈矩形或弧形，如图 5-12 所示。矩形凹槽可保证接纳透漏的液体金属，可允许焊缝在横向有所偏移，但可能造成反面成形的余高以 90° 角向零件反面急骤过渡，从而形成强烈的应力集中。因此矩形凹槽可用于强度不高、塑性良好的铝及铝合金。弧形凹槽有利于反面余高良好成形，余高可向母材零件圆滑过渡，但对焊缝横向偏移要求较严。中高强度铝合金 MIG 焊时，必须采用凹槽为弧形的垫板，槽深一般为 0.5 ～ 1mm，槽宽大于焊缝根部间隙的宽度，搭接量一般在 2 ～ 3mm。

2）临时垫板的材料一般为奥氏体不锈钢、铜或陶瓷，表面应平整、干净，组装后尽量与母材密贴，间隙要求≤1mm。焊接时不允许直接在临时垫板上起弧、收弧。

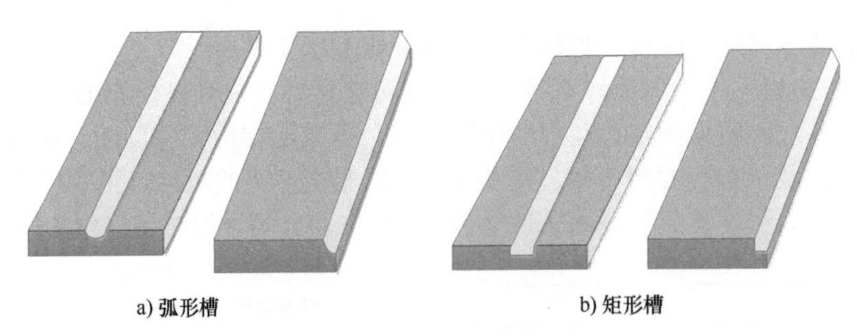

a) 弧形槽　　b) 矩形槽

图 5-12　凹槽垫板结构示意

3）永久性垫板的材料应与母材金属的材料相同或属同一组别，焊接垫板表面氧化膜、油污必须清理干净，组装后尽量与母材密贴，间隙要求≤1mm。永久垫板一般用于多道焊，焊接时必须使钝边及焊缝根部与垫板完全熔合。

4）永久性垫板在使用时一般用断续焊对垫板两侧（焊接空间受限时可焊接单侧）进行对称焊接。工件长度>90mm 时，焊接长度为 30mm，间距≤90mm；工件长度≤90mm 时，中部位置焊接 30mm，垫板两端进行满焊。

5.1.5　引弧板和引出板

对于重要焊缝、自动焊及工艺有要求的焊接接头应采用引弧板和引出板，如不用引弧板和引出板时，应特别注意焊缝的起弧、收弧处的焊接质量。引弧板和引出板焊前准备应与正式焊缝相同，且应与母材过渡顺滑，平面度要求≤1mm，具体安装分类及安装状态见表 5-3。

表 5-3　自动焊接引弧板、引出板分类及安装状态

序号	引弧 / 引出板代号	图示	规格尺寸/mm	使用方法	备注
1	HBB–X		150 × 50		X 代表此类引弧 / 引出板板厚，坡口现场增开
	HBB–2–X		80 × 50		
	HBB–3–X				

（续）

序号	引弧 / 引出板代号	图示	规格尺寸 /mm	使用方法	备注
2	HBC–G		100 × 50		
3	HBC–M		100 × 50		
4	HBD–Y		200 × 50		Y 代表引弧 / 引出板端部凹槽深度

注：1. 引弧 / 引出板材质为 5000 系、6000 系或 7000 系铝合金。

2. 表中所规定的引弧 / 引出板尺寸为最小尺寸，可根据实际生产情况适当扩大。

（1）引弧 / 引出板的选用原则

1）两工件端部均为双层板结构时，如两工件端部平齐，选用代号为 HBB–X 的引弧 / 引出板；如两工件端部不平齐，当公插口长度大于母插口时，选用代号为 HBC–G 的引弧 / 引出板。当公插口长度小于母插口时，选用代号为 HBC–M 的引弧 / 引出板。

2）两工件端部均为单层板结构时，对单面焊接双面成形的接头，选用代号为 HBB–X 的引弧 / 引出板，焊接时引弧 / 引出板下需增设不锈钢垫板。

两工件均为单层板结构的接头，选用代号为 HBD–Y 的引弧 / 引出板，根据焊接接头尺寸 D（见图 5-13）来确定 Y 值。

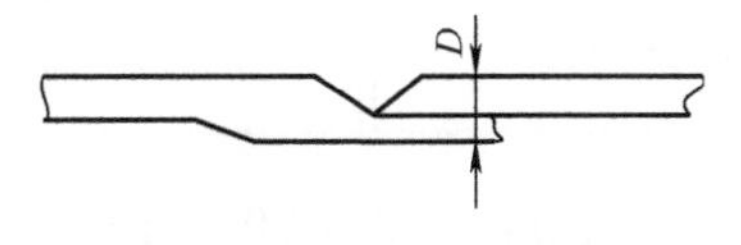

图 5-13　接头尺寸示意

当 $D \leqslant 8$mm 时，引弧 / 引出板代号为 HBD–3。

当 $D>8$mm 时，引弧 / 引出板代号为 HBD–5。

3）工件端部为双层 – 单层板结构时，如工件端部平齐，选用代号为 HBB–X 的引弧 / 引出板。如工件端部不平齐，根据工件公插口与母插口长度差号别引弧 / 引出板分为两类：当公插口长度大于母插口时，选用代号为 HBC–G 的引弧 / 引出板；当公插口长度小于母插口时，选用代号为 HBC–M 的引弧 / 引出板。

（2）操作要点和注意事项

1）安装引弧 / 引出板，将引弧 / 引出板上所开坡口（如果有）中心与型材对接时形成的坡口中心对齐，并且使其坡口底部与工件坡口底部平齐（错边量≤1mm）。无坡口的引弧/引出板应使其上表面平齐（错边量≤1mm）。如工件与引弧/引出板高度差或间隙 >1mm，可在两者连接部位定位焊后打磨、过渡。

2）工件与引弧/引出板需密贴（最大间隙≤0.5mm），对设计要求平齐的工件因组装质量不平齐时（长度差≤2mm），可适当打磨工件使之与引弧/引出板密贴。

3）在工件坡口两侧定位焊引弧/引出板，两侧焊缝长度 10 ～ 15mm。

4）未开坡口的引弧/引出板在安装完成后手工增开坡口，所开坡口中心与工件坡口中心偏差≤1mm，“S”弯最大偏幅≤2mm，坡口角度与工件坡口角度偏差≤5°。

5）半自动焊时，引弧/引出板上引弧长度≥30mm。自动焊时，引弧和收弧长度≥50mm。引弧板和引出板可采用机械或焊接方式固定。焊接后，应通过机械方式去除引弧板和引出板，去除后应对端部焊缝进行打磨平整。不允许出现引弧板和引出板的崩落，去除过程中避免伤及母材。

5.1.6 定位焊焊接

定位焊是装配和固定焊接接头位置而进行的焊接，用来固定各焊接零件之间的相互位置，以保证整体结构件得到正确的形状和尺寸。在进行定位焊时，必须保证焊接质量，才能焊接出合格的焊缝。定位焊截面形状见表 5-4。

表 5-4 定位焊截面形状

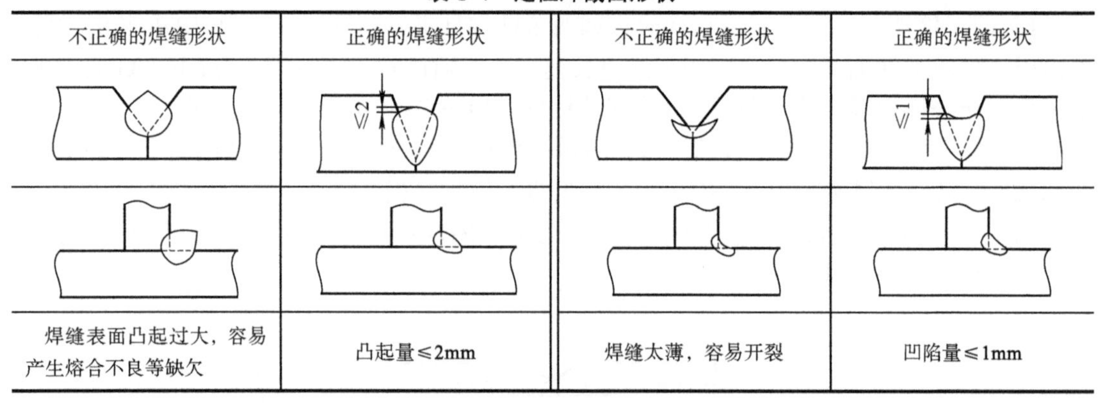

不正确的焊缝形状	正确的焊缝形状	不正确的焊缝形状	正确的焊缝形状
焊缝表面凸起过大，容易产生熔合不良等缺欠	凸起量≤2mm	焊缝太薄，容易开裂	凹陷量≤1mm

铝及铝合金定位焊的每段焊缝长度一般为 10 ～ 15mm。定位焊的间距：板厚 <4mm 时，间距为 50 ～ 100mm；板厚在 4 ～ 8mm 时，间距为 100 ～ 200mm；板厚 >8mm 时，间距≥150mm，最大不超过 500mm。特殊要求的除外，例如，焊缝长度 30 ～ 50mm 的零件定位焊位置为零件焊缝中部，对于焊缝长度 <30mm 的零件，定位焊位置允许在端部，定位焊缝长度 10 ～ 15mm。

操作要点和注意事项如下。

1）定位焊前应对部件装配状态进行检查，确认装配间隙、坡口尺寸、控制变形措施等符合要求。

2）定位焊应在焊道内进行，使用焊丝、保护气体、焊接环境要求与正式焊缝相同。焊缝区域以外的定位焊应在焊后清除，仅当设计图样上有规定时才允许保留。

3）母材待焊区域的表面必须无附着物、污染物，如污物、锈、起鳞、腐蚀物、油污和油漆，焊接清理前必须首先清除表面附着物，以防止焊接缺欠的产生。

4）定位焊前应使用工装、夹紧工具等保证焊接接头准备符合焊接工艺规程要求。对于较小零件，可通过木制或橡胶锤柄等工具保证焊接接头准备符合焊接工艺规程要求。定位焊时应通过固定工具、间隔样板等控制定位焊的间距，保证正式焊接时不发生错边现象。

5）单道焊的定位焊接工艺规程执行正式焊接工艺规程，多道焊的定位焊接工艺规程执行正式焊接第一道焊的焊接工艺规程，对自动焊焊缝使用专用焊接工艺规程。

6）定位焊时应通过使用工装设备等措施保证焊接接头处于易于操作的位置，其他焊接位置根据设计图样工艺文件要求来确定。

7）定位焊的焊接位置应避开零部件端部和拐角处，在距端部和拐角部位 20mm 以上的位置进行焊接。

下列部位不允许进行定位焊：应力集中部位、难以焊接的部位、圆弧部位和封头部位等，定位焊禁止区域如图 5-14 所示。

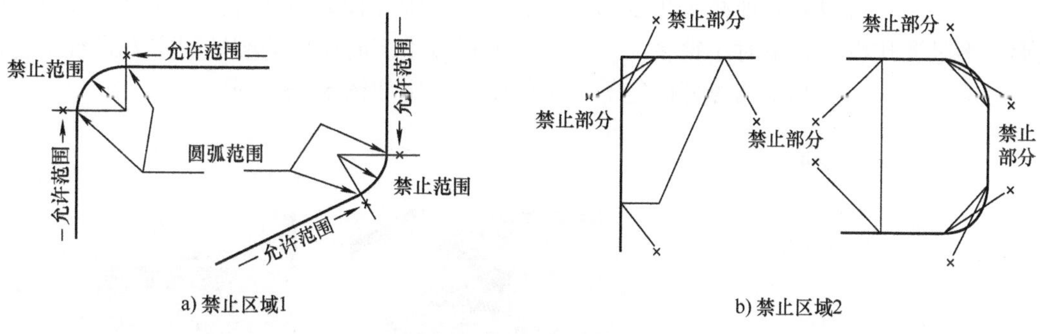

图 5-14　定位焊禁止区域

5.1.7　焊前变形控制

在航空、高铁、造船等工业中，铝合金构件多以中厚和薄壁结构存在，由于铝及铝合金的线膨胀系数比钢高得多，热传导也快得多，因此铝及铝合金结构的焊接变形要比钢结构大得多，变形情况更复杂，对构件的尺寸稳定性和几何完整性带来更大影响，在实际生产中首先要从焊接装配上采取措施来避免和减小焊接残余变形。铝及铝合金焊接装配预防焊接变形的主要措施有反变形法和刚性固定法。

（1）反变形法　反变形法也称预变形法。根据预测的焊接变形大小和方向，在待焊工件装配时，将工件向与焊接残余变形相反的方向进行人为的变形，如图 5-15 所示。焊后焊接残余变形抵消了预变形量，使构件恢复到设计要求的尺寸。当结构刚度过大（如工字梁或大型箱形结构等）时，需借助机械设备、工具实现反变形。

操作要点和注意事项如下。

1）在预制反变形时，应根据板厚和接头类型不同来选择反变形的角度大小。

2）在预制反变形时，对接接头很容易造成错边现象，因此预制时不能瞬间用力过猛，应循序渐进地调到预期角度。

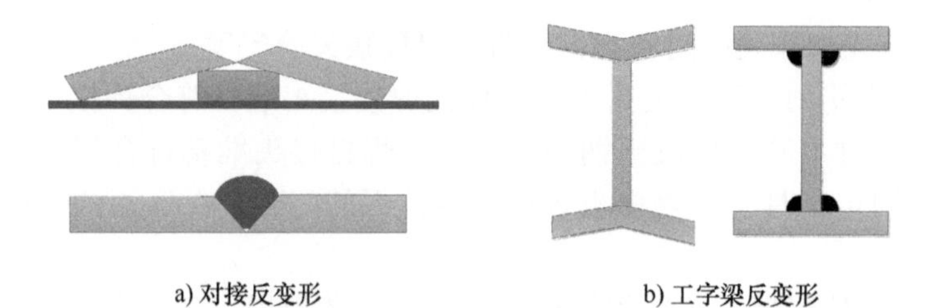

a) 对接反变形　　b) 工字梁反变形

图 5-15　工件反变形法示意

3）定位焊在预制反变形时，若出现焊点开裂现象，则必须重新进行定位焊后，再进行反变形的预制。

4）在工字梁或大型箱形结构中预制反变形时，一般选取中心位置作为支撑点，端部借助机械设备、工具实现反变形，焊接完成后必须待结构件整体温度降到室温后才能拆除。

（2）刚性固定法　焊前对工件采用外加刚性拘束，强制工件在焊接时不能自由变形，这种防止变形的方法叫刚性固定法。例如，在铝合金板对接焊时，将两块铝板利用 F 形卡兰进行固定，可以有效地减少角变形，焊后当外加刚性拘束去掉后，工件仍会残留一些变形，不过要比没有拘束时小得多。一般铝合金焊接生产时应用的刚性固定方式有工艺板固定、工装夹具固定和工艺撑杆固定等，工件刚性固定如图 5-16 所示。

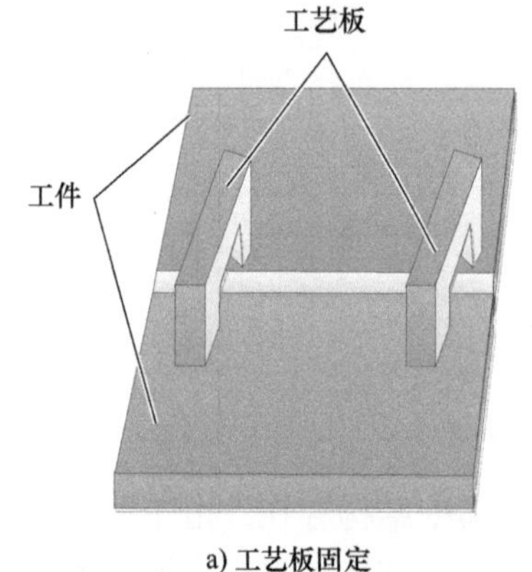

a) 工艺板固定

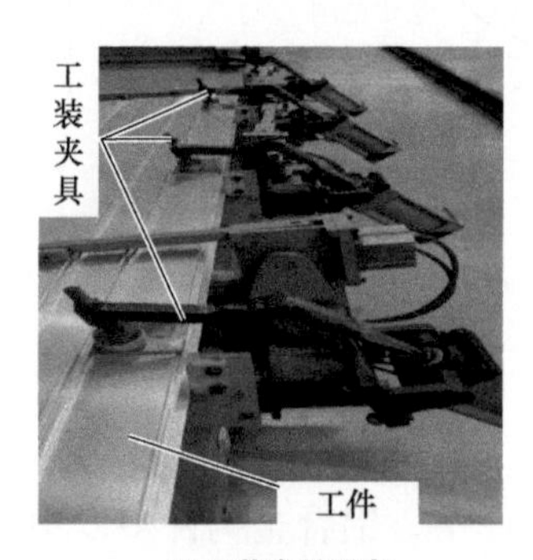

b) 工装夹具固定

c) 工艺撑杆固定

图 5-16　工件刚性固定示意

操作要点和注意事项如下。

1）在防止小部件变形时，一般选用工艺板，将工艺板焊接固定在焊缝两侧或焊缝背部，起到刚性固定的作用。安装工艺板时注意位置的选取，不能影响焊缝的焊接工作。

2）因施工条件不足，工艺板位置必须覆盖部分焊缝时，可以在工艺板一侧增开缺口，以满足焊接需要。

3）工件在使用工装夹具等方式进行固定时，应通过工装、设备使焊缝处于易于操作的位置，保证焊接过程安全可靠。

4）在使用工装夹具时，注意使焊接操作有足够的空间，保证焊接可达性。为保证焊后尺寸，可增加工艺放量。焊后焊缝必须冷却至 70℃以下后才能松开工装夹具。

5）对于重要尺寸及工艺有要求的焊接结构应增加工艺撑杆，工艺撑杆可采用焊接方式固定。工艺撑杆焊前准备应与正式焊缝相同，焊接完成后，应通过机械方式去除工艺撑杆，去除后应将连接处打磨平整。不允许出现工艺撑杆崩落现象。

5.2　焊接清理

焊接清理是焊接工艺中的重要环节，相对铝及铝合金材料来说，母材敏感性更强，故对其的清理也更加严格。铝及铝合金的焊接清理主要是焊前去除工件表面的氧化膜、油污和定位焊缝的清理；焊中清理焊缝接头、层间清理黑灰焊渣及焊接缺欠、双面焊根部清理；焊后清理飞溅物等。焊接清理质量直接影响焊接操作与接头力学性能。

5.2.1　焊前清理

焊前清理是防止产生焊接缺欠的重要措施。主要分为焊前氧化膜、污物和杂质的清除，以及焊前定位焊的清理。

1. 焊前氧化膜、污物和杂质的清除

在铝及铝合金焊接时，其表面存在一层致密而坚硬的氧化膜，熔点高达 2050℃，导电性很差，在焊接过程中会产生电弧不稳定和气孔等焊接缺欠，因此焊接铝合金结构前，必须将其清除掉。常采用化学清洗、机械清理和激光清洗三种方法。

（1）化学清洗　化学清洗效率高、质量稳定，适用于清理焊丝及尺寸小、生产现场环境简单的工件，化学清洗流程如图 5-17 所示。化学清洗主要是使用酸和碱等化学溶液清洗焊件、焊丝表面，酸或碱与油、污、锈、垢及氧化膜发生化学反应，生成易溶物质，使工件待焊表面、焊丝表面露出金属光泽。目前，随着焊丝制造技术的提高，焊丝化学清理已经没有必要。

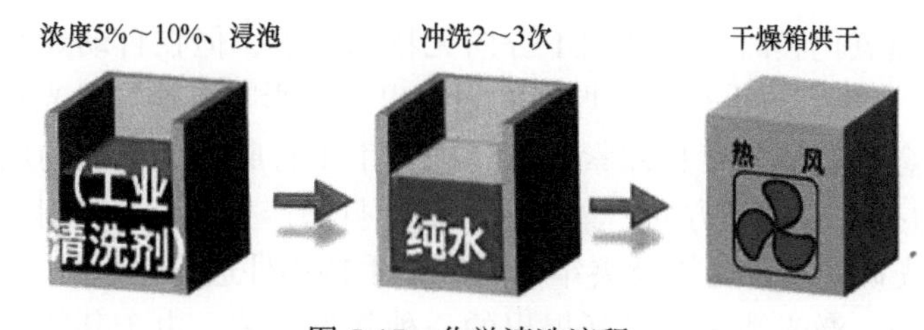

图 5-17　化学清洗流程

操作要点和注意事项如下。

当工件较小时，可以进行整体化学清洗，具体清洗步骤如下。

1）将工件与焊丝用浓度为 5% ～ 10%、温度为 40 ～ 60℃的 NaOH 溶液浸蚀 10 ～ 15min。

2）用冷水冲洗 2 ～ 3 次。

3）在体积分数为 30% 的稀硝酸溶液中进行中和处理，工件表面不允许有黄斑、黑斑。

4）用 50 ～ 60℃热水冲洗 2 ～ 3min，并用硬毛刷刷干净。

5）放在 100 ～ 150℃干燥箱中烘干约 30min。

当工件太大、结构简单无法进行整体化学清洗时，也可以采用局部除膜处理，具体清洗步骤如下。

1）用氧乙炔火焰加热坡口及两侧 30 ～ 50mm 范围，使其温度达到 80 ～ 100℃。

2）用 10% ～ 15% 的 NaOH 溶液擦洗坡口及两侧 30 ～ 50mm 范围，看到坡口及两侧开始发白时，用 30% 稀硝酸溶液擦抹进行中和。

3）用冷水冲洗干净。

4）进行风干。

在进行化学清洗时，加热温度与溶液浓度不能过高，否则化学反应过分剧烈，会形成一层白色薄膜，从而影响焊接质量。化学清洗后，坡口及两侧残留溶液必须用水冲洗干净，否则会造成局部点状腐蚀，降低工件的使用寿命。化学清洗材料要有单独的存放位置，禁止靠近火源。采用流动清水冲洗时，应注意对水流的控制，防止飞溅。在冲洗小零件的内腔时，最好能借用夹持工具，方便操作，减少安全隐患。

（2）机械清理　在工件尺寸较大、生产周期较长、多层焊或化学清洗后又沾污时，常采用机械清理。适用于长大型材及生产现场结构复杂的铝及铝合金工件氧化膜的清理工作。在铝合金焊接前，首先采用干净的无毛抹布蘸铝合金清洗液对待焊区域表面及两侧 50mm 范围内进行擦洗，保证无污物，待表面的残留铝合金清洗液完全挥发后，利用不锈钢钢丝刷（轮）等对待焊区域及两侧 20mm 范围内进行打磨，清除铝合金表面氧化膜，将铝合金表面打磨出金属光泽。打磨后需在 4h 内完成焊接，超过 4h 应重新进行打磨。

操作要点和注意事项如下。

1）选用不锈钢材质的笔刷、碗刷等清理氧化膜，也可用刮刀、锉刀（铝合金专用）等清理待焊表面及钝边。

2）一般不宜用砂轮或普通砂纸打磨，以免砂粒留在金属表面，焊接时进入熔池产生夹渣等缺欠。

3）使用风动工具时，使用前必须将工具内油污排放干净，防止工具内存在油污对铝合金材料的二次污染。

4）通常在清理氧化膜时，打磨加工方向无特殊要求，但在自动焊时，母材表面的打磨方向尽可能垂直焊缝，防止平行于焊缝的划痕出现，影响自动焊激光跟踪系统的识别。

5）铝及铝合金的表面硬度比碳素钢低，因此手工打磨时，施加的压力不宜太大，预防产生划痕、棱边损伤。打磨方向严禁站人，以免打磨产生的金属丝对人体造成伤害。

6）打磨前要先确定工件是否装夹牢固，严禁手持小件进行打磨。

（3）激光清洗　激光清洗是最新提出的一种新型工艺，由于其特殊的工作原理，在加工过程中与工件无接触、无研磨和无需化学试剂，可以自动化控制，因此激光清洗具有对清洗工件无损伤、加工精度高、清洗环保、高效稳定以及运营成本低的优势。自动焊激光清洗氧化膜如图 5-18 所示。激光清洗具有清洗效率高、清洁质量好、适用对象广、基体损伤小、劳动强度低、不污染环境和便于实现自动化等一系列优点。

激光清洗的原理是利用高频、高能激光脉冲照射工件表面，涂覆层可以瞬间吸收聚焦的激光能量，使表面的油污、锈斑或涂层发生瞬间蒸发或剥离，高速有效地清除表面附着物或表面涂层的清洁方式，而作用时间很短的激光脉冲，在适当的参数下不会伤害金属基材。铝合金氧化膜激光清洗的优势如下：

1）非接触式清洗。激光清洗技术与材料表面无接触，适用性强，可用于清洗各种形状的构件，能解决机械清理难以应对复杂曲面加工的问题。

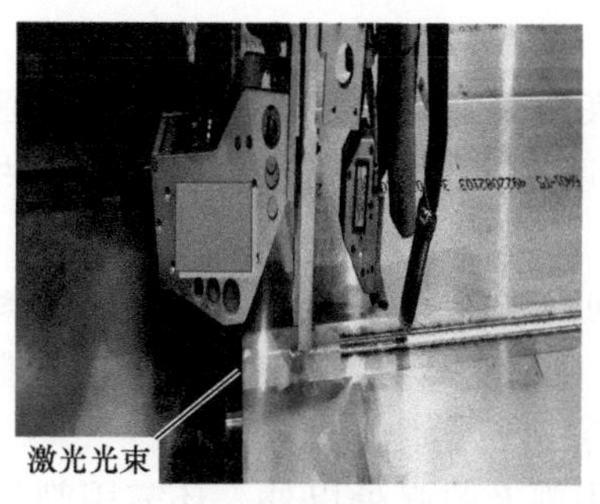

a) 清洗过程

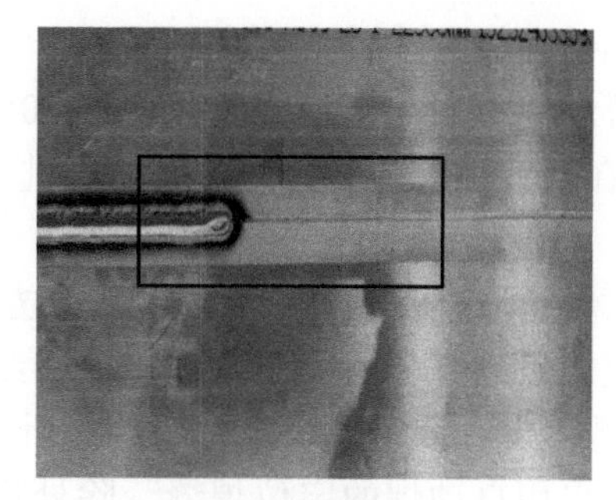

b) 清洗效果

图 5-18　自动焊激光清洗氧化膜

2）不伤基材。采用激光清洗技术将表面污染物清洗后，对基材或产品无损伤，能解决机械打磨易对工件表面造成损伤的问题。

3）高效环保。激光清洗技术高效节能环保，相对于化学清洗存在的损伤基材、构件尺寸受限、时间长、效率低，以及化学试剂对人体与环境有害等问题，能得到有效的解决。

操作要点和注意事项如下。

1）调控激光工艺参数时，应根据材料厚度合理选取，预防铝合金基材的烧损。

2）激光头保护镜片容易损坏、污染，因此使用时注意保护、定期保养清理。

3）在激光清洗过程中，需要进行气体保护，一般为高纯氩，防止铝合金母材被二次氧化。

4）在激光清洗过程中，注意激光区域不能存放易燃易爆等物品。

2. 焊前定位焊缝的清理

为了便于工件的焊接，防止工件焊接时发生焊接变形，通常在正式焊接前会对工件提前焊好定位焊缝。但是，定位焊缝在熔合到正式焊缝时，又会影响正式焊缝的成形，因此定位焊完成后，要求对定位焊缝进行打磨清理，打磨时要求将引（收）弧处熔合不良等焊接缺欠去除，打磨后引弧及收弧处与焊缝之间必须平滑过渡，定位焊缝清理图 5-19 所示。

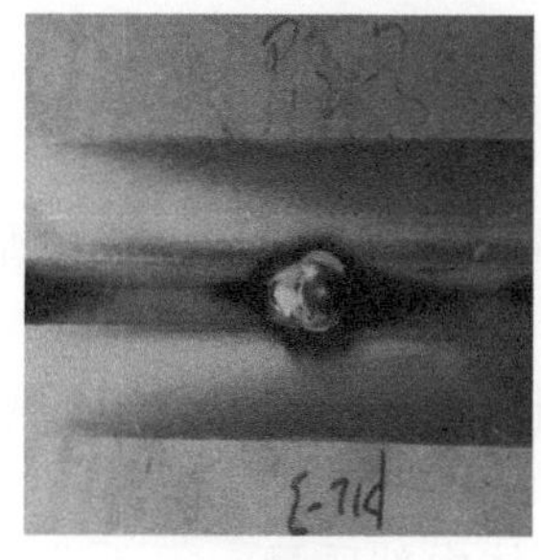

a) 清理前

b) 清理中

c) 清理效果

图 5-19　定位焊缝清理

操作要点和注意事项如下。

1）定位焊后，必须完全清除焊缝及焊缝两侧各 20mm 范围内黑灰、焊渣及飞溅等杂物。不锈钢碗刷、笔刷的旋转方向垂直于焊缝，有利于彻底清除焊缝根部黑灰。空间受限位置一般用不锈钢笔刷进行黑灰的清理。

2）打磨进给方向与定位焊呈 10° ～ 30° 夹角，确保引弧、收弧处与焊道根部及两侧顺滑过渡。在打磨工具上的压力要循序渐进地逐步加大到合适的压力，防止因其弹跳而损伤母材。

3）定位焊顺滑过渡不伤及母材，板厚方向允许最大范围值≤0.1t，最大≤0.5mm。

4）定位焊后应完全清除定位焊表面裂纹、气孔等焊接缺欠，如果因清理定位焊缺欠而损失定位焊强度，则需清理定位焊缺欠后重新进行定位焊。

5）对于采用自动焊的定位焊缝，除处理引弧及收弧处以外，还需用割片将定位焊缝剖出沟槽，以利于自动焊激光跟踪。自动焊定位焊缝处理示意如图 5-20 所示。

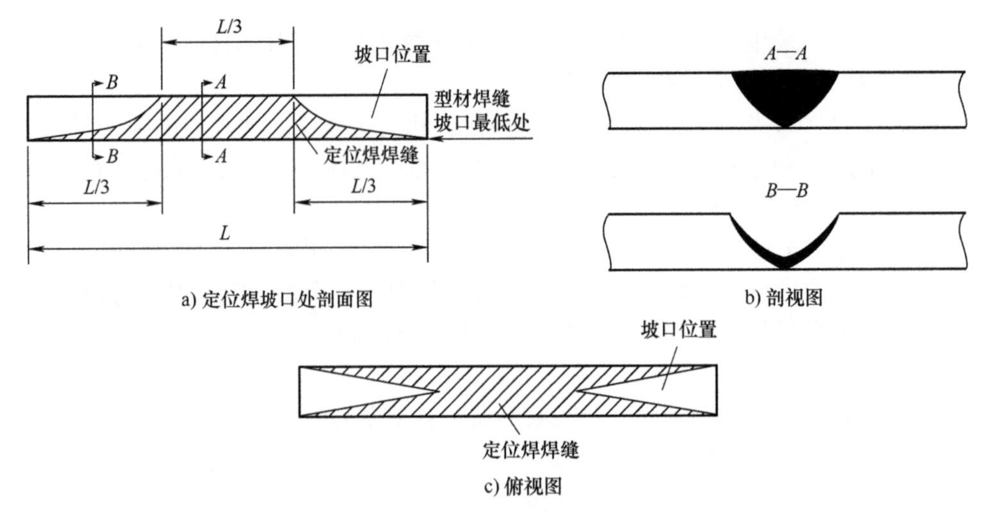

图 5-20　自动焊定位焊缝处理示意

6）定位焊清理完成后，必须完全清除焊缝内铝屑、钢丝等杂物。

7）在一般结构焊缝的焊接时，焊接引（收）弧的选择位置必须避开定位焊。如果焊接条件无法满足避让要求，可先保证引弧位置的避让。

5.2.2　焊中清理

铝及铝合金焊缝在焊接过程中，不可避免地会出现影响焊接质量的情况。在焊接过程中通常会出现以下几种情况。

1）焊接焊缝接头中断，例如：手工操作时，焊缝空间转换、长直焊缝接头和特殊情况断弧。

2）多层多道焊缝焊接时，为了保证层间熔合及焊缝整体内部质量，需要进行的层间清理工作。

3）双面焊时打底焊结束后，背面焊缝不可避免地会产生焊接缺欠，如熔合不良、弧坑裂纹、焊接成形差、焊瘤、熔深不够和夹渣等，在焊接反面焊缝前必须进行清根处理。

1. 焊缝接头清理

焊接中断后，焊缝收弧位置会产生黑灰、焊渣和飞溅等，如果收弧方式不当还会产生缩孔、弧坑裂纹等焊接缺欠。在接头焊接前，必须彻底清除黑灰、焊渣、飞溅及焊接缺欠，并要保证收弧处圆滑过渡，焊缝接头清理如图 5-21 所示。对于自动焊还需在中断焊缝收弧处开出坡口，坡口长度为 10 ～ 20mm，坡口末端根部与正式焊缝坡口根部平齐。

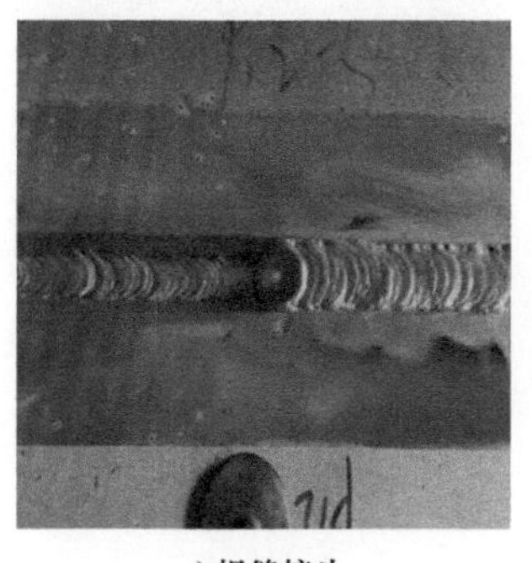
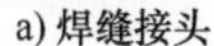
a) 焊缝接头

b) 清理中

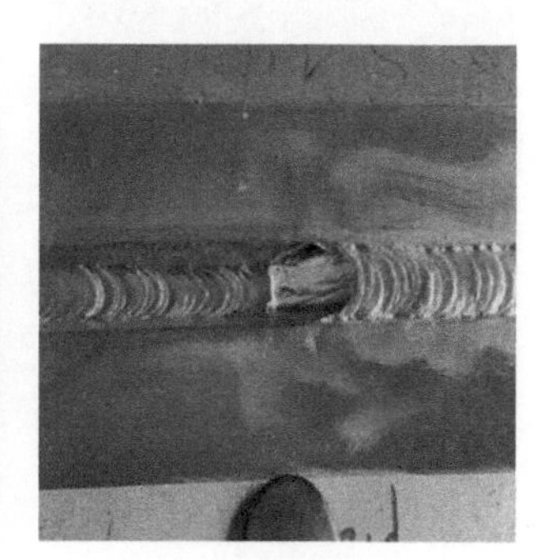
c) 清理后

图 5-21　焊缝接头清理示意

操作要点和注意事项如下。

1）在清理产生的黑灰、焊渣和飞溅等表面杂物时，一般选用不锈钢笔刷、碗刷，清理范围建议 >50mm。

2）如果焊接中断位置存在焊接缺欠时，选用锥形旋转锉刀对其进行清理。在焊接缺欠清理完成后，需要对清理范围的毛刺、棱角进行顺滑过渡。

3）焊接缺欠清理时，使用工具的打磨方向平行于焊缝，与焊缝呈 15° ～ 30° 夹角，缓慢施加压力采用左右摆动的方式进行清理工作。

4）打磨清理缺欠时，注意焊缝两侧磨削量不宜太大，避免大面积伤及母材。如果是坡口内打磨，则应注意不能破坏坡口面及棱边。

5）自动焊中断焊缝收弧处打磨，选用锥形旋转锉刀与工件保持 15° ～ 20° 夹角，以较缓慢的速度接近焊缝表面，避免因锉刀与母材冲击而损伤母材，按压力要循序渐进，直至达到合适压力，进给时压力应均匀一致，铣削坡口长度为 10 ～ 20mm，坡口末端根部与正式焊缝坡口根部平齐。打磨时避免伤及两侧母材，去除焊缝表面焊渣、飞溅、棱角及毛刺。

6）清理缺欠时，不建议使用打磨砂轮片打磨，以免砂粒留在金属表面，焊接时进入熔池产生夹渣等缺欠。

7）用打磨工具清理时，必须保证焊接区域不被润滑油等污染。

2. 层间黑灰焊渣及焊接缺欠清理

厚板多层多道焊接时，除第一层（或第一道）外，每层（或每道）焊前均用机械方法清除前层焊缝上的黑灰、焊渣及氧化膜。由于加热会促成氧化膜的重新生长，因此在焊接过程中应随时注意焊缝熔池情况。氧化膜重新生成时，应用机械方法重新清理。长焊缝可以分段清理，可缩短清理与焊接完成的间隔时间，但这个间隔时间越短越好。

层间清理黑灰及焊渣后，应仔细观察层间焊缝质量，若出现焊缝局部凸起或局部焊接缺欠，则需要及时清理、修复，按照工艺要求清理修复完成后（必要时借助渗透检测确认），再进行下一步的焊接工作，层间清理如图 5-22 所示。

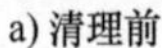

a) 清理前

b) 清理中

c) 清理后

图 5-22　层间清理示意

操作要点和注意事项如下：

1）缺欠类打磨。焊接缺欠应优先通过打磨去除，经过打磨能够消除且符合设计图样要求的不需要补焊。打磨无法消除的缺欠需将缺欠完全清除后进行补焊，并对补焊位置凸起进行粗磨，保留 0.5mm 左右余量。粗磨后，对焊接缺欠位置进行修整、精磨，打磨时避免伤及两侧母材，去除焊缝表面焊渣、飞溅、棱角及毛刺。

2）存在缺欠的焊缝需要清除重焊，常用铣削类工具和修整类工具配合完成清除。修整类工具清理缺欠后截面呈“V”形，根部会出现夹角，在焊接时电弧无法焊接到根部易形成未熔合缺欠，使用铣削类工具将根部顺滑达到截面呈“U”形，保证修补时焊缝内部质量。

3）存在局部凸起的焊缝，常用铣削类工具旋转锉刀精确修理焊缝。旋转锉刀的刀头有锥形、圆柱形等形状，不同的形状适于不同的用途。一般来讲，圆柱形旋转锉刀适合宽焊缝、对接焊缝的整条快速剖开或将焊缝修成直角或平面的状况；锥形旋转锉刀适合通用状况，适应能力最强。旋转锉刀的直径大小、长短、材质根据焊缝修理性质的不同而不同，要进行正确的选择。

4）不论选择何种规格的旋转锉刀，一定要记住，适合铝合金的旋转锉刀必须是宽齿，如果是密齿，会“溺死”刀头，无法清理。为提高清理速度，在清理过程中，要喷些丙酮或酒精冷却锉头，降低清理表面粗糙度，提高清理速度。不同的旋转锉刀，对应的旋转速度也是不同的。

5）对于层间焊缝修理，修整后的表面粗糙时，在操作位置或角度不是很好的前提下，熔化的铝液很难在不光滑的表面上完全熔合，而会在焊缝内部形成孔洞，因此需要圆柱形旋转锉刀修磨焊缝表面，使表面不存在深沟、凹痕和凹坑等缺欠。

6）用修整类工具清根，需将打底焊缺欠完全清除，清根时需保证坡口加工深度均匀、加工面坡口边缘直线度良好，必要时使用渗透检测确认。

3. 双面焊打底焊缝背面清根

对于图样要求需要全熔透的双面焊焊接接头，在焊接完成正面焊缝后，由于背面处于自由状态，因此背面焊缝易存在氧化物、局部焊接表面缺欠等。如果不进行处理就直接焊接，则焊缝熔深及内部质量会受到直接影响。在焊接生产过程中，正面焊缝焊接完成后，背面必须进行清根处理（必要时使用渗透检测确认）才能进行背面焊缝的焊接工作。

操作要点和注意事项如下。

1）双面焊时，用修整类工具清根，需将打底焊缺欠完全清除，清根时需保证坡口加工深度均匀、加工面坡口边缘直线度良好，必要时使用渗透检测确认。

2）坡口深度清理清除打底焊缺欠，修整类工具与焊缝保持 90°，以较缓慢的速度接近待清根焊缝表面，避免因铣刀与母材冲击而伤及母材，按压力度要循序渐进，直至达到合适压力，进给时压力应均匀一致。根部清理如图 5-23 所示。

a) 清理前

b) 清理

c) 修整

图 5-23　根部清理示意

3）修整坡口形状，根据缺欠深度，调整铣削类工具倾斜角度，铣刀角度向左侧倾斜 30° ～ 35°，开 60° ～ 70° 坡口，焊缝根部打磨成 U 形。清理氧化膜及坡口内毛刺，保证坡口表面圆滑无锐角。

4）空间受限时，采用小直径铣削类工具清除打底焊缺欠，锥形锉刀与进给方向保持 25° ～ 30° 夹角，以较缓慢的速度接近待清根焊缝表面，避免因锉刀与母材冲击而伤及母材，按压力度要循序渐进，直至达到合适压力，进给时压力应均匀一致。采用圆柱形锉刀修整坡口形状时，圆柱形锉刀与进给方向保持 25° ～ 30° 夹角，开 50° ～ 60° 坡口，焊缝根部打磨成 U 形。

5.2.3　焊后清理

1. 焊后表面清理

铝及铝合金焊条电弧焊焊接完成后，在对焊缝进行外观检查和无损检测之前，需要对焊缝及两侧的残存黑灰和焊渣及时进行清除，避免无损检测出现误判，防止焊渣和黑灰腐蚀焊缝及其表面，避免造成不良后果。

常用的焊后化学清理方法如下。

1）在 60 ～ 80℃的热水中刷洗。

2）放入重铬酸钾（$K_2Cr_2O_7$）或质量分数为 2% ～ 3% 的铬酐（CrO_3）。

3）再在 60 ～ 80℃的热水中洗涤。

4）放入干燥箱中烘干或风干。

常用的焊后机械清理方法如下。

利用不锈钢钢丝刷（轮）等对待焊区域及两侧 50mm 范围内进行打磨，清除铝合金表面黑灰及焊渣，将铝合金表面打磨出金属光泽。有部分焊豆及焊渣附着力较大，无法用不锈钢钢丝刷（轮）清理去除，可使用不锈钢錾子去除。

操作要点和注意事项如下。

1）在清理产生的黑灰、焊渣及飞溅等表面杂物时，一般选用不锈钢笔刷、碗刷，清理范围建议 >50mm。

2）在清理后检查焊缝及两侧 25mm 范围内有无焊接缺欠，应及时按照工艺要求修复。

3）有部分焊豆及焊渣附着力较大，无法用不锈钢钢丝刷（轮）清理去除，可使用不锈钢錾子去除，清理时应注意力度适当，錾子角度与被清理表面呈 40° ～ 50° 夹角为宜。

4）自动焊焊接完成后，黑灰的清理也可以选择激光清洗。

5）焊后清理质量的检查：一般观察到表面无附着物，焊缝及两侧露出金属光泽即可，或把 2% 的硝酸银溶液滴在焊缝上，若没有出现白色沉淀物（AgCl），则说明已清洗干净。

2. 焊后热处理

焊后热处理的目的是为了改善焊接接头的组织和性能或消除残余应力，可热处理强化铝合金在焊接后，可以重新进行热处理，使热影响区的强度恢复到接近原来的强度。一般情况下，接头破坏处通常都是在焊缝的熔合区内。在进行焊后热处理后，焊缝金属所获得的强度，主要取决于使用的填充金属。填充金属与母材金属的成分不同时，强度取决于填充金属对母材金属的稀释度。最高的强度与对焊接金属所进行的热处理相关。虽然焊后热处理增加了强度，但对焊缝的韧性可能会造成某些损失。

由于焊缝附近熔合区的沉淀和晶界的熔化，因此使某些可热处理强化铝合金工件的韧性很差。如果情况不是太严重，焊后热处理可使可溶的成分重新溶解，得到更均匀的组织，则对韧性稍有点改善，并会较大地提高强度。

工件进行完全重新热处理，可显著提高焊缝强度，例如，对于 6061 铝合金工件可以在 T6 状态下焊接，焊后进行人工时效处理，焊缝的强度可达到 280MPa，强度提高显著（正常焊缝的屈服强度一般只能达到 190MPa），T6 处理的温度变化如图 5-24 所示。

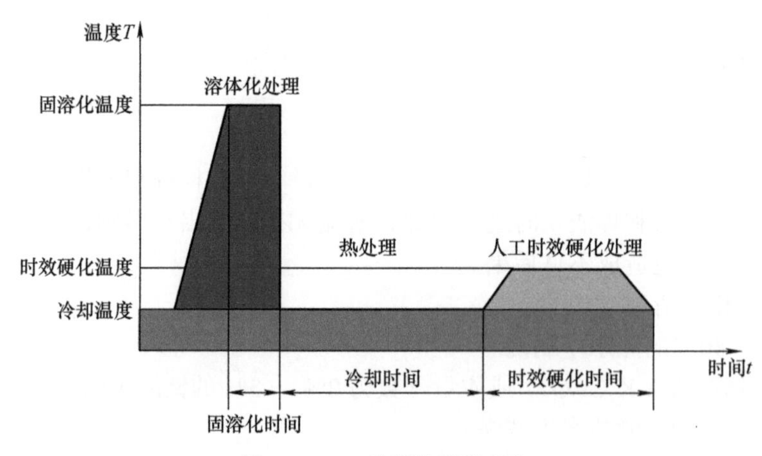

图 5-24　T6 处理的温度变化

T6 处理工艺：将铝合金加热到（535 ± 5）℃，保温 6h，然后在（80 ± 10）℃的水中淬火，淬火时间≥5min。再在（165 ± 5）℃的低温炉中时效（4 ± 0.5）h。T6 处理后铝合金工件的硬度一般达到 80 ～ 90HBW，伸长率 >8%，抗拉强度达到 250 ～ 290MPa。关键技术是保温问题，一定要按工艺执行，从高温炉（固溶炉）到水淬火要尽量快，否则就会影响固溶效果，最终影响热处理效果。工件进行完全重新热处理是不实际的，工件可以在固溶热处理状态焊接，焊后进行人工时效处理。在这种焊接方法中，当使用高焊接速率时，有时性能能够获得显著的提高，超过了正常焊接状态的强度。然而，工件很少达到完全重新热处理的性能。

如果所用铝材在容器接触的介质条件下确有明显的应力腐蚀敏感性，需要通过焊后热处理以消除较高的焊接应力，从而使容器上的应力降低到产生应力腐蚀开裂的临界应力以下，这时应由容器设计文件提出特别要求，再进行焊后消除应力热处理。如需焊后退火热处理，对于纯铝、5052、5086、5154、5454、5A02、5A03 和 5A06 等，推荐温度为 345℃；对于 2014、2024、3003、3004、5056、5083、5456、6061、6063、2A12、2A24 和 3A21 等，推荐温度为 415℃；对于 2017、2A11 和 6A02 等，推荐温度为 360℃。根据工件大小与要求，退火温度可正向或负向各调 20 ～ 30℃，保温时间可在 0.5 ～ 2h 之间。

5.3　温度控制

在铝合金焊接过程中，温度因素对焊接质量的优劣起着不可低估的影响。由于铝的热导率较高，环境温湿度、预热温度、层间温度在焊接中会直接影响焊缝的力学性能和热影响区软化范围，因此怎样才能控制温度差获得热平衡，避免冷却产生的不利影响，避免在较低温度下开始焊接的不规范性，消除工地焊接时铝材的表面湿度等，是本小节主要介绍的内容。

由于铝合金的热导率高，当作业场所温度 <8℃、相对湿度 >80% 或材料厚度较大（一般 >12mm）时，为了保证焊接质量，一般焊接之前要对焊接区域进行预热。铝合金焊前预热的作用如下。

1）消除母材和焊接材料表面附着的水分，降低气孔产生倾向。

2）减少焊接区域与被焊工件之间的温度差，降低焊接应力，减小焊接变形。

3）减缓焊后的冷却速度，防止焊接裂纹的产生。

4）在保证焊接质量的前提下降低焊接热输入量，减少合金元素的烧损及接头软化范围。

虽然预热对铝合金焊接质量有明显改善，但对于铝合金这一特殊材料，在进行预热时，预热时间长短、预热温度的大小等方面又有严格的要求，直接关系到焊接接头的耐应力腐蚀开裂性能和焊缝的强度和塑性。

1. 预热时间对强度的影响

预热时间对铝合金强度的影响很大，预热时间越长，越容易造成下降的强度不可恢复，因此生产中，要严格控制预热时间，一般采用快速加热的热源来避免预热时间过长，在加热温度不变的前提下，预热时间对 AlZnMg 合金强度的影响如下。

1）预热 2min，冷却到室温的强度值为 350MPa。

2）预热 6min，冷却到室温的强度值为 320MPa。

3）预热 10min，冷却到室温的强度值为 280MPa。

对于 AlZnMg 合金，预热要尽快横跨 200 ～ 300℃的危险温度范围，在此区间预热时间越长，强度损失越大。温度保持时间太长会导致粗晶结构，造成耐晶间腐蚀能力下降，因此不要输入太多的热量。晶界对金属晶间滑移起自然阻碍作用，如果金属变得很热，那么结晶粒度就会变大，晶粒间的接触表面变小，滑面移动缺乏障碍物，金属就会失去它原有的强度。

2. 预热温度对强度的影响

通常预热到 80 ～ 100℃即足以保证开始焊接处有足够的熔深，因而不必要在引弧后重新调节电流。一般铝合金预热温度很少超过 150℃，这是因为在较高温度下某些铝合金的性能和热处理状态会受到不利的影响。预热温度对材料强度影响如图 5-25 所示。

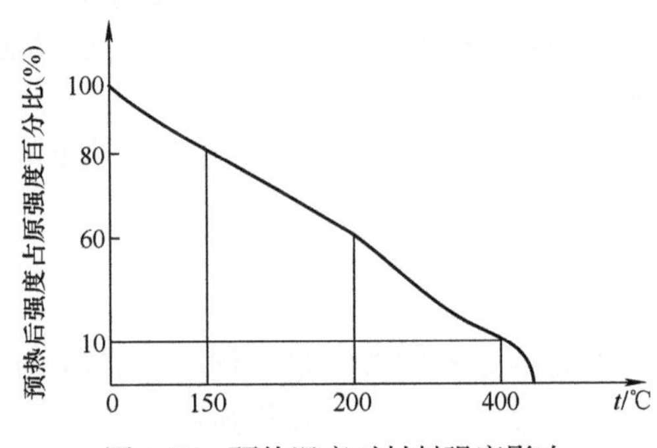

图 5-25　预热温度对材料强度影响

对于 w_{Mg}=4.0% ～ 5.5% 的铝镁合金（5083、5086 和 5756）的预热温度一般不应超过 90℃，否则会降低其耐应力腐蚀开裂性能。

对于可热处理的合金，预热温度过高会扩大软化区范围。

对于 AlZnMg 合金，当材料加热到 150℃时，材料强度变为原室温强度的 80%；当加热到 200℃时，自然冷却到室温，材料强度是原室温强度的 60%；当加热到 400℃时，自然冷却到室温，材料强度只为原室温强度的 10%。

铝及铝合金焊接过程中预热温度应尽可能低，预热持续时间应尽可能短，过高的温度和较长的时间会影响冷变形铝合金、可热处理强化铝合金和 Mg 含量较高铝合金材料的性能。较长的预热时间内，加热气体中的氧气比例不要过高，避免使焊缝边缘的氧化膜增厚。变形铝合金焊接预热温度和持续时间推荐值见表 5-5。

表 5-5　变形铝合金焊接预热温度和持续时间推荐值

材料	材料厚度 /mm		最高预热温度 /℃	最长预热时间 /s
	TIG 焊	MIG 焊		
AlMgSi0.5	5 ～ 12	8 ～ 20	180	60
AlMgSi1	>12	>20	200	30
AlMgSi0.7	5 ～ 12	8 ～ 20	220	20
	>12	>20	250	10

（续）

材料	材料厚度 /mm		最高预热温度 /℃	最长预热时间 /s
	TIG 焊	MIG 焊		
AlZn4.5Mg①	4 ～ 12	8 ～ 16	140	30
	>12	>16	160	20
AlMg4.5Mn②	6 ～ 12	8 ～ 16	200	10
	>12	>16	220	20

① 在 200℃和 300℃之间较长时间的停留会使自然时效硬化能力降低。

② 晶间腐蚀的敏感性。

常用的预热工具为火焰预热或电吹风预热，预热板厚不同，使用火焰预热的焊枪类型规格也需要更换。焊枪和预热厚度关系见表 5-6。火焰预热的工作场所应光线充足、空气流通，氧气瓶和乙炔瓶（或乙炔发生器）应放置在距离预热场所 3m 以外，氧气瓶及皮管接头不能沾有油污等。如果条件允许，建议使用功率适当的电吹风预热，在预热质量及安全方面强于火焰预热。

表 5-6　焊枪和预热厚度关系

预热焊枪的类型	氧气消耗量 / (L/h)	工件厚度 /mm
2 号	160	<10
4 号	500	10 ～ 15
5 号	800	>15 ～ 20
6 号	1250	>20 ～ 25
8 号	2500	>25 ～ 30
10 号	4000	>30 ～ 40

操作要点和注意事项如下。

1）材料加热温度的控制主要采用测温笔，测温笔如图 5-26 所示。测温笔有各种温度范围，根据加热范围选取不同型号，在使用时，当材料加热到合适温度，用笔往工件上画痕迹，如果痕迹迅速熔化，则表明工件已经达到了预定加热温度。如果未到预定加热温度，则笔是坚硬的，在工件表面不会留任何痕迹。

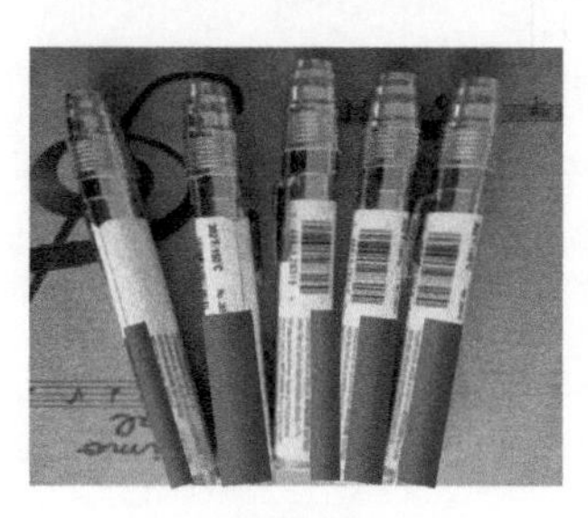

a) 测温笔

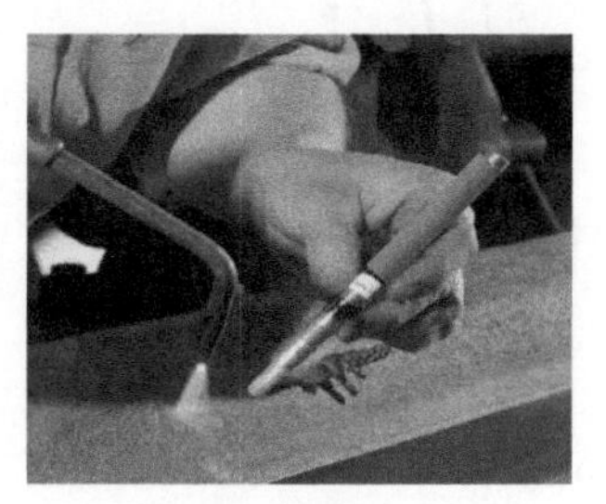

b) 测温

图 5-26　测温笔

2）预热温度要严格控制，一般不使用接触式测温计测量，接触式测温仪如图 5-27 所示。当用接触式测温计时，仪器反应需要一定时间，待温度稳定后再读取数值，不仅增加了预热的整体时间，而且还会促使焊缝边缘的氧化物层越积越厚。

3）层间温度控制一般不使用红外线测温仪，因为空间距离会影响测量温度的准确性。

4）加热要采用中性火焰，过多的氧气会使铝合金表面氧化膜变厚，加热火焰采用集中性火苗，过于分散会使加热时间变长。

5）预热范围为焊缝中心左右各 50mm 区域，加热焊枪与母材距离在 100 ～ 200mm 之间，加热方式一般采用线状加热。

3. 层间温度

层间温度的控制是预防因过热而降低力学性能，增加热影响区软化范围。在控制层间温度的同时，还应减少焊接层道数。预热温度和层间温度不应超过表 5-7 中最高推荐值。

表 5-7　预热温度和层间温度最高推荐值

母材	最高预热温度 /℃	最高层间温度 /℃
非热处理强化合金 1***、3***、5***、 AlSi 铸件、AlMg 铸件	120①	120①
热处理强化合金 6***、AlSi 铸件、AlMgSi 铸件	120①	100
7***	100①	80

注：1. 表中温度是按规定确定的，它可按相应的一个合同改变为另一个在焊接工艺检测中确定的值。

2. 在 w_{Mg}>3.5% 的合金组 22.4（5***）和合金组 23.2（7***），在某些生产环境下会出现一些析出相，这些相的析出导致膜腐蚀和应力腐蚀灵敏性增强。

① 延长加热会对冷作硬化合金和可热处理强化合金的过时效部分球化退火产生影响。

操作要点和注意事项如下。

1）层间温度的控制主要采用接触式测温计测量，接触式测温仪如图 5-27 所示。当用接触式测温计时，仪器反应需一定时间，待温度稳定后再读取数值。

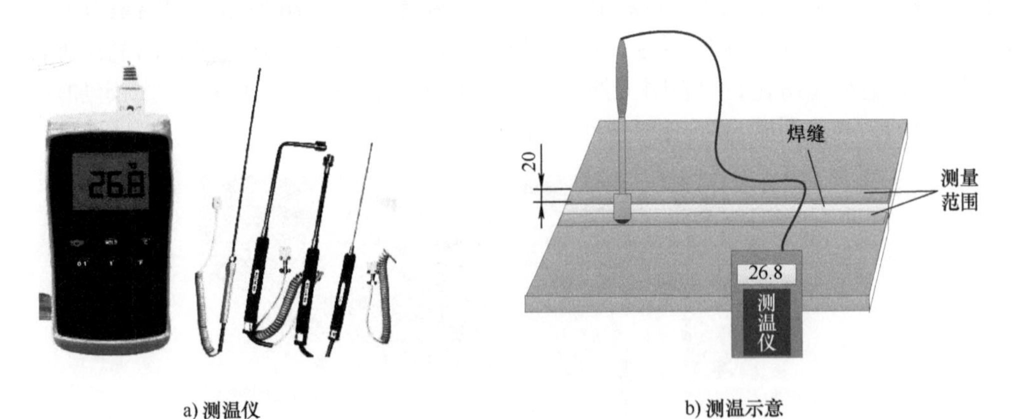

a) 测温仪　　b) 测温示意

图 5-27　接触式测温仪

2）层间温度控制一般不使用测温笔。用测温笔往工件上画痕迹后，不仅会增加焊缝的污染，还需要反复更换测温笔的型号，寻找合适温度，增加了作业时间。

3）层间温度控制一般不使用红外线测温仪，这是因为空间距离会影响测量温度的准确性。

4）测量层间温度区域为焊缝左右各 20mm 范围内，测量点一般取整体焊缝的后半段。

5.4　焊后矫形

在铝及铝合金焊接作业中，无论采用何种焊接工艺或预防措施，完全避免焊接变形是不可能的。在实际生产中出现焊接变形后，适当的调修是必然的，但调修方式选择错误会增加工件产生裂纹的风险。

调修（矫形）是指在材料的局部或者弯曲的部位上面，采用加热、加压的方式，产生新的变形来抵消原有变形的方法，使产品符合规定的尺寸要求。本节主要介绍铝合金零部件调修方法：机械调修法、火焰加热调修法和机械与火焰加热复合调修法，具体调修作业方法见表 5-8。

表 5-8　调修作业方法

<table>
<tr><th>序号</th><th colspan="2">分类</th><th>备注</th></tr>
<tr><td rowspan="4">1</td><td rowspan="4">机械调修法</td><td>喷砂法</td><td>—</td></tr>
<tr><td>滚转法</td><td>—</td></tr>
<tr><td>锤击法</td><td>—</td></tr>
<tr><td>压制法</td><td>—</td></tr>
<tr><td rowspan="3">2</td><td rowspan="3">火焰加热调修法</td><td>点状加热</td><td>—</td></tr>
<tr><td>线状加热</td><td>—</td></tr>
<tr><td>三角形加热</td><td>—</td></tr>
<tr><td>3</td><td>机械与火焰加热复合调修法</td><td>—</td><td>—</td></tr>
</table>

5.4.1　机械调修

机械调修法：利用外力使构件产生与焊接变形方向相反的塑性变形，使两者相互抵消调修方法。所用工具包括辊子、压力机、锤子等。对于焊缝规则混乱、很难判别调修受力方向的结构，可以采用机械压制方法。机械调修结构件如图 5-28 所示。但不允许压出裂纹。如果任何一处出现裂纹，该种工艺方法就应被禁止采用，应考虑采用火焰加热调修与机械调修相结合的方法。

操作要点和注意事项如下。

1）采用机械调修法对焊接变形矫正时，应采取措施，保证不会对母材金属表面造成损伤。

2）在进行顶压时，需使用橡胶或木块保护。

3）使用锤击法时，需使用木质或橡胶垫块，或使用木锤或橡胶锤。

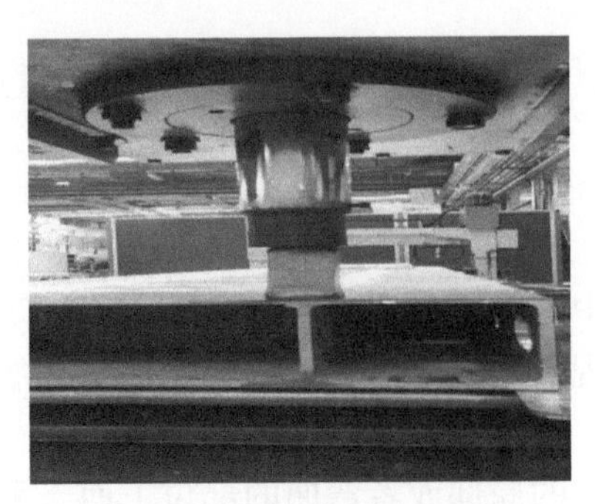

图 5-28 机械调修结构件

4）使用液压或风压调修时，要注意观察行程，及时用拐尺及直尺等工具进行测量，防止产生压凹或新的不良变形。

5）对于过大焊接变形，禁止纯机械调修。

5.4.2 火焰加热调修

火焰加热调修法：是利用材料在局部加热后通过快速水冷或空冷而形成的局部收缩，达到矫正焊接变形的目的。该种矫正法的关键是掌握火焰局部加热时引起变形的规律，以便确定正确的加热位置，否则会得到相反的效果。同时应控制温度和重复加热的次数。火焰加热法根据加热区的形状分为点状加热法、线状加热法和三角加热法。热源采用火焰（氧气＋丙烷）加热。水冷时用水枪对工件加热部位进行浇水或喷水冷却，火焰调修结构件如图 5-29 所示。

图 5-29 火焰调修结构件

1）点状加热：集中在金属表面的一个圆点上加热，加热后可以获得以点为中心的均匀径向收缩。加热点数根据结构和变形大小情况而定。点状加热法常用于薄板波浪变形。变形量较大时可采用多点加热，呈梅花状均匀分布。点状加热如图 5-30a 所示。

2）线状加热：沿着直线方向连续加热构件表面，或同时作横向摆动，形成一个加热带。

线状加热有直通加热、链状加热和带状加热 3 种形式。线状加热可用于波浪变形、角变形和弯曲变形。线状加热如图 5-30b 所示。

3）三角形加热：又称锲形加热，加热区域呈三角形，可以获得三角形底边横向收缩大于顶端横向收缩的效果。用于矫正刚度较大、厚度较厚且产生弯曲变形的结构，三角形加热如图 5-30c 所示。

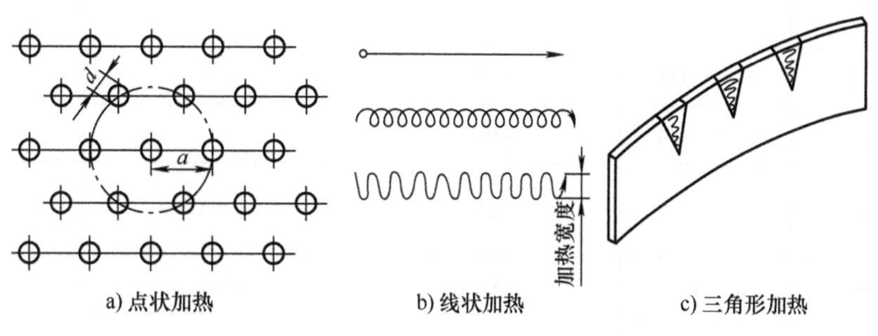

图 5-30　火焰加热调修法加热区形状

操作要点和注意事项如下。

1）粗略估计铝合金是否加热到位的一个简单方法就是观察材料的白热颜色的变化，如果材料不显示白颜色，或者显现得不够清楚，那么在生产中可以使用各种范围的测温笔来估计火焰的温度。

2）焊后在焊缝位置加热应该采用集中性火焰，快速加热焊缝，焊缝加热越快、温度越高，焊接变形调修量越明显，加热温度的控制以不损伤母材为止。加热温度虽然没有必要像母材预热那样严格限制，但不能将热量大范围扩散，也就是要严格控制加热时间。

3）点状加热的加热区为一圆点，根据结构特点和变形情况，可以加热一点或多点。多点加热常用梅花式。厚板加热点直径 d 要大些，薄板则小些，但一般不得 <15mm。变形量越大，点与点之间距离 a 就越小，通常 a 在 50 ～ 100mm 之间。

4）线状加热是火焰沿直线方向移动，或者在宽度方向作横向摆动。加热线的横向收缩大于纵向收缩。横向收缩随加热线的宽度增加而增加。加热线宽度应为母材厚度的 0.5 ～ 2 倍。线状加热多用于变形量较大的结构，有时也用于厚板变形矫正。

5）三角形加热时三角形的底边应在被矫正钢板的边缘，顶端朝内，三角形加热的面积较大，因而收缩量也较大，常用于厚度较大、刚性较强构件弯曲变形的矫正。

6）在火焰调修过程中，如果能够产生调修区域的急冷效果，会使调修效果更好。需注意的是，全部均匀受热达不到调修的目的。对于铝合金，采用火焰加热加水冷调修时，必须严格按表 5-9 的规定控制加热温度的范围。

7）工件加热时需特别注意温度控制，在同一加热位置，加热时间限制在 2min 以内。在工件未加热前，用测温笔在工件表面涂上标记，然后进行加热，当标记从初始的粉末状熔化时，即表示工件实际温度已经达到测温笔的额定温度。

8）当工件表面较为光滑、测温笔不易划出明显的粉末痕迹时，可在加热过程中用两种测温笔（温差 50℃及以下，较高值为工件允许加热的温度上限）先后交替划擦加热部位。

当额定温度较低的笔芯尖部发生熔化，而额定温度较高的笔芯尖部未熔化时，即表示工件达到了合适温度且不超过规定的范围。

表 5-9　调修作业的加热温度范围

类型	材质	合金状态	水冷加热温度范围 /℃	空冷加热温度范围 /℃	备注
板材	5083	0	<400	<400	强度几乎没有变化
	5052	H24、H34	<300	<250	—
	5005	H24、H34	<300	<250	
型材	5083	H112	<400	<350	强度几乎没有变化
	6061	T6	<250	<250	—
	6005A 6063 6082 6A01 6N01	T4 T5 T6	<250	<250	
	7003 7B05 7N01	T4 T5	300 ～ 350	<200	—

5.4.3　机械与火焰加热复合调修

机械与火焰加热复合调修法：加热后在材料保持中温或高温状态时，同时辅以机械调修法进行矫正变形。

此方法普遍使用于铝合金焊接变形的调修，因为单纯火焰调修的调修量有限，机械调修有时对结构产生危害。热、冷综合调修是利用外力（机械或重物）使结构产生一个过变形，但该变形是弹性变形，随着外力的去除自然回弹到原位置，在外力作用下进行火焰加热，会使材料屈服强度迅速下降，原有的弹性变形会有一部分转变为塑性变形，成为永久变形保留在结构中，当外力去除后，保留下来的变形就成为调修变形，从而实现结构调修。复合调修如图 5-31 所示。

图 5-31　复合调修

操作要点和注意事项如下。

1）为确保调修作业的安全，防止事故的发生，使用液压泵压力机前，确定要将液压泵油管、手摇泵和脚踏泵放到合适的位置，确认操作方便，周围无杂物影响操作。使用液压泵调修作业时，避免发生挤伤、工件弹出伤人等事故，操作中严格按照液压泵调修作业指导书及操作说明进行操作。

2）在工件放到要求的位置后，将作用缸顶到定位销上，确认定位销定位牢固，作用缸加力时不会发生脱落现象。如作用面为斜面时，要加辅助定位块进行辅助定位。加压时要缓慢进行，一边加压一边观察工件，出现异常现象时，要马上停止加压。调整工件和工作缸，确认正常后再继续加压。将工件顶压到位置后，确认无异常现象，开始火焰加热工件调修，调修过程中，禁止对工件进行移动。工件调修结束后，要先卸压，确认卸压后再移动工件。

3）采用机械与火焰加热复合调修法时，要严格控制铝合金加热温度，温度超标时，会导致材料强度降低，出现微裂纹等质量问题。

4）机械与火焰加热复合调修法操作要点和注意事项可参考机械调修法和火焰加热调修法的相关内容进行调修作业。

第 6 章

焊缝打磨技巧

打磨作为焊接活动的重要环节，主要起到清除氧化膜、黑灰以及减小焊接应力的作用，对焊接质量的影响巨大。若打磨不足，则无法充分发挥打磨的有效作用；若打磨过度，则易造成伤及母材、降低焊缝强度的后果。

6.1　焊缝打磨要求

根据打磨作业工艺要求，对焊接结构件进行打磨作业不仅可以提高焊缝内部质量，而且可以提高整体焊缝的力学性能，同时也是提高外观质量的重要措施之一。特别是铝合金焊接结构件中，打磨作业占较大比例，大面积清理焊缝的氧化膜、焊后清理黑灰，以及因修补而打磨焊缝，是铝合金焊接的重要特征。

6.1.1　打磨目的

（1）提高焊接质量　铝合金表面易形成一层难熔的氧化铝膜（Al_2O_3），不仅会阻碍基体金属熔化和熔合，而且氧化膜的密度大（约为铝的 1.4 倍），不易浮出熔池，造成焊缝夹渣且易形成焊缝中的气孔。因此，焊前打磨清理工件表面的氧化膜是提高焊接质量的重要手段。图 6-1 所示为铝合金较典型的气孔、夹渣、未熔合等焊接缺欠。

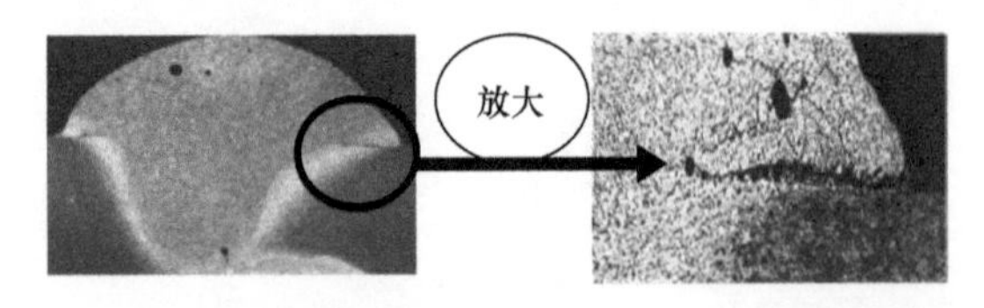

图 6-1　铝合金较典型的气孔、夹渣、未熔合等焊接缺欠

（2）减少焊接残余应力　焊接残余应力是降低焊缝疲劳强度的主要因素，若不及时采取防止措施，则其后果不堪设想。焊后打磨能有效减少焊后残余应力，尤其是对 T 形、对接接头的应力集中部位（见图 6-2 圆圈处），需要打磨成圆滑过渡或根据图样要求磨平余高（打磨成虚线部分）。

（3）提高外观质量　打磨作业作为焊后对焊缝清理、修整的重要环节，能清除焊缝表面杂质，提高焊缝的顺滑、平整度，大幅提升铝合金焊缝的外观质量（见图 6-3）。

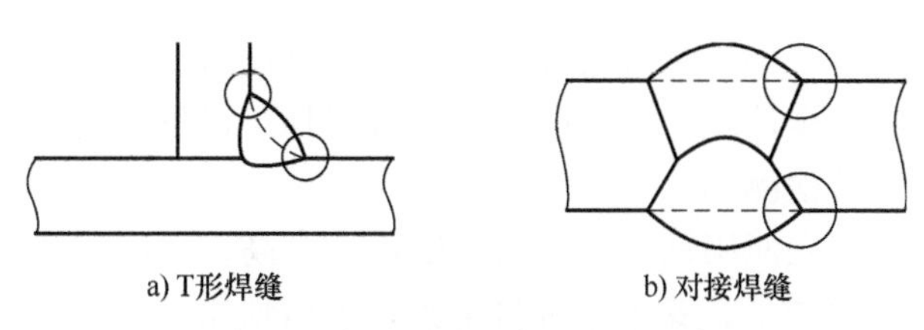

a) T形焊缝　　b) 对接焊缝

图 6-2　焊缝的应力集中部位示意

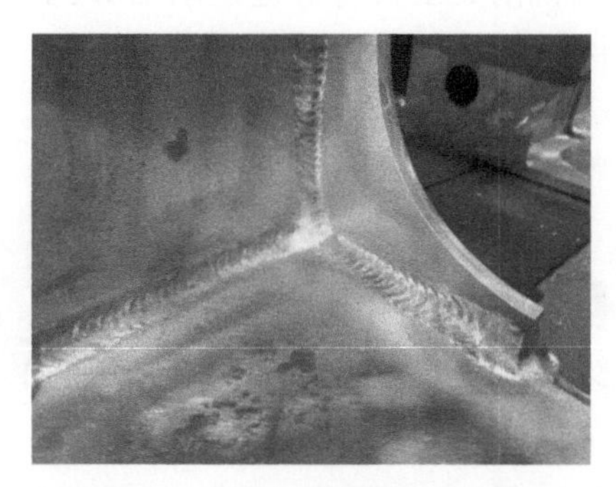

图 6-3　焊后打磨焊缝外观形貌

6.1.2　打磨要求

（1）基本要求　打磨前检查所使用的打磨工具处于良好状态，电动打磨工具的电源线应完好无破损；风动打磨工具的风管无空气泄漏、磨片无裂纹等。打磨工具启动后无异响，运转平稳。

打磨工具起动后，待设备运转正常后方可进行作业。以较缓慢的速度接近工件表面，避免工具与工件的冲击，施加在打磨工具上的压力要按照循序渐进的原则逐渐加大，直至达到合适的压力，且压力应均匀一致，出现打磨工具卡阻现象时，应立即断开电源或风源，防止弹跳伤人。

焊前使用清理类工具打磨清理焊缝周围氧化膜，将待焊区域两侧 20mm 范围内打磨出金属光泽。所有焊缝焊后均需使用清理类工具彻底清除黑灰、氧化膜、飞溅和焊渣等。焊缝的起弧、收弧处使用笔形铣刀加火焰磨头或千叶磨片进行打磨（见图 6-4）。

a) 打磨前

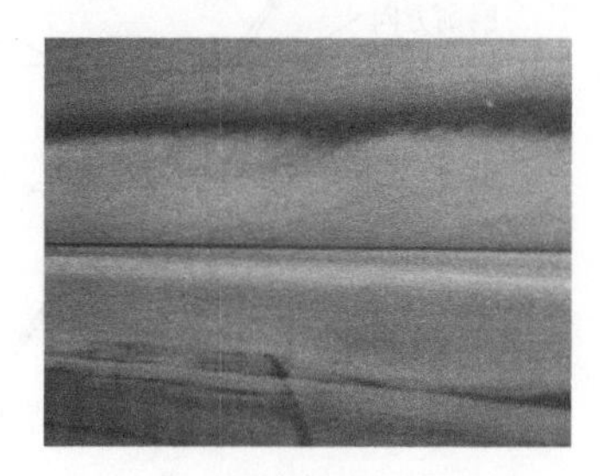

b) 打磨后

图 6-4　焊缝打磨前后对比示意

多层多道焊接时，每一层间均需使用清理类工具清理黑灰、氧化膜和飞溅等，焊缝过凸或成形不良时，需用修整类工具进行修磨，使焊缝顺滑过渡。双面焊时，用修整类工具清根，需将打底焊缺欠完全清除，清根时需保证坡口加工深度均匀、加工面坡口边缘直线度良好，必要时使用渗透检测确认。

焊缝需要磨平时，首先使用铣削类工具铣削焊缝余高，一次铣削量不宜超过 1.5mm，然后使用粗磨工具将焊缝磨平，要求与母材平齐，最后使用精磨类工具抛光焊缝，也可使用粗磨和精磨类工具直接磨平。

直交、斜交类焊缝首先用铣削类工具将焊缝铣削出 *R* 圆角（见图 6-5），然后用粗磨类工具打磨顺滑，最后用精磨类工具打磨。

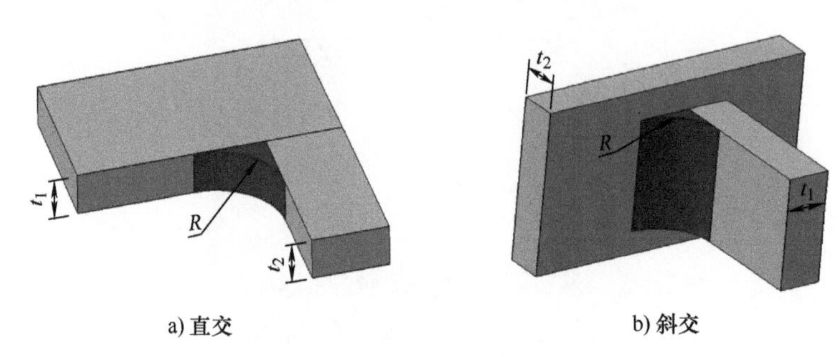

图 6-5　焊缝打磨 *R* 圆角示意

磕碰伤、焊缝余高过高、咬边、宽度不均匀，以及焊缝直线度不良等影响焊缝外观的部位，应使用修整类和粗磨类工具进行修复及打磨。

（2）打磨斜倾角要求　使用千页磨片、砂轮片等圆盘状耗材打磨工具作业时，与工件的倾斜角度应在 15° ～ 20°，打磨工具倾角如图 6-6 所示。

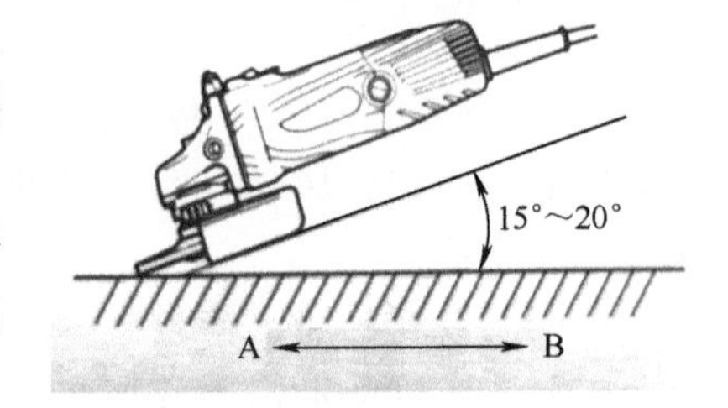

图 6-6　打磨工具倾角

（3）打磨方向要求　打磨进给方向应垂直于焊缝，磨削加工的进给方向与焊接时的焊接方向相反（见图 6-7），打磨后应使焊缝和母材过渡圆滑，并避免伤及母材。

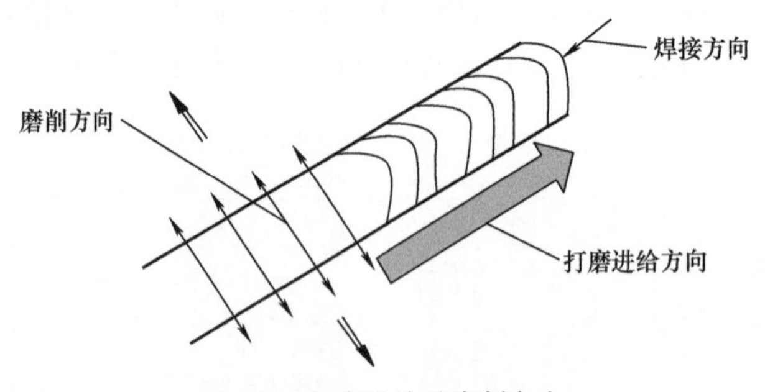

图 6-7　打磨进给及磨削方向

（4）需打磨部位

1）存在氧化膜、黑灰及焊渣等部位。焊前需清理氧化膜，焊中和焊后需打磨清理黑灰、焊渣。

2）设计图样要求打磨的部位。如图样中标准有"—"（磨平符号）和"∪"（凹面符号）等。

3）焊缝位于构件截面易产生应力集中的部位、重要受力部位，如直交、斜交位置。应力集中的部位主要位于焊缝的焊趾处、拐角处和焊缝的端部。

4）焊缝起弧、收弧部位。在没有特殊工艺规定要求下，所有焊缝的起弧、收弧处需进行打磨处理。

5）表面划痕、磕碰伤部位。如果部件表面划痕、磕碰伤超标，需要进行打磨处理，要求表面光滑。

6）焊缝不合格部位。焊缝出现裂纹、气孔、咬边、未熔合和余高过大，焊脚尺寸过大、焊瘤、末端弧坑缩孔，以及焊缝背部渗焊等缺欠需进行打磨消除。

（5）打磨损伤允许范围　打磨过程中应尽量避免损伤焊缝及母材，允许的范围应符合：板厚方向磨损伤≤0.5mm或0.1t中的较小值（t为板厚）；板宽方向磨损伤≤1mm。

焊趾需要进行研磨时，研磨深度k≤0.3mm，半径≥3mm（见图6-8），应使焊趾部位与母材表面圆滑过渡。

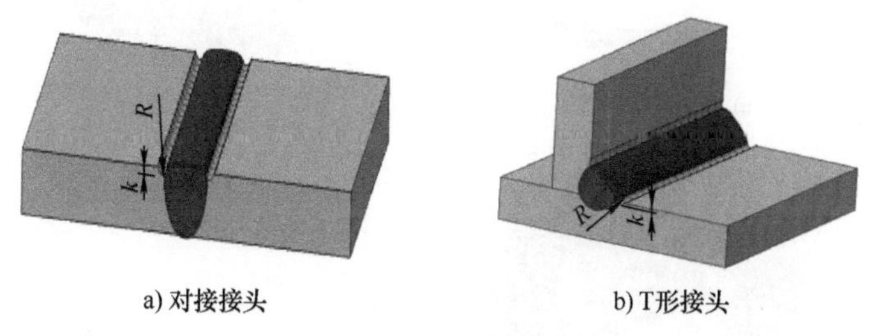

图6-8　焊趾研磨允许范围

（6）其他要求

1）打磨前先观察待打磨部位余量是否充足，否则需要补焊后再打磨。

2）打磨时需使用专用工具，且不允许出现拖拽的痕迹。

3）打磨磕碰伤、划伤及焊豆等时，要求打磨后纹路一致，形状方正。

4）所有打磨后的母材棱角必须倒角，倒角尺寸为0.5mm。

5）焊缝打磨范围应控制在焊缝表面两侧熔合线35mm范围内。

6.1.3　打磨过程分类

焊接过程的焊前、焊中及焊后的各个步骤均涉及焊接打磨，根据打磨的目的不同，将打磨分为清理类打磨、修整类打磨、铣削类打磨、粗磨类和精磨类5大类，打磨过程分类如图6-9所示。

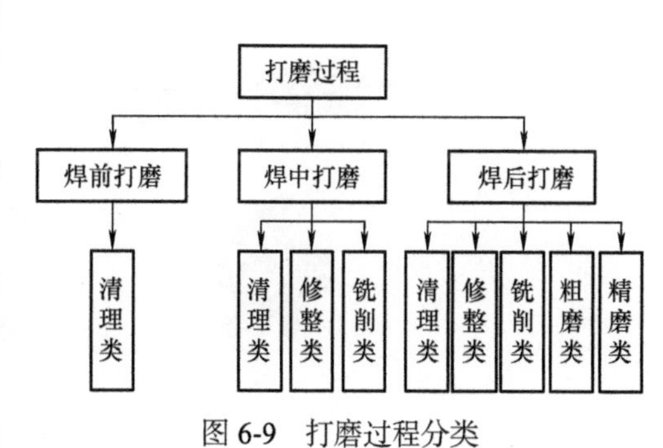

图6-9　打磨过程分类

其中，焊前打磨主要为清理类，清理焊缝位置的油污、杂质、毛刺等；焊中打磨主要有清理类、修整类、铣削类，清理焊缝层间的黑灰、飞溅和焊渣等，以及起（收）弧处、清根焊缝的修正与铣削；焊后打磨包含各类打磨，主要是对焊缝进行清理、修整以及缺欠修复的打磨操作。

6.2 耗材选用

6.2.1 清理类

铝合金常用清理类耗材主要有 4 种：手动钢丝刷、钢丝轮、碗状钢丝刷和不锈钢笔刷（见图 6-10），用于清理氧化膜、黑灰、飞溅、焊渣和毛刺等。

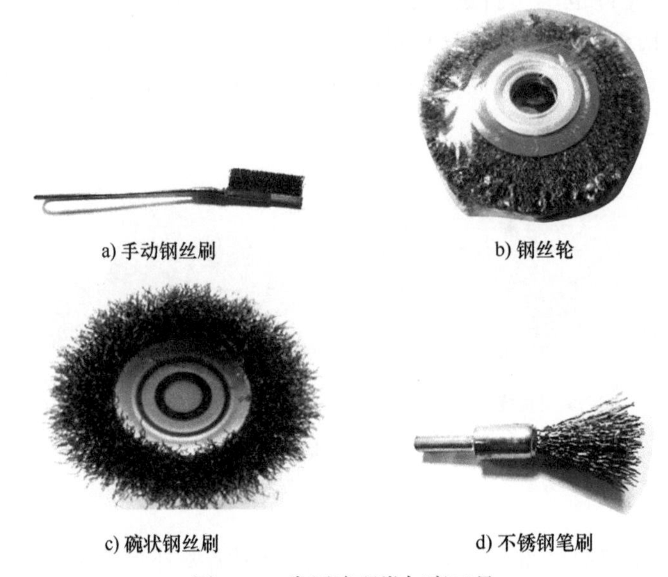

a) 手动钢丝刷　b) 钢丝轮

c) 碗状钢丝刷　d) 不锈钢笔刷

图 6-10　常用清理类打磨工具

6.2.2 修整类

铝合金常用修整类耗材主要有2种。①合金旋转锉刀（见图6-11a），用于焊缝层间修磨，清根，修整起弧、收弧处，焊缝外观修整，焊接缺欠打磨去除；②圆盘铣刀（见图 6-11b），用于焊缝反面清根，切割引弧板、引出板，定位焊坡口处理等。

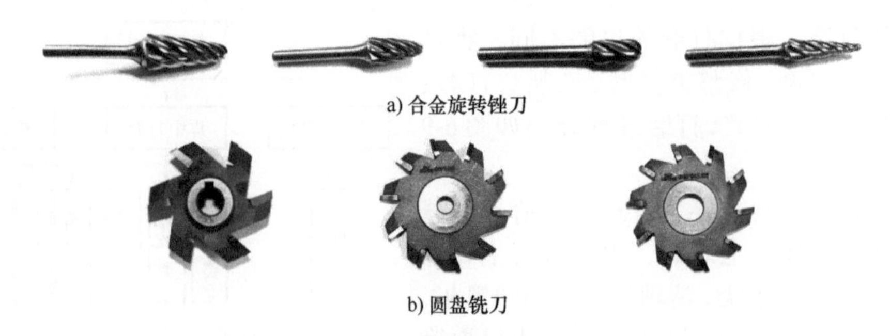

a) 合金旋转锉刀

b) 圆盘铣刀

图 6-11　常用修整类打磨工具

6.2.3　铣削类

铝合金常用铣削类耗材主要为圆柱铣刀（见图 6-12），用于焊缝余高、直交及斜交焊缝 *R* 弧处铣削等。

图 6-12　常用铣削类打磨工具

6.2.4　粗磨类

铝合金常用粗磨类耗材主要有 2 种：砂轮片（见图 6-13a、b）和千叶磨片（见图 6-13c、d），主要用于以下 5 种情况。

1）长直焊缝的粗磨。

2）焊缝磨平时的二次粗磨。

3）打磨焊接缺欠，修整焊缝。

4）打磨焊接飞溅、焊瘤等。

5）修复打磨等造成的母材损伤。

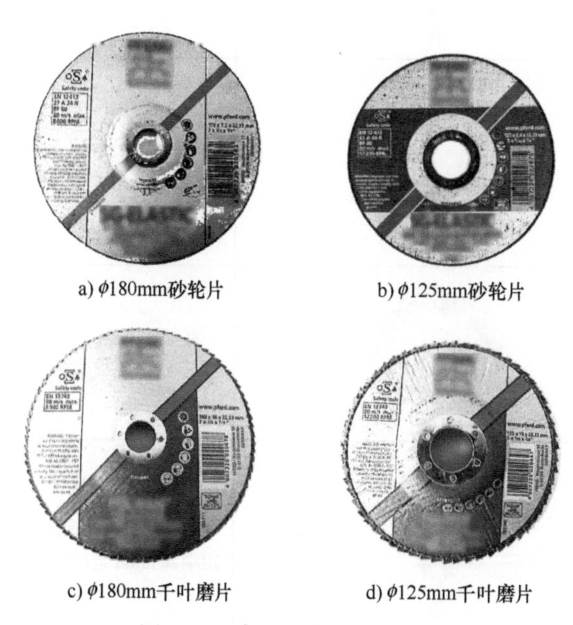

a) ϕ180mm砂轮片　b) ϕ125mm砂轮片

c) ϕ180mm千叶磨片　d) ϕ125mm千叶磨片

图 6-13　常用粗磨类打磨工具

6.2.5　精磨类

铝合金常用精磨类打磨工具选用主要分为以下 2 种。①火焰形磨头（见图 6-14a），主要用于焊缝精磨、修整；②带柄千叶轮（见图 6-14b），主要用于焊缝表面抛光。

a) 火焰形磨头

b) 带柄千叶轮

图 6-14　常用精磨类打磨工具

各类打磨耗材的建议报废标准见表 6-1。

表 6-1　常用各类打磨耗材建议报废标准

序号	耗材名称	报废实例	建议报废标准
1	手动钢丝刷		钢丝已损耗到 1/3 时，钢丝出现变形、缺损、卷丝等情况
2	钢丝轮		钢丝已损耗到 1/3 时（钢丝厚度或钢丝长度方向）；出现变形、缺损、偏心等情况
3	不锈钢碗刷	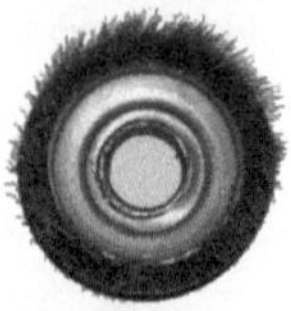	钢丝损耗到 1/3 时（钢丝厚度或钢丝长度方向），可以更换
4	不锈钢笔刷		钢丝剩余长度≤20mm；钢丝剩余长度≥20mm 时，距端部 5mm 范围内剩余直径≤5mm
5	圆柱形锉刀		切削力下降，切削表面粗糙度差，切削刃缺损，受到酸碱腐蚀，不能使用，需要更换
6	笔形铣刀		刀刃与刀柄分离断裂，或刀柄弯曲变形；刀刃缺失、破损、断裂、明显钝化

（续）

序号	耗材名称	报废实例	建议报废标准
7	火焰磨头		磨头已磨损到原体积的 1/3 ～ 1/2 或表面有缺损
8	带柄叶轮		直径 <35mm；出现受潮，变形，缺损，叶片、磨粒大面积脱落，以及偏心等情况，可以更换
9	砂轮片		角磨片直径已损耗到 1/3 ～ 1/2 时（厚度或直径方向），可以更换。非正常使用：角磨片出现受潮、变形、缺损、偏心等情况，不能使用，需要更换
10	千叶磨片		千叶磨片磨损到砂纸损耗 1/3 ～ 1/2（砂纸层方向）或砂纸层磨粒磨损到直径 <95mm；千叶磨片出现受潮，变形，缺损，叶片、磨粒大面积脱落，以及偏心等情况

6.3　打磨工具

6.3.1　工具分类

在铝合金工业生产过程中，使用的打磨工具分为风动工具和电动工具。风动工具主要是利用压缩空气带动气动马达来对外输出工作动能的一种工具，根据基本工作方式分为旋转式（偏心可动叶片式）和往复式（容积活塞式）。风动工具主要由动力输出、作业形式转化、进排气路、起停控制和工具壳体等主体部分组成。电动工具是以电动机或电磁铁为动力，通过传动机构驱动工作头的一种机械化工具。

铝合金打磨用风动工具主要有风动砂轮机、风动角磨机、风动直磨机、风动模磨机、风动研磨机和涡轮角磨机等。电动工具主要有电动角磨机。铝合金打磨工具选用汇总见表 6-2。

6.3.2　工具选用

为达到良好的打磨效果，各类工具可匹配不同类型的耗材来实施打磨作业，铝合金打磨工具与耗材匹配见表 6-3。

表 6-2　铝合金打磨工具选用汇总

风动类打磨工具				
名称	风动砂轮机	风动砂轮机	风动角磨机	风动角磨机
规格	FG-5H-1	FG-3H-2	FA-5C-1	FA-6C-1
图片		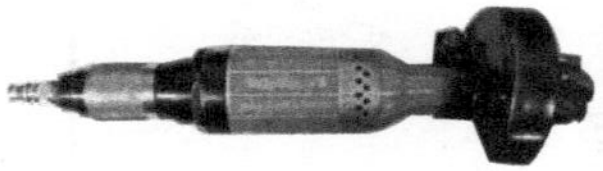		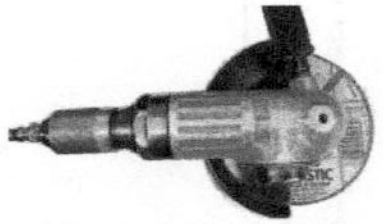
名称	风动角磨机	风动直磨机	风动模磨机	风动模磨机
规格	FA-4C-1	RPS-826GD	FG-50D-2	弯头 90°HAD-2C
图片				
名称	直柄模磨机	风动研磨机	涡轮角磨机	焊缝打磨工具
规格	LSF19-S300-1	弯头 45°LWC17	GTG25-12B	MAC-11
图片				
电动类打磨工具				
名称	电动角磨机	电动角磨机		
规格	（125）9528NB	9067 型 -180		
图片				

表 6-3　铝合金打磨工具与耗材匹配

风动工具							
序号		FD1	FD2	FD3	FD4	FD5	FD6
名称		风动直磨机	风动模磨机	风动模磨机	直柄模磨机	风动研磨机	风动角磨机
规格		RPS-826GD	FG-50D-2	弯头 90°HAD-2C	LSF19-S300-1	弯头 45°LWC17	FA-5C-1
图片							
备注		—	—	—	—	—	—
序号		FD7	FD8	FD9	FD10	FD11	FD12
名称		风动角磨机	风动角磨机	涡轮角磨机	风动砂轮机	风动砂轮机	焊缝打磨工具
规格		FA-6C-1	FA-4C-1	GTG25-12B	FG-3H-2	FG-5H-1	MAC-11
图片							
备注		—	—	—	—	—	长直焊缝余高粗磨
可匹配的耗材	序号	1	2	3	4	5	6
	名称	合金旋转锉刀 M40585	合金旋转锉刀 M40578	合金旋转锉刀 M40560	合金旋转锉刀 M40561	合金旋转锉刀 M40582	合金旋转铣刀 FAI387
	规格 /mm	12.7 × 6.0 × 25.4 × 69.9	12.7 × 6.0 × 25.4 × 69.9	3/8HD DIA X 6MM	12.7 × 6.0 × 25.4 × 69.9	9.5 × 6.0 × 27 × 74.6	L=59
	图片						
	备注	层间修磨焊缝，清根，粗磨起弧、收弧处，焊缝形状修整，焊接缺欠打磨					

（续）

风动工具							
可匹配的耗材	序号	7	8	9	10	11	12
	名称	不锈钢笔刷	不锈钢笔刷	带柄叶轮	火焰形磨头	铝合金锥形磨头	砂轮片 ϕ125mm
	规格 /mm	L=70	L=80	50 × 25 × 6	ϕ40 ~ ϕ60	19 × 32 × 6	125 × 7.2 × 22.23
	图片						
	备注	清理氧化膜、黑灰、飞溅、焊渣和毛刺等	清理氧化膜、黑灰、飞溅、焊渣和毛刺等	焊缝表面抛光	焊缝精磨、焊缝修整	焊缝精磨、焊缝修整	焊缝需磨平时，二次粗磨焊缝，适用于短焊缝，焊接缺欠打磨
可匹配的耗材	序号	13	14	15	16	17	18
	名称	千叶磨片 PFF-125-A40SG-COOL	切割片 ϕ125mm	304 碗刷	304 碗刷	圆盘铣刀	圆盘铣刀
	规格 /mm	125 × 18 × 22.23	125 × 2.4 × 22.23	直径 =85 孔径 =16	直径 =85 孔径 =22	ϕ48 × 9.525	ϕ80 × 9.525
	图片						
	备注	焊缝最后打磨	母材或焊缝切割	清理氧化膜、黑灰、飞溅、焊渣和毛刺等	清理氧化膜、黑灰、飞溅、焊渣和毛刺等	反面清根，切割引弧板、引出板，定位焊坡口处理	反面清根，切割引弧板、引出板，定位焊坡口处理
可匹配的耗材	序号	19	20	21	22		
	名称	圆盘铣刀	圆柱铣刀	平行钢丝轮	圆柱铣刀		
	规格 /mm	ϕ80 × ϕ15.875	39	直径 =180	39		
	图片						
	备注	反面清根，切割引弧板、引出板，定位焊坡口处理	焊缝余高铣削，直交、斜交 R 弧处粗磨	清理氧化膜、黑灰、飞溅、焊渣和毛刺等	—		

（续）

电动工具						
序号		DD1				
名称		电动角磨机				
规格		（125）9528NB				
图片						
备注		—				
可匹配的耗材	序号	1	2	3	4	5
	名称	砂轮片 ϕ125mm	千叶磨片 PFF-125-A40SG-COOL	切割片 ϕ125mm	304 碗刷	304 碗刷
	规格 /mm	125 × 7.2 × 22.23	125 × 18 × 22.23	125 × 2.4 × 22.23	直径 =85 孔径 =16	直径 =85 孔径 =22
	图片					
	备注	焊缝需磨平时，二次粗磨焊缝，适用于短焊缝，焊接缺欠打磨	焊缝最后打磨	母材或焊缝切割	清理氧化膜、黑灰、飞溅、焊渣和毛刺等	清理氧化膜、黑灰、飞溅、焊渣和毛刺等

（续）

电动工具				
序号		DD2		
名称		电动角磨机		
规格		9067 型 -180		
图片				
备注		—		
可匹配的耗材	序号	1	2	3
	名称	砂轮片 ϕ180	千叶磨片 PFF-180-22A	切割片 ϕ180
	规格 /mm	178 × 7.2 × 22.23	180 × 18 × 22.23	178 × 2.9 × 22.23
	图片			
	备注	一次粗磨焊缝，适用于长直焊缝	焊缝最后打磨	母材或焊缝切割

6.4　打磨基本操作

6.4.1　角接焊缝打磨

铝合金角接焊缝的打磨主要涉及正式焊缝清理、延续焊和包角焊打磨、缺欠修复部位打磨，以下将对各种情况下的打磨工具选用以及打磨操作进行介绍。

（1）正式焊缝清理　角接焊缝的清理主要有 3 步（见图 6-15）。第一步，风动直磨机与合金旋转铣刀配合，使用刀头的前端粗磨起弧、收弧两侧凸起处，刀头与工件呈 20° ～ 30°，转速平稳后轻微用力压住铣刀，避免伤及两侧母材；第二步，直磨机与火焰磨头配合，使用磨头的前端精磨起弧、收弧及焊趾处，打磨时避免伤及两侧母材；第三步，风动直磨机与不锈钢笔刷配合，将焊缝及焊缝两侧范围内的黑灰、焊豆等飞溅物清理干净。最终打磨完的焊缝无毛刺、焊豆等飞溅物，露出金属光泽，焊缝过渡顺滑不伤及母材，焊趾部位与母材表面圆滑过渡。

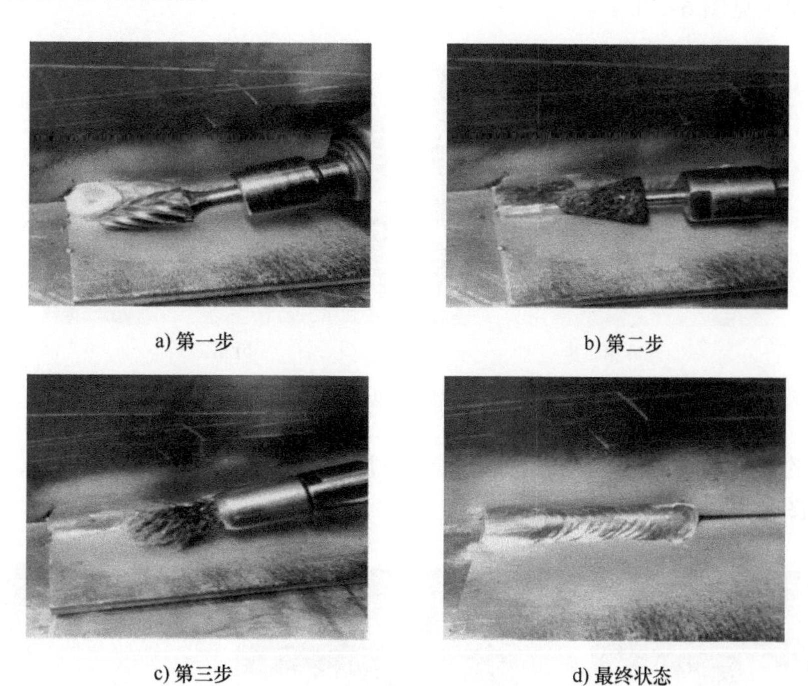

a) 第一步　b) 第二步　c) 第三步　d) 最终状态

图 6-15　角接焊缝清理步骤

（2）延续焊打磨　角接焊缝按照工艺要求，需在焊缝尾部进行延续焊接或包角焊接，针对延续焊焊缝的打磨主要分为以下三步。

第一步，采用直磨机与合金旋转铣刀配合，使铣刀与焊缝平行，待转速平稳后，缓慢靠近焊缝，轻微用力压住铣刀，力量由小到大打磨焊缝。打磨包角部位时，使铣刀与焊缝端面垂直，由上到下缓慢切削焊缝。打磨延续焊时，铣刀与焊缝平行，待转速平稳后，缓慢靠近焊缝，轻微用力压住铣刀，打磨宽度与包角部位焊缝底面平齐（见图 6-16）。

a) 延续焊打磨1

b) 延续焊打磨2

c) 包角焊打磨

图 6-16　延续焊和包角焊打磨第一步

第二步，采用直磨机与火焰磨头配合，使用磨头的前端来回往复摩擦，精磨焊缝及焊趾处（见图 6-17a）。

第三步，采用直磨机与不锈钢笔刷配合，将焊缝及焊缝两侧范围内的黑灰、焊豆等飞溅物清理干净（见图 6-17b）。

a) 第二步

b) 第三步

图 6-17　延续焊和包角焊打磨步骤

打磨完的焊缝及焊趾部位与母材表面圆滑过渡，无毛刺、焊豆等飞溅物，呈覆斗状，实物状态如图 6-18 所示。

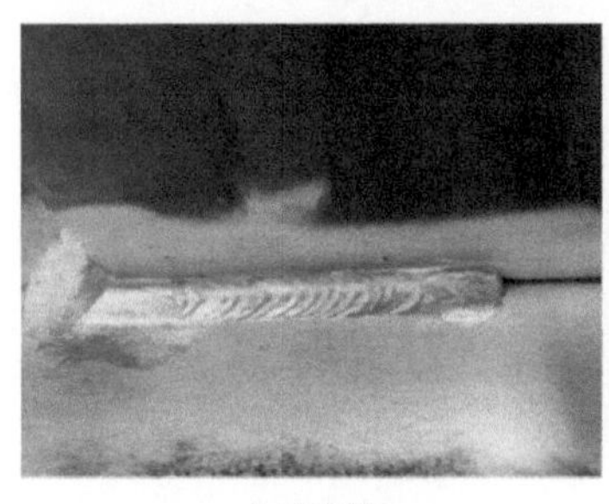

a) 延续焊

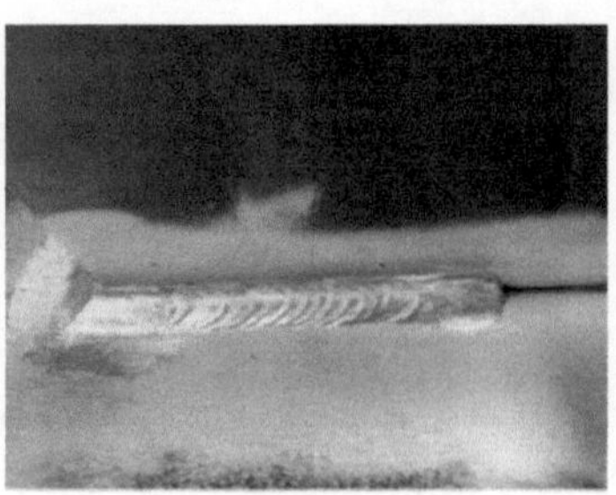

b) 包角焊1

c) 包角焊2

图 6-18　延续焊和包角焊打磨合格状态

（3）缺欠修复部位打磨　角接焊缝缺欠修复后需进行打磨，使修复后部位与正式焊缝顺滑、平齐，其打磨过程主要分以下 3 步进行（见图 6-19）。

第一步，采用直磨机与合金旋转铣刀配合，使铣刀与修补的焊缝平行，缓慢切削后，修复部位与原焊缝平齐（见图 6-19a）。

第二步，采用直磨机与火焰磨头配合，用磨头的前端精磨焊趾处，打磨时避免伤及两侧母材（见图 6-19b）。

第三步，采用直磨机与不锈钢笔刷配合，将焊缝两侧范围内的黑灰、焊豆等飞溅物清理干净（见图 6-19c）。

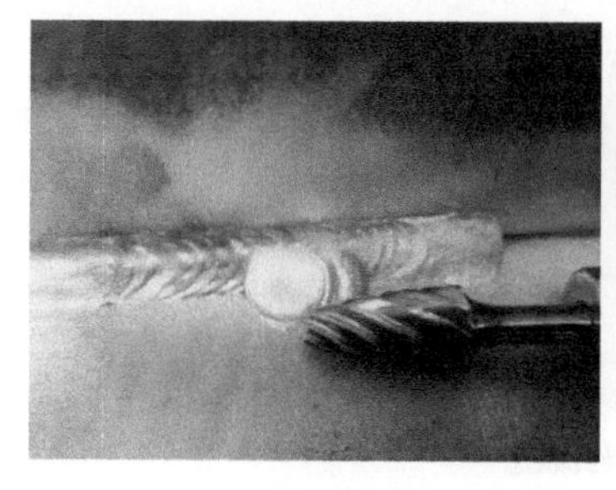

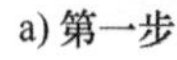

a) 第一步

b) 第二步

c) 第三步

图 6-19　缺欠修复部位打磨步骤

打磨完的焊缝无毛刺、焊豆等飞溅物，焊趾部位与母材表面圆滑过渡，与原焊缝平齐，无凹凸，表面光滑整齐，缺欠修复部位打磨合格状态如图 6-20 所示。

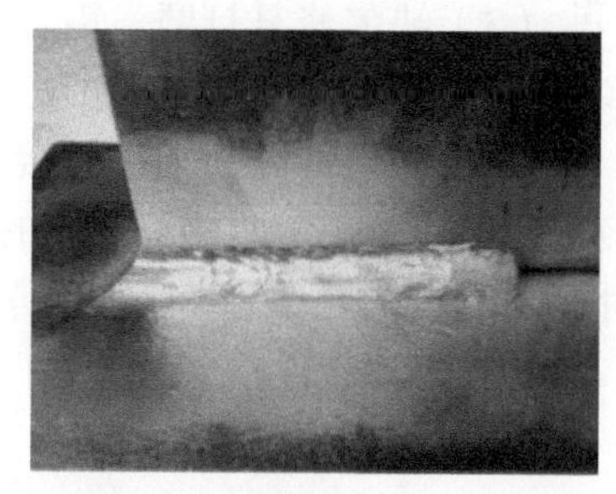

图 6-20　缺欠修复部位打磨合格状态

6.4.2　对接焊缝打磨

铝合金对接焊缝的打磨主要涉及起 / 收弧打磨、焊缝磨平打磨、缺欠修复打磨以及正式焊缝的清理，以下将对各种情况下的打磨工具选用以及打磨操作进行介绍。

（1）起 / 收弧打磨　对接起 / 收弧的打磨主要分 2 步进行（见图 6-21）。第一步，使用直磨机与笔形铣刀刀头的前端配合，粗磨起 / 收弧两侧凸起处，刀头与工件呈 20° ～ 30°，转速平稳后轻微用力压住铣刀，避免伤及两侧母材。第二步，使用直磨机与火焰磨头的前端配合，精磨起 / 收弧及焊趾处，刀头与工件呈 20° ～ 30°，转速平稳后轻微用力压住工件，打磨时避免伤及两侧母材。最终状态为焊趾部位与母材表面圆滑过渡且不伤及母材，打磨宽度等同于正式焊缝，焊缝焊址处研磨深度≤0.3mm。

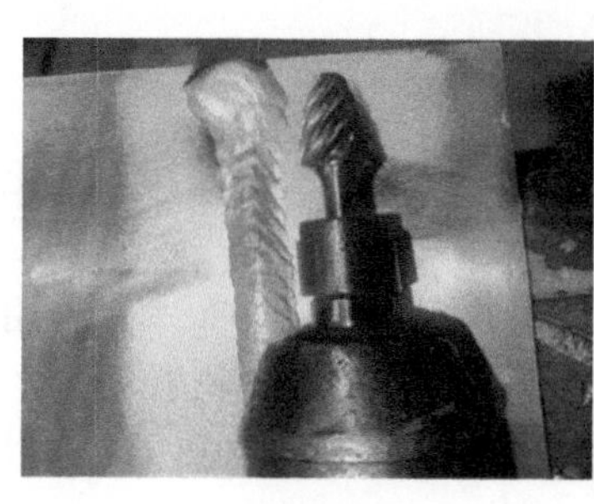

a) 第一步

b) 第二步

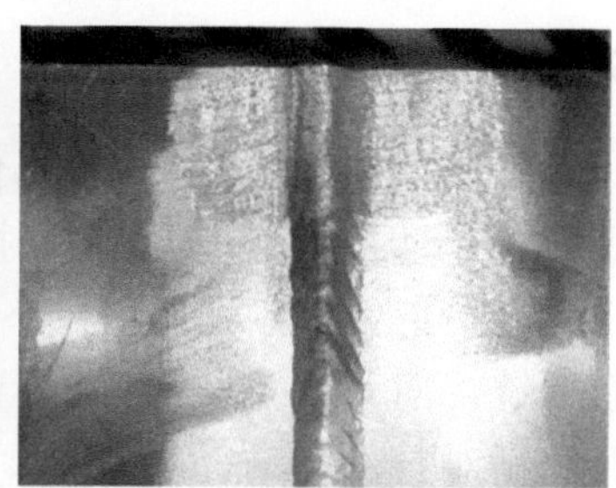

c) 最终状态

图 6-21　对接焊缝起 / 收弧打磨步骤

（2）磨平焊缝打磨　对接磨平焊缝的打磨，采用角磨机与千叶磨片配合，且与工件的倾斜角度保持 15° ～ 20°，进给方向与焊接方向相反，打磨方向垂直于焊缝，用力均匀，匀速前进。打磨完成后的焊缝要求与母材平齐，焊缝打磨范围控制在焊缝表面两侧熔合线 35mm 范围内，最终状态为焊缝磨平且不伤及母材（见图 6-22）。

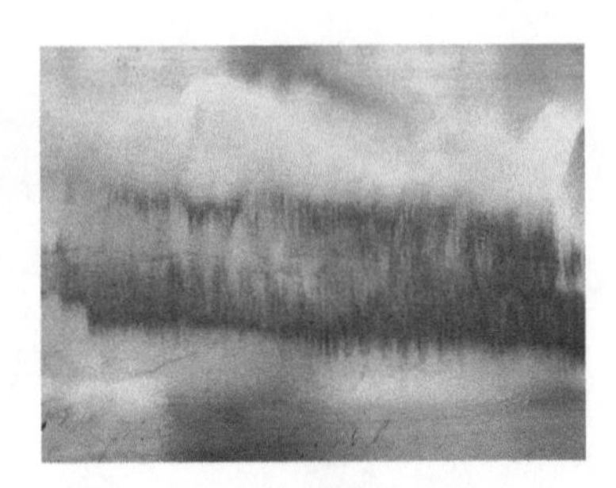

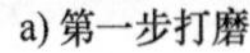

a) 第一步打磨　　b) 最终状态

图 6-22　对接磨平焊缝打磨

（3）缺欠修复打磨　铝合金对接焊缝缺欠修复部位的打磨步骤与角接焊缝类似，可参照本章 6.4.1 节。

（4）对接焊缝清理　对接焊缝的清理，采用角磨机与不锈钢碗刷配合，利用不锈钢碗刷将焊缝及焊缝两侧范围内的黑灰、焊豆等飞溅物清理干净。清理完成后焊缝与母材顺滑，无毛刺、焊豆等飞溅物，露出金属光泽（见图 6-23）。

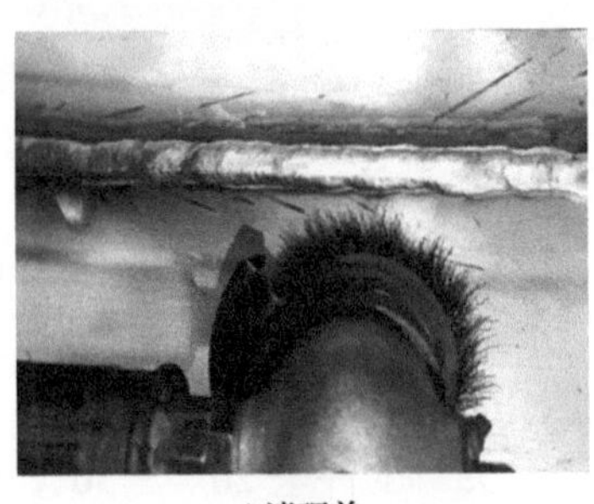

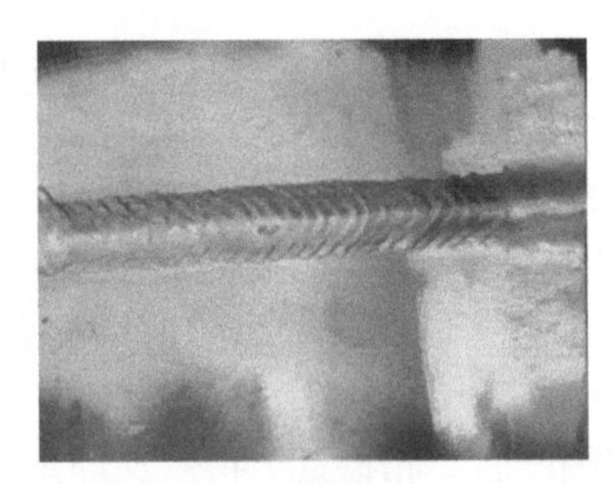

a) 清理前　　b) 清理后

图 6-23　对接焊缝清理

6.4.3　搭接焊缝打磨

铝合金搭接焊缝打磨主要包括起 / 收弧焊缝打磨、圆滑过渡焊缝打磨、缺欠清除和正式焊缝清理，具体工具选用和操作技巧如下所述。

（1）起 / 收弧焊缝打磨　采用笔形铣刀与火焰磨头、笔形钢丝刷配合，首先用笔形铣刀对焊缝起 / 收弧进行一次磨削；其次用火焰磨头进行二次磨削；最后用笔形钢丝刷对打磨位置进行精磨，保证起 / 收弧部位圆滑过渡，打磨过程中避免伤及母材（见图 6-24）。

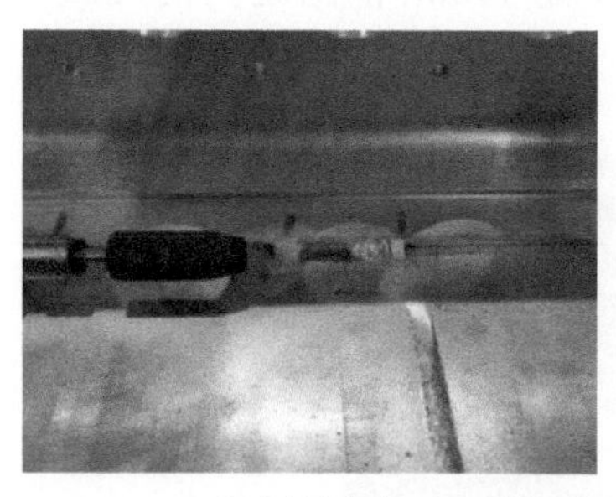

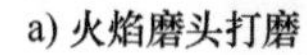

a) 火焰磨头打磨　　b) 钢丝刷打磨

图 6-24　搭接焊缝起 / 收弧打磨

（2）圆滑过渡焊缝打磨　采用笔形铣刀与火焰磨头、笔形钢丝刷配合，对焊缝余高、接头焊瘤、不顺直部位进行打磨。首先用笔形铣刀对焊缝缺欠进行一次磨削；其次用火焰磨头进行二次磨削；最后用笔形钢丝刷对打磨位置进行精磨。对长直焊缝不顺直位置可用风动角磨机顺直，避免打磨伤及母材（见图 6-25）。

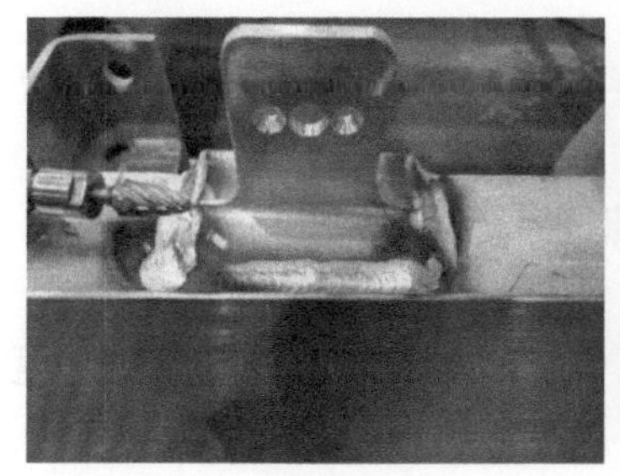
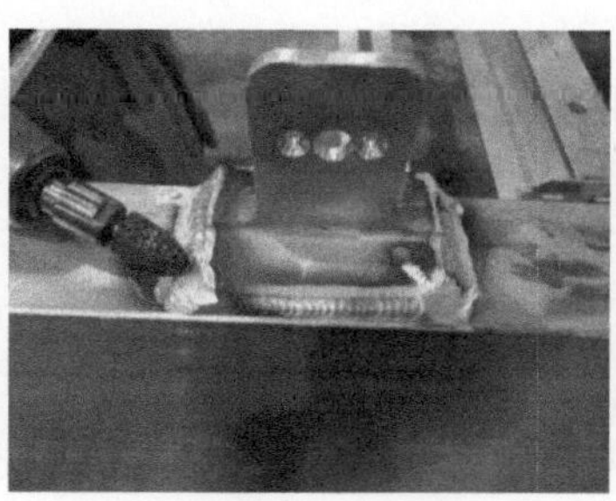

a) 第一步　　b) 火焰磨头二次磨削　　c) 笔形钢丝刷精磨

图 6-25　搭接焊缝圆滑过渡部位打磨

（3）缺欠清除　采用笔形铣刀与火焰磨头配合，对焊缝中存在的焊接缺欠进行打磨处理。利用火焰磨头对焊缝表面缺欠进行打磨清除；利用笔形铣刀对焊缝气孔、裂纹等缺欠完全清除，必要时进行无损检测进行确认（见图 6-26）。

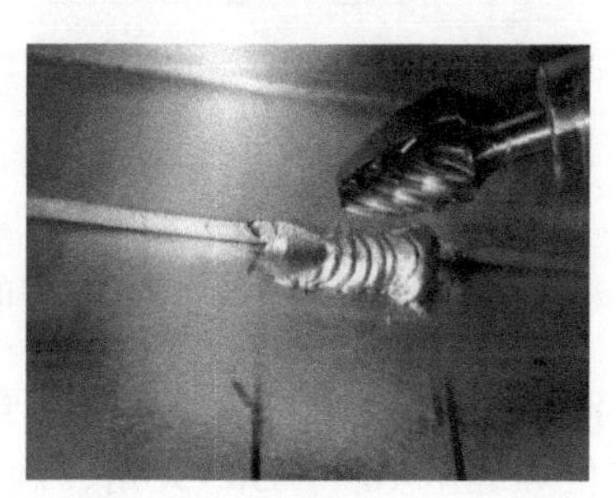

a) 打磨前　　b) 打磨后

图 6-26　搭接焊缝缺欠清除

（4）正式焊缝清理　采用笔形钢丝刷和不锈钢碗刷，在磨削和粗磨后对焊缝起 / 收弧部位、焊缝接头打磨部位进行精磨，清除焊缝 35mm 范围之内的飞溅、焊豆及焊渣，保证焊缝整体外观质量（见图 6-27）。

图 6-27　搭接焊缝清理

6.5　特殊焊缝打磨操作技巧

6.5.1　定位焊缝

在铝合金定位焊缝打磨作业中，可将其分为两类：半自动焊焊缝（定位焊缝长度 10 ～ 15mm）和自动焊焊缝的定位焊。

（1）半自动焊焊缝的定位焊　半自动焊的定位焊缝打磨按以下 3 个步骤进行作业，具体操作步骤和打磨后标准如下。

1）黑灰清理。使用角磨机与不锈钢碗刷（笔刷）配合，作业时要确保不锈钢碗刷（笔刷）的旋转方向垂直于焊缝，有利于彻底清除焊缝根部黑灰，在空间受限位置可用不锈钢笔刷进行黑灰的清理（见图 6-28）。

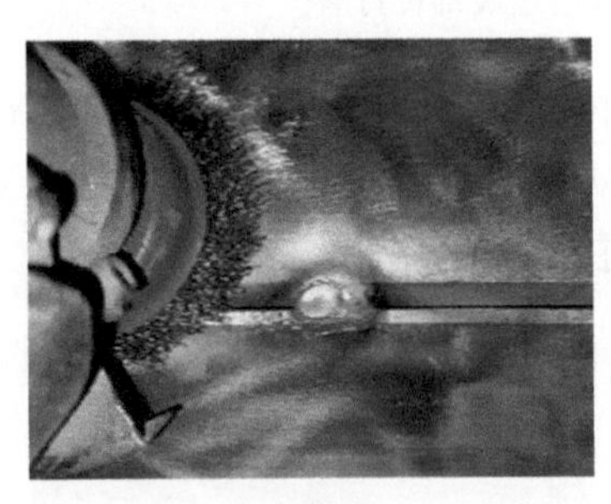

a) 碗刷清理

b) 笔刷清理

图 6-28　半自动焊的定位焊缝黑灰清理

2）焊缝打磨。采用直磨机与笔形铣刀配合，作业时进给方向与定位焊缝呈 10° ～ 30° 夹角，确保起 / 收弧处与焊道根部及两侧顺滑过渡，无台阶。作用在打磨工具上的压力要循序渐进地加大到合适的压力，防止弹跳伤及母材（见图 6-29）。

图 6-29　半自动焊的定位焊缝打磨

3）焊缝清理。采用角磨机与不锈钢碗刷（笔刷）配合，作业时利用不锈钢碗刷（笔刷）清理毛刺和周边焊渣、焊豆，必须将焊缝间隙中存在的铝屑及钢丝彻底清除干净，空间受限位置可用不锈钢笔刷进行黑灰的清理（见图 6-30）。

4）打磨后标准。定位焊顺滑过渡不伤及母材，板厚方向允许最大范围值≤0.1t，最大≤0.5mm。定位焊缝在正式焊缝中时，需对定位焊缝起 / 收弧处打磨修整，保证正式焊接时顺滑过渡。清除焊缝及焊缝两侧各 20mm 范围内黑灰，以及焊道内铝屑及钢丝（见图 6-31）。

图 6-30　半自动焊的定位焊缝清理

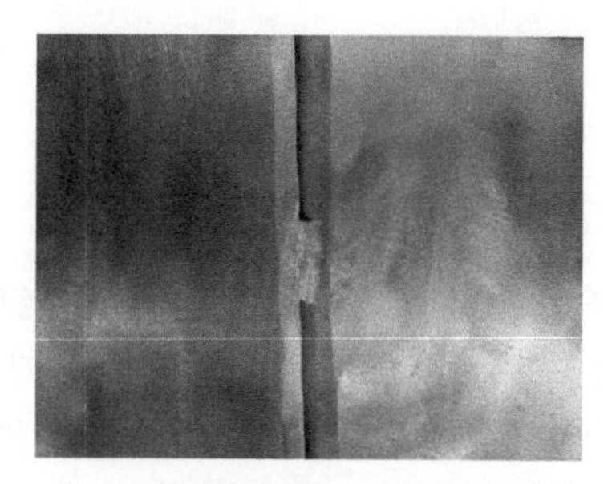

图 6-31　半自动焊的定位焊缝打磨后标准

（2）自动焊焊缝的定位焊　自动焊的定位焊焊缝打磨主要分 3 步进行。

第一步，采用砂轮机对定位焊周边 25mm 范围内黑灰、飞溅、焊渣进行清理（见图 6-32）。

第二步，采用焊缝刨削工具、角磨机与千叶磨片配合，首先利用焊缝刨削工具对焊缝余高进行打磨，其次利用角磨机将焊缝磨平。刨削焊缝余高时一次刨削不得 >1.5mm，刨削后保留焊缝余高 0.5mm，然后利用角磨机对定位焊焊缝进行磨平，避免伤及母材（见图 6-32）。

a) 第一步风动砂轮机打磨

b) 第二步刨削打磨

c) 第三步风动角磨机打磨

图 6-32　自动焊定位焊焊缝清理

第三步，在焊缝起 / 收弧部位，利用 V 形刨刀对焊缝进行开坡口，对定位焊两端 1/3 处开坡口，坡口角度为 60° ～ 70°，与焊缝圆滑过渡，避免坡口开偏或伤及母材。然后使用砂轮机对定位焊焊缝打磨，去除飞边毛刺，使坡口与焊缝圆滑过渡（见图 6-33）。

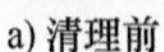

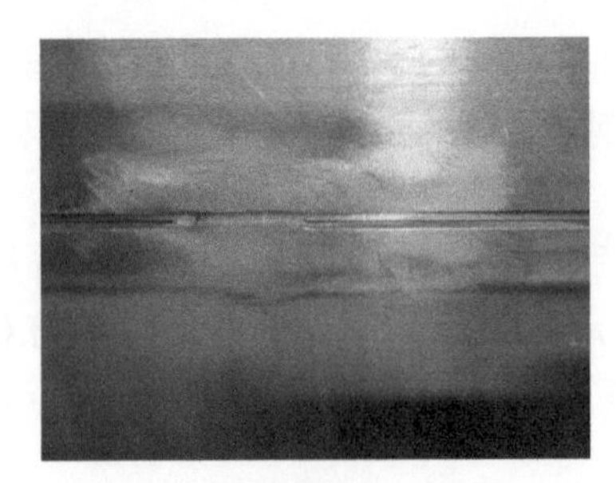
b) 清理后

图 6-33　自动焊的定位焊焊缝清理第三步

6.5.2　燕尾焊缝

铝合金燕尾焊缝打磨主要分为焊缝黑灰清理、粗磨和精磨三部分，具体操作技巧如下。

（1）焊缝黑灰清理　采用直磨机与不锈钢笔刷配合，对焊接完成的焊缝表面黑灰、飞溅物等进行清理。清理后观察焊缝外观质量，保证焊缝表面质量合格（见图 6-34）。

（2）焊缝粗磨　焊缝粗磨分为对燕尾焊缝 R 弧度粗磨以及焊缝两侧粗磨两步，所用工具及打磨操作技巧如下。

1）焊缝 R 弧度粗磨。采用砂轮机与圆柱铣刀配合，对焊缝 R 弧处余高进行铣削，预留 0.5 ～ 1mm 打磨余量，铣刀表面与焊缝保持平齐，一次铣削量≤1.5mm，避免因出现蹦刀现象而伤及两侧母材（见图 6-35）。

图 6-34　燕尾焊缝黑灰清理

图 6-35　燕尾焊缝 R 弧度粗磨

2）燕尾焊缝两侧粗磨。采用直磨机与圆柱形锉刀配合，使用刀头前端修整燕尾两侧的焊缝凸起，锉刀进给角为 20° ～ 30°，进给力要均匀一致，避免伤及两侧母材，打磨后焊缝宽度保持一致，焊趾处与母材顺滑过渡（见图 6-36）。

图 6-36　燕尾焊缝两侧粗磨

（3）焊缝精磨　焊缝精磨主要分为以下两步（见图 6-37）。

a) 第一步

b) 第二步

图 6-37　燕尾焊缝精磨

第一步，采用直磨机与火焰形磨头配合，使用磨头前端精磨修整焊缝两侧及 *R* 弧处（磨头进给角呈 20° ～ 30°），进给力要均匀一致，直至焊缝表面光滑。

第二步，采用直磨机与带柄叶轮配合，使带柄叶轮表面与焊缝保持平齐，抛光焊缝表面，去除棱角和毛刺。

6.5.3　塞焊焊缝

塞焊焊缝的打磨主要包括起 / 收弧打磨、磨平焊缝打磨以及焊缝缺欠清除。

（1）起 / 收弧打磨　起 / 收弧打磨主要分为以下 3 步（见图 6-38）。

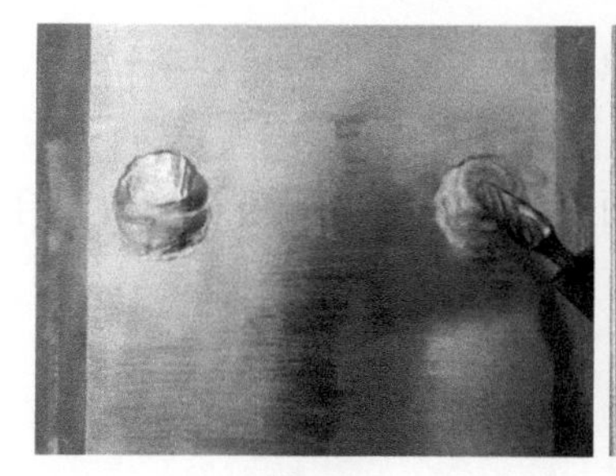

a) 第一步

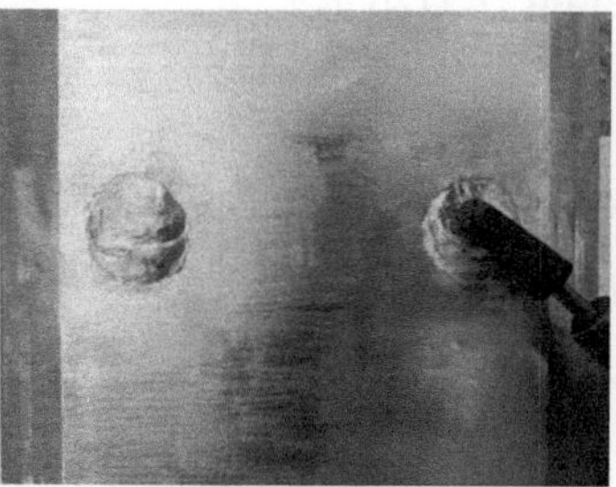

b) 第二步

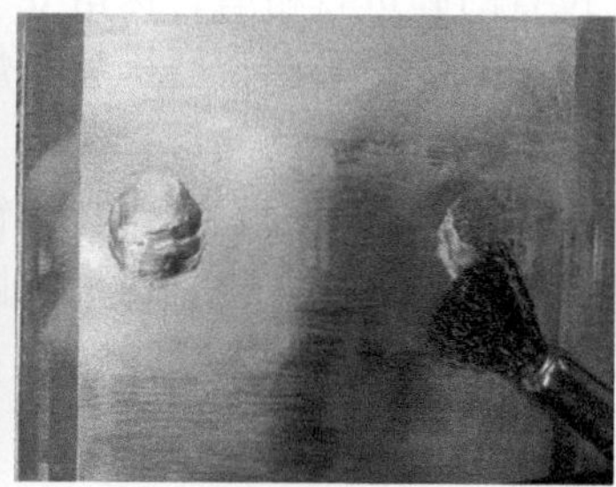

c) 第三步

图 6-38　塞焊焊缝起 / 收弧打磨

第一步，采用直磨机与合金旋转锉刀配合，粗磨焊缝起 / 收弧凸起，锉刀与工件保持 15° ～ 20° 夹角，以较缓慢的速度接近焊缝表面，避免因锉刀与母材冲击而伤及母材，按压力度要循序渐进，直至达到合适压力，进给时压力应均匀一致，并保留 0.5mm 左右余量。

第二步，采用直磨机与火焰形磨头配合，精磨起 / 收弧及焊趾处，磨头与工件保持 15° ～ 20° 夹角，打磨时避免伤及两侧母材。

第三步，采用直磨机与不锈钢笔刷配合，去除焊缝表面焊渣、飞溅、棱角和毛刺。打磨完成后焊缝起 / 收弧及焊趾处与母材圆滑过渡。

（2）磨平焊缝打磨　磨平焊缝打磨主要分为以下 3 步（见图 6-39）。

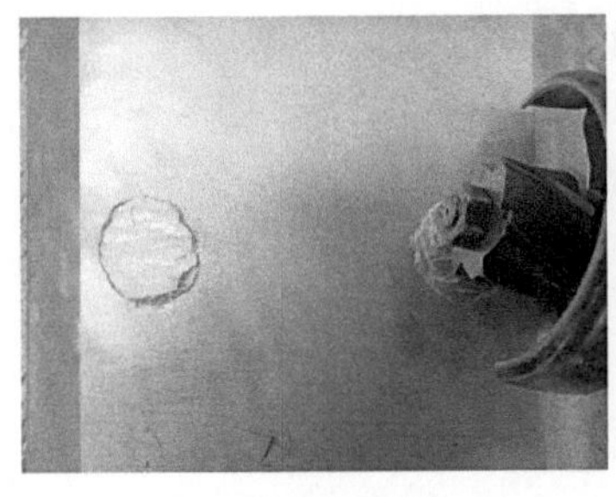

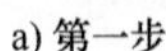
a) 第一步

b) 第二步

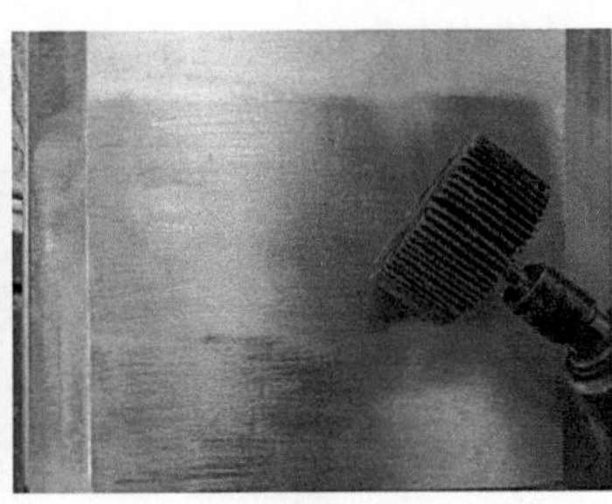

c) 第三步

图 6-39 塞焊磨平焊缝打磨

第一步，采用砂轮机与圆柱铣刀配合，打磨焊缝余高，铣刀与工件保持平行，以较缓慢的速度接近焊缝表面，避免因铣刀与母材冲击而伤及母材，按压力度要循序渐进，直至达到合适压力，进给时压力应均匀一致，一次铣削量≤1.5mm，并保留 0.5mm 左右余量。

第二步，采用角磨机与千叶磨片配合，将剩余焊缝磨平，千叶磨片应与工件的倾斜角度保持 15° ～ 20°，打磨时避免伤及两侧母材。

第三步，采用直磨机与带柄叶轮配合，对打磨区域进行抛光处理，叶轮与工件保持平行，打磨方向保持一致。打磨完成后的焊缝要求与母材平齐，表面光滑。

（3）焊缝缺欠清除　焊缝缺欠清除主要分为以下 3 步（见图 6-40）。

第一步，采用直磨机与合金旋转锉刀配合，应优先通过打磨去除焊接缺欠，经过打磨能够消除的缺欠不需要补焊。打磨无法消除的缺欠需将缺欠完全清除后进行补焊，并对补焊位置凸起进行粗磨，保留 0.5mm 左右余量。

第二步，采用直磨机与火焰形磨头配合，粗磨后，对焊接缺欠位置进行修整、精磨，打磨时避免伤及两侧母材。

第三步，采用直磨机与不锈钢笔刷配合，去除焊缝表面焊渣、飞溅、棱角及毛刺，打磨完成后焊缝缺欠位置与母材圆滑过渡。

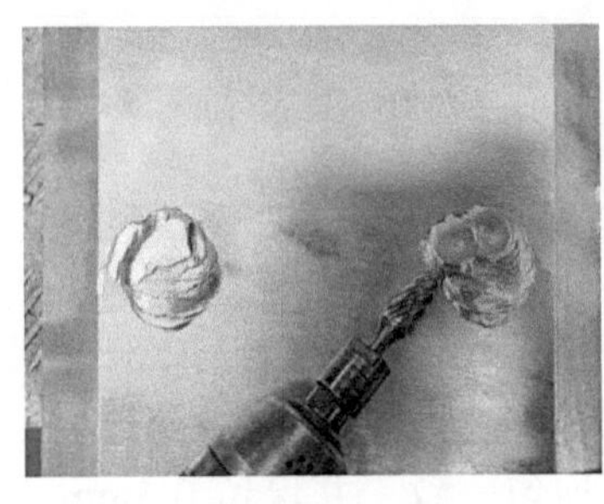

a) 第一步

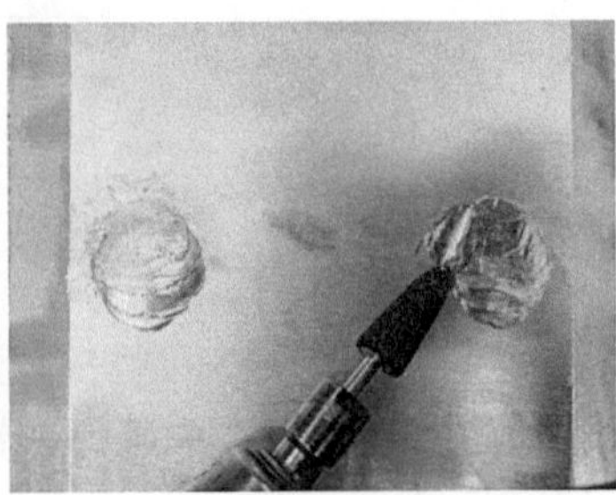

b) 第二步

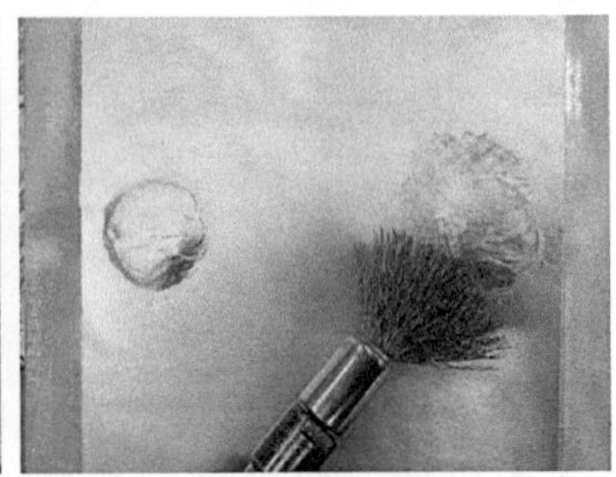

c) 第三步

图 6-40 塞焊焊缝缺欠清除打磨

6.5.4 十字接头焊缝

铝合金十字接头焊缝打磨包括起 / 收弧打磨、缺欠清除和焊缝修整清理，具体操作技巧如下。

（1）起 / 收弧打磨　起 / 收弧打磨主要分为以下 3 步（见图 6-41）。

a) 第一步

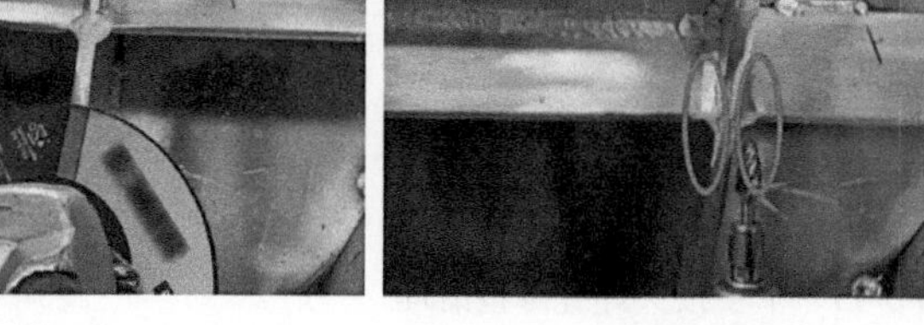

b) 第二步

c) 第三步

图 6-41　十字接头焊缝起 / 收弧打磨

第一步，采用角磨机与千叶磨片配合，千叶磨片与工件的倾斜角度应呈 15° ～ 20°，打磨方向垂直于焊缝，用力均匀，匀速前进，使焊缝与周围母材相平齐。

第二步，采用直磨机与锥形锉刀配合，对焊缝起 / 收弧位置进行修整，刀头与工件呈 20° ～ 30°，用力均匀，避免伤及母材，保证焊趾处与母材平齐。

第三步，采用直磨机与火焰形磨头配合，精磨起 / 收弧及焊趾处，保证焊缝与母材顺滑过渡，避免出现台阶，打磨时磨头与工件呈 20° ～ 30°，焊缝及周边无棱角、毛刺。

（2）缺欠清除　采用直磨机与锥形锉刀前端配合，将焊接缺欠全部剔除，刀头与工件呈 20° ～ 30°，打磨时要用力均匀，避免因出现蹦刀现象而伤及母材。焊接缺欠优先通过打磨去除，打磨后通过渗透检测确认，经过打磨能够消除的缺欠且符合要求时不需要补焊（见图 6-42）。

a) 打磨前

b) 打磨后

图 6-42　十字接头焊缝缺欠清除打磨

（3）焊缝修整清理　十字接头焊缝修整时，首先，采用直磨机与锥形锉刀前端配合，对焊缝过凸或成形不良位置进行打磨修整，刀头与工件呈 20° ～ 30°，打磨时要用力均匀，避免因出现蹦刀现象而伤及两侧母材，焊缝交汇处焊趾要与母材圆滑过渡。然后，采用直磨机与火焰形磨头前端配合，对焊缝及焊趾处进行打磨修整，磨头与工件呈 20° ～ 30°，保证焊趾处圆滑过渡，高度及宽度保持一致。最后，采用直磨机与不锈钢笔刷配合，对焊缝整体进行打磨清理，将焊缝及两侧的黑灰、飞溅等清理干净。最终状态为焊缝过渡顺滑，母材无损伤，焊趾研磨深度≤0.3mm，半径≥3mm（见图 6-43）。

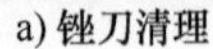

a) 锉刀清理　　b) 火焰形磨头清理　　c) 笔刷清理

图 6-43　十字接头焊缝修整清理

6.5.5　空间交叉焊缝

空间交叉焊缝涉及多条焊缝交汇，交汇处易出现焊接缺欠和应力集中现象，因此焊后打磨是提高焊接质量的重要措施，其打磨主要包括起 / 收弧打磨、交汇处打磨、缺欠清除和正式焊缝清理 4 部分，具体工具选用和操作技巧如下。

（1）起 / 收弧打磨　首先，采用直磨机与圆柱形锉刀前端配合，对焊缝起 / 收弧位置进行修整，刀头与工件呈 20° ～ 30°，用力均匀，避免伤及母材，保证焊趾处与母材平齐。然后，采用直磨机与火焰形磨头前端配合，磨头与工件呈 20° ～ 30°，精磨起 / 收弧及焊趾处，保证焊缝与母材顺滑过渡，避免出现台阶。

通过打磨，使起 / 收弧处焊缝过渡顺滑，焊缝及周边无棱角、毛刺（见图 6-44）。

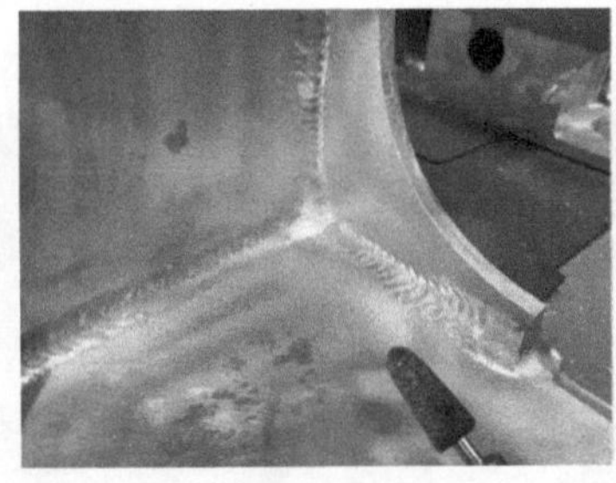
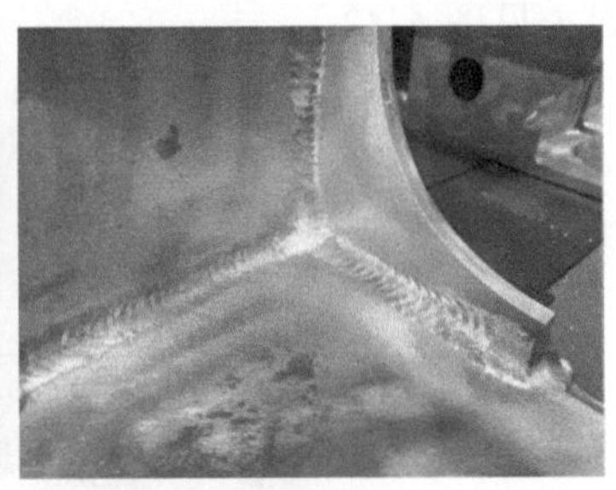

a) 打磨部位　　b) 打磨　　c) 打磨效果

图 6-44　空间交叉焊缝起 / 收弧打磨

（2）交汇处打磨　首先，采用直磨机与圆柱形锉刀前端配合，对焊缝过凸或成形不良位置进行打磨修整。刀头与工件呈 20° ～ 30°，焊缝交汇处焊趾要与母材圆滑过渡，打磨时要用力均匀，避免因出现蹦刀现象而伤及两侧母材。然后，采用直磨机与火焰形磨头前端配合，对焊缝及焊趾处进行打磨修整，磨头与工件呈 20° ～ 30°，保证焊趾处圆滑过渡，高度及宽度保持一致（见图 6-45）。

（3）缺欠清除　焊接缺欠优先通过打磨去除，打磨后通过渗透检测确认，经过打磨能够消除且符合要求时不需要补焊。打磨时采用直磨机与圆柱形锉刀前端配合，将焊接缺欠全部剔除，刀头与工件呈 20° ～ 30°，打磨时要用力均匀，避免因出现蹦刀现象而伤及母材（见图 6-46）。

a) 锉刀打磨

b) 火焰形磨头打磨

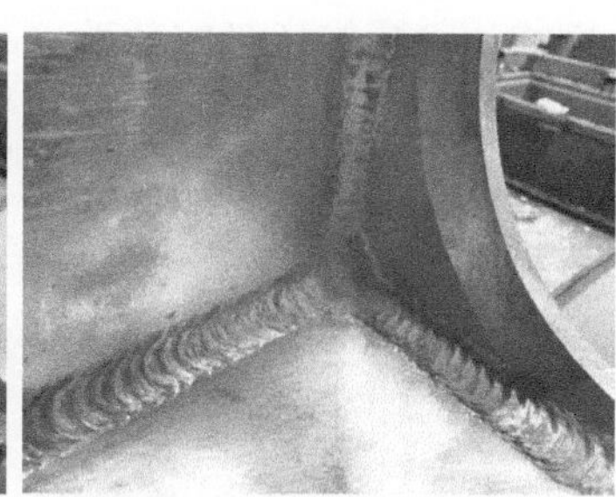

c) 打磨效果

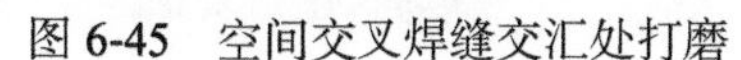

图 6-45　空间交叉焊缝交汇处打磨

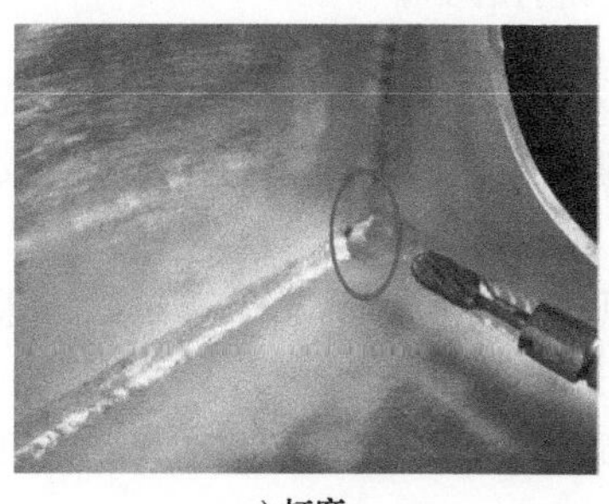

a) 打磨

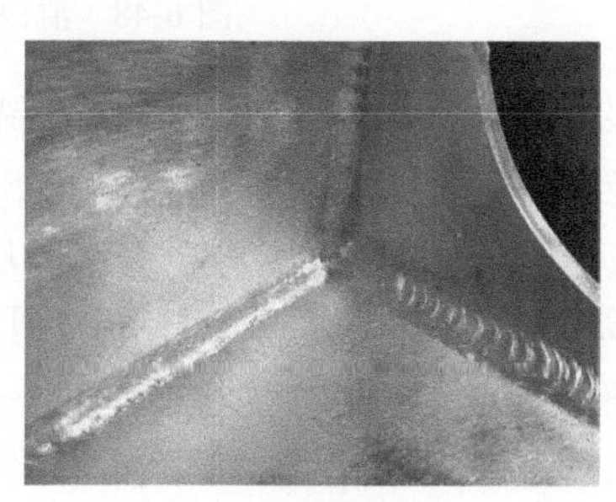

b) 打磨效果

图 6-46　空间交叉焊缝缺欠清除

（4）正式焊缝清理　采用直磨机与不锈钢笔刷配合，对焊缝整体进行打磨清理，将焊缝及两侧的黑灰、飞溅等清理干净，去除棱角、毛刺等直至焊缝表面露出金属光泽（见图 6-47）。

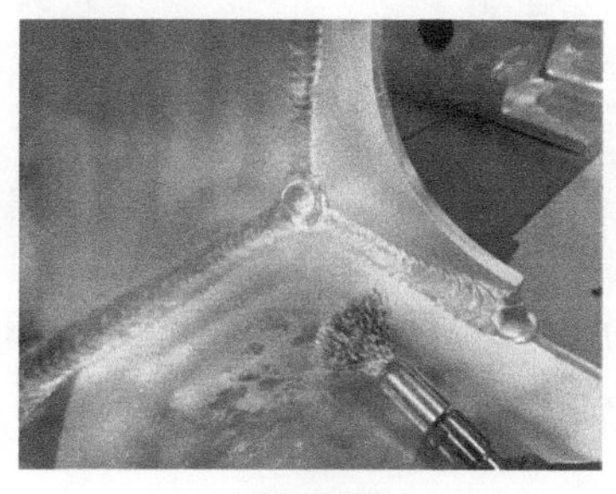

a) 笔刷清理

b) 清理效果

图 6-47　空间交叉焊缝清理

6.5.6　焊缝清根

在铝合金焊接过程中，对于 V 形坡口、K 形坡口、背面打底焊焊缝均要在焊缝背面进行清根，以保证全面清除焊缝内部的缺欠，保证焊缝熔合质量。铝合金焊缝清根分为空间不受限清根焊缝和空间受限位置清根焊缝两类。

（1）空间不受限清根焊缝　清根焊缝处按以下 3 个步骤进行作业，具体操作步骤和打磨后标准如下（见图 6-48）。

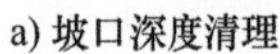
a) 坡口深度清理

b) 坡口形状修整

c) 坡口顺滑过渡

图 6-48　清根焊缝打磨步骤

1）坡口深度清理。采用砂轮机与圆盘铣刀配合，清除打底焊缺欠，铣刀与焊缝保持 90°，以较缓慢的速度接近待清根焊缝表面，避免因铣刀与母材冲击而伤及母材，按压力度要循序渐进，直至达到合适压力，进给时压力应均匀一致。

2）坡口形状修整。采用风动砂轮机与圆盘铣刀配合，修整坡口形状，根据缺欠深度，调整铣刀倾斜角度，铣刀角度向左侧倾斜 30°～35°，开 60°～70° 坡口，焊缝根部打磨成 U 形。

3）坡口顺滑过渡。采用角磨机与不锈钢碗刷配合，清理氧化膜及坡口内毛刺，保证坡口表面圆滑无锐角。

（2）空间受限位置清根焊缝　空间受限位置清根焊缝处按以下 3 个步骤进行作业，具体操作步骤和打磨后标准如下（见图 6-49）。

a) 锉刀打磨

b) 锉刀打磨

c) 碗刷打磨

图 6-49　空间受限位置清根焊缝打磨步骤

1）坡口深度清理。采用直磨机与合金旋转锉刀配合，使用小直径锉刀清除打底焊缺欠，锉刀与进给方向保持 25°～30° 夹角，以较缓慢的速度接近待清根焊缝表面，避免因锉刀与母材冲击而伤及母材，按压力度要循序渐进，直至达到合适压力，进给时压力应均匀一致。

2）坡口形状修整。采用直磨机与合金旋转锉刀配合，采用 U 形锉刀修整坡口形状，锉刀与进给方向保持 25°～30° 夹角，开 50°～60° 坡口，焊缝根部打磨成 U 形。

3）坡口顺滑过渡。采用角磨机与不锈钢碗刷配合，清理氧化膜及坡口内毛刺，保证坡口表面圆滑无锐角。

第 7 章 焊接修复技术

7.1 常见焊接缺欠

焊接缺欠就是在焊接过程中焊接接头产生的金属不连贯、不致密或连接不良的现象。严重的焊接缺欠将直接影响产品结构的安全使用。经检验证明，焊接结构的失效、破坏以致发生事故，绝大部分并不是由于结构强度不足，而往往是各种焊接缺欠影响所致。由于弧焊焊接工艺自身的特点，要在焊接接头中避免一切缺欠，实际上是不可能的。但是，尽量提高操作技能水平，将焊接缺欠控制在允许的范围内，则是每一个焊接操作者应该争取达到的目标。

焊接缺欠可能出现在焊缝和热影响区中，也可能出现在工件中，出现在焊缝中最为常见。常见的焊接缺欠主要有裂纹、气孔、未熔合、未焊透、咬边及其他缺欠。

7.1.1 裂纹

在焊接应力及其他致脆因素的共同作用下，焊接接头局部地区的金属原子结合力遭到破坏而形成的新界面所产生的缝隙称为焊接裂纹，它具有尖锐的缺口和较大的长宽比特征。铝合金焊接中出现的裂纹大部分是热裂纹（见图 7-1），主要原因是焊接应力和晶间低熔共晶体共同作用导致的。

图 7-1　热裂纹

7.1.2 气孔

焊接时熔池中的气泡在凝固时未能及时逸出，残存气泡在焊缝中形成的空穴称为气孔（见图 7-2）。由于铝及铝合金焊接中极易产生气孔，因此要严格控制影响气孔形成的因素，最大限度地减少气孔的产生。

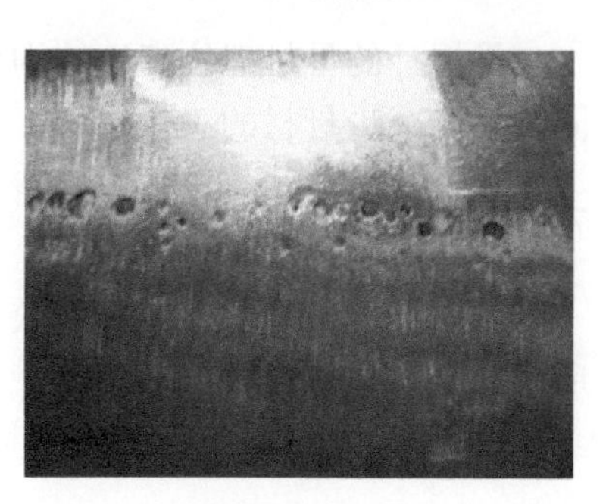
图 7-2　气孔

7.1.3 未熔合

焊接时焊道与母材之间、焊道与焊道之间未完全熔化结合的部分称为未熔合，如图 7-3 所示。

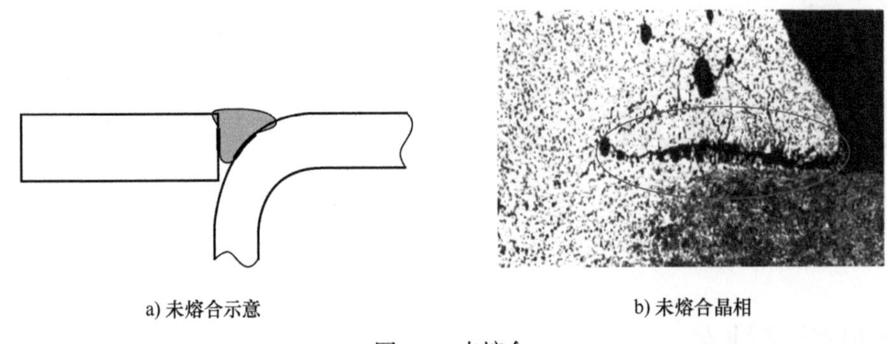

a) 未熔合示意　　b) 未熔合晶相

图 7-3　未熔合

7.1.4 未焊透

焊接时接头根部未完全熔透的现象称为未焊透，如图 7-4 所示。未焊透减小了焊缝的有效工作面积，在根部尖角处产生应力集中，容易引起裂纹，导致结构破坏。

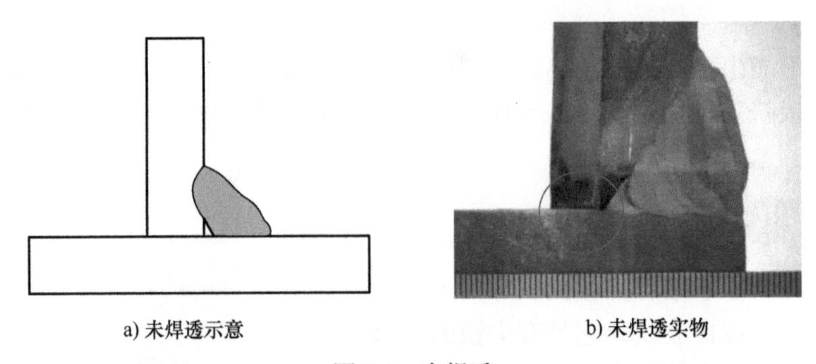

a) 未焊透示意　　b) 未焊透实物

图 7-4　未焊透

7.1.5 咬边

沿焊趾的母材部位产生的沟槽或凹陷称为咬边，如图 7-5 所示。咬边会造成应力集中，同时也会减少母材的工作面积。

7.1.6 其他缺欠

铝合金焊接中还存在其他缺欠形式，比如夹渣、焊瘤、塌陷、凹坑及焊穿等，如图 7-6 所示。

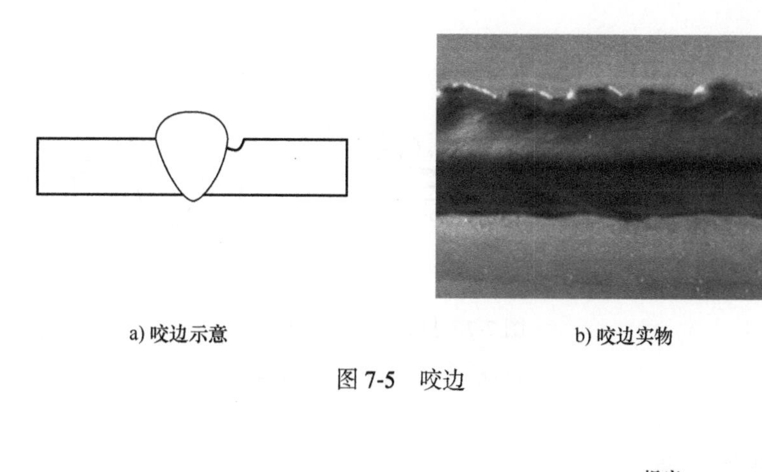

a) 咬边示意 b) 咬边实物

图7-5 咬边

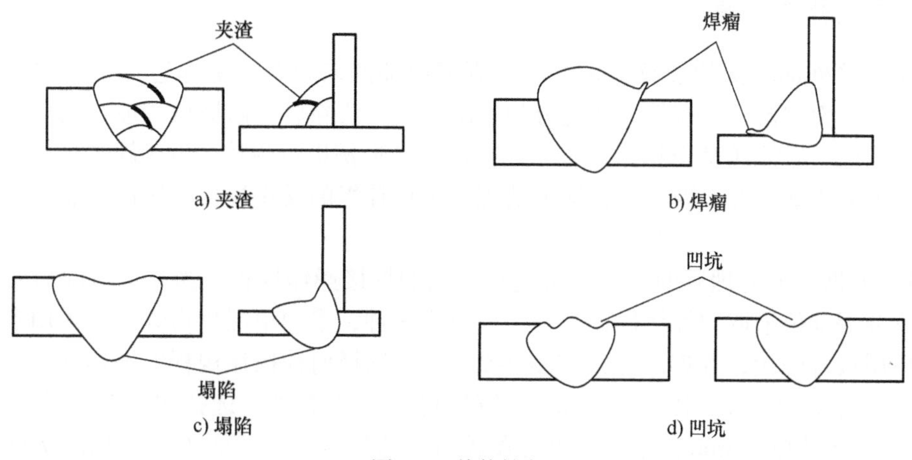

a) 夹渣 b) 焊瘤 c) 塌陷 d) 凹坑

图7-6 其他缺欠

7.2 缺欠修复技术

鉴于铝及铝合金材料独特的化学和物理特性，焊接时对焊前准备、焊接参数等有严格要求，特别是在缺欠修复时尤为突出，缺欠的修复普遍存在焊接长度短、焊接位置可选性差、焊接接头状态多样等不利于焊接的情况，因此针对不同的缺欠采取差别式修复方案很有必要。

针对常见的焊接缺欠：如裂纹、气孔、未熔合、未焊透及咬边等，在修复时，按照不同的标准要求应采取不同的修复方式。常见的修复要求分为以下两种情况：一是通过打磨可以去除的缺欠；二是通过补焊进行修复的缺欠。

7.2.1 表面缺欠打磨修复

打磨去除的尺寸要符合标准要求，打磨修复后要通过渗透检测确认，确保缺欠完全消除，不需要补焊。比如：对浅表面超标的气孔、咬边等缺欠进行打磨修复，打磨深度的控制按照某标准要求为0.1倍板厚，且≤0.5mm。打磨去除的缺欠如图7-7所示。

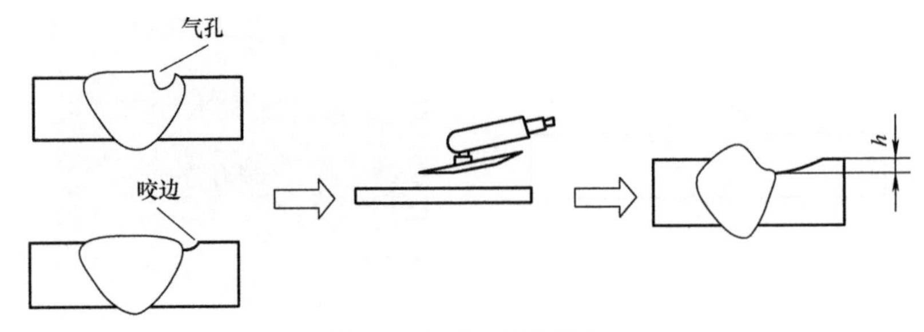

图 7-7　打磨去除的缺欠

注：h 为 0.1 倍的板厚，最大 0.5mm。

7.2.2　缺欠补焊修复

比如焊缝外部较深的裂纹、未熔合；焊缝内部的未熔合、未焊透、超差的气孔等缺欠，应使用表面切割、打磨等方法充分地去除裂纹，清除后开出坡口，坡口的形状根据缺欠的大小确定，通常开 V 形槽（坡口），然后对 V 形槽进行焊接。由于缺欠形态、数量、尺寸及位置的不确定性，因此导致缺欠清理后进行补焊的操作规程和操作注意事项也有所不同。

（1）根据缺欠清理后的表面状态选择不同的焊接操作规程　当缺欠清除后要进行补焊时，待补焊部位采取的焊接操作规程一般分为 3 种，采用单层单道焊接、采用多层多道焊接和单层堆焊焊接，补焊的方式如图 7-8 所示。选择何种操作规程要根据缺欠清理后 V 形槽的状态进行选择，当深度≤4mm、宽度可单道覆盖时，选择单层单道焊方式（见图 7-8a）；当深度≥5mm、宽度可单道覆盖时，选择多层多道焊方式（见图 7-8b）；如果 V 形槽表面尺寸较大，单道焊缝无法覆盖时，则可采用堆焊方式进行焊接（见图 7-8c）；修复浅表面缺欠，当清除深度较浅但面积较大时，可采用单层堆焊的方式（见图 7-8c）进行修复。

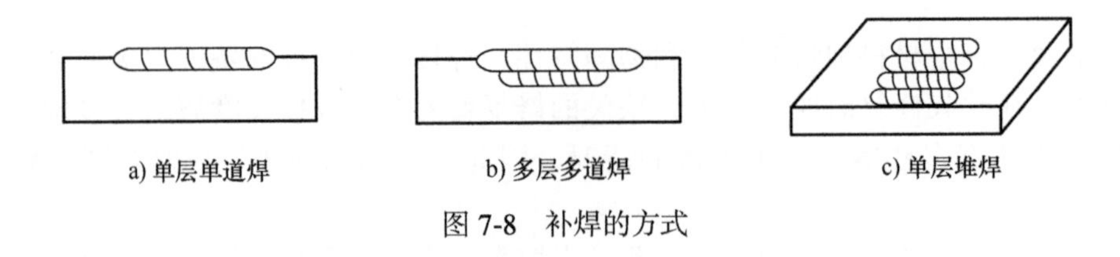

图 7-8　补焊的方式

（2）焊接修复时注意事项　不管修复何种焊接缺欠，焊前清理要严格执行，比如：焊前缺欠要完全去除，焊接区域的油污、杂质清理干净，焊接的 V 形槽（坡口）不要有尖锐棱角、根部要圆滑过渡；在焊接过程中要将焊接产生的黑灰、缺欠、起 / 收弧的部位打磨清理修整；焊后按照要求进行打磨和渗透检测等。

1）采用单层单道方式进行焊接。清理出的坡口，一般要有较明显的长宽比，避免出现大面积的圆形坡口。坡口两端最佳角度在 55° ～ 60° 之间，根部避免出现尖角，要圆滑过渡。坡口状态如图 7-9 所示。

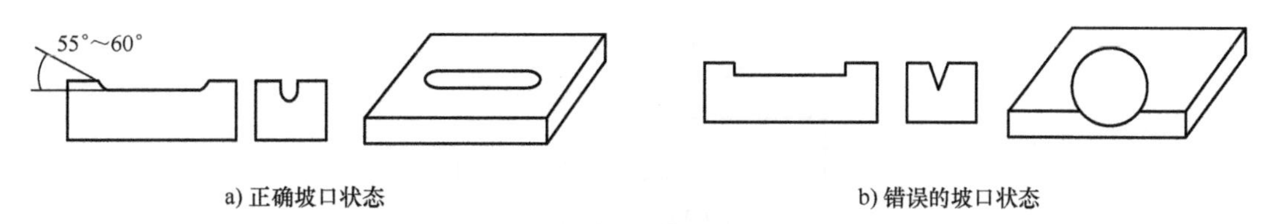

图 7-9　坡口状态

焊接起弧点放置在坡口外 15mm 左右，当焊接到坡口端部时，调整焊枪角度对准坡口面，然后沿坡口面调整焊枪角度至坡口根部，开始沿坡口的底部进行正常焊接。当焊接到坡口末端时，要按坡口角度调节焊枪角度，正式焊缝焊接结束后将收弧放置在坡口外 15mm 左右。操作流程如图 7-10 所示。

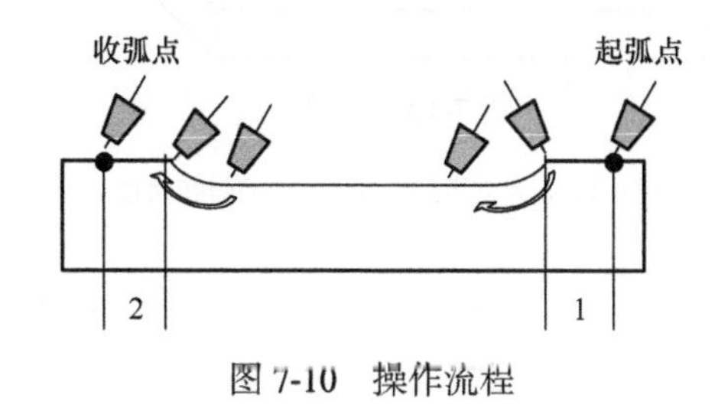

图 7-10　操作流程

注：1、2 的距离为 10 ～ 15mm。

2）采用多层多道方式进行焊接。坡口整备的原则与单层单道焊相同，区别在于打底焊和填充层的焊接，这两道焊缝是在坡口内进行焊接的，起弧点和收弧点的位置都要选择在两端的坡口壁上，起弧和收弧时的焊枪角度要根据坡口壁的角度进行调节，始终控制在有利于焊接的角度。在坡口两端的高度要大于焊缝的厚度，焊接结束后将起 / 收弧进行打磨去除，只保留正式焊缝，为下道焊缝的焊接打好基础，起 / 收弧的选择如图 7-11 所示。

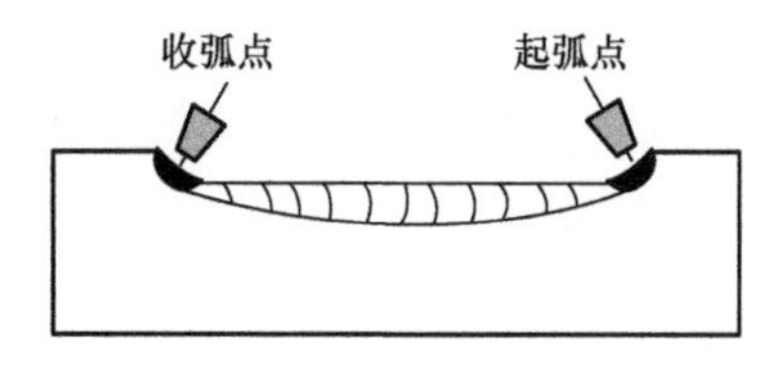

图 7-11　起 / 收弧的选择

注：阴影部分为焊后清除。

3）采用单层堆焊方式进行焊接。将浅表面缺欠清理干净后，第一道焊缝的起 / 收弧点选择在清理坡口两侧各 15mm 处，第一道焊缝焊接结束后，后续焊缝焊接时，电弧指向先焊焊缝的焊趾处，焊枪角度调整为与母材夹角 60° ～ 75° 之间，焊枪角度如图 7-12 所示；起 / 收弧放置在先焊接焊缝的起 / 收弧处，起弧后旋转摆动至待焊区域进行正式焊接。同理，焊接结束进行收弧时，向后摆动旋转至前道焊缝的收弧处，主要目的是将先焊接焊缝的起 / 收弧焊缝作为下道焊缝的引 / 引出板使用，最大限度地减少对母材的影响，焊接轨迹如图 7-13 所示。

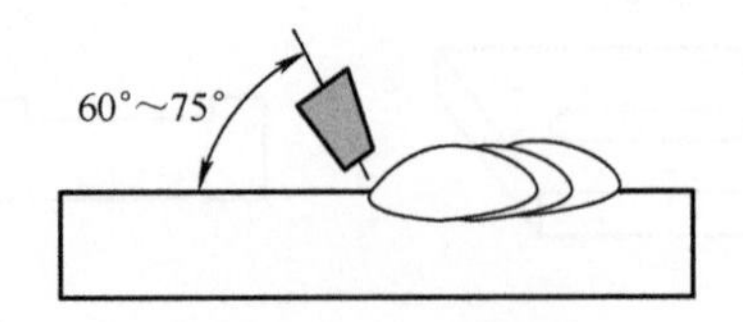

图 7-12　焊枪角度

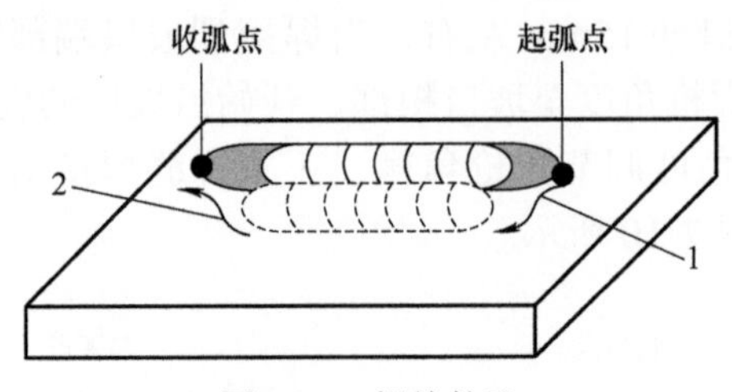

图 7-13　焊接轨迹

注：1、2 为下道焊缝起 / 收弧的焊接轨迹。

第8章

弧焊安全防护

焊接属于特种作业工种，必须遵守施工现场的各项安全要求及安全防护措施。施工现场的焊接作业，分为手工焊接、半自动焊接和自动焊接。尽管焊接工艺不同，但焊接安全要求和安全防护措施大致相同。焊工必须熟悉相关安全防护知识和安全防护措施，自觉遵守各项安全操作规程，避免发生安全事故。

8.1 电弧焊危害识别

焊接操作随时可能发生的火灾、爆炸、触电、灼烫、高处坠落和急性中毒等危害，以及焊接弧光辐射（包括紫外线、红外线以及可见光）、焊接烟尘、粉尘、有害气体、高频电磁辐射、噪声和热辐射等有害因素的影响，容易发生工伤事故和职业危害，并造成环境污染。其中，以焊接烟尘、有害气体、电弧光辐射最为常见，危害也最为广泛。

在焊接作业中产生污染环境的有害因素,可分为物理有害因素和化学有害因素两大类。

1）物理有害因素：包括电弧光辐射、高频电磁辐射、热辐射和噪声等。

2）化学有害因素：包括焊接烟尘以及有害气体等。各种焊接方法在焊接过程中产生的有害因素见表 8-1。

表 8-1 各种焊接方法在焊接过程中产生的有害因素

序号	焊接方法	焊接有害因素					
		有害气体	焊接飞溅	焊接烟尘	弧光辐射	噪声	高频电磁辐射
1	酸性焊条电弧焊	△	△	△△	△	△	
2	螺柱焊						△△
3	交流钨极氩弧焊	△△			△△	△	△△
4	熔化极单丝氩弧焊	△△	△	△△	△△	△	
5	熔化极双丝氩弧焊	△△	△	△△	△△	△	
6	埋弧焊	△		△△			
7	搅拌摩擦焊						

（续）

序号	焊接方法	焊接有害因素					
		有害气体	焊接飞溅	焊接烟尘	弧光辐射	噪声	高频电磁辐射
8	激光熔覆焊		△		△		
9	电阻点焊						△△
10	电子束焊						△△

注：△表示有害因素程度，其中△轻度，△△中度，△△△重度。

焊接中产生的有害气体平均容许浓度，分别为焊接烟尘（总尘）≤$6mg/m^3$，铝、氧化铝、铝合金粉尘（总尘）≤$3mg/m^3$，臭氧≤$0.3mg/m^3$，二氧化氮 <$5mg/m^3$。铝合金焊接过程中产生的危害因素叙述如下。

8.1.1 焊接烟尘

焊接烟尘是金属及非金属物质在过热条件下产生的高温蒸气。由于烟尘颗粒小，因此极易吸入人体的肺中。焊接烟尘能引起人的头晕、头疼、咳嗽及胸闷气短等，严重的能导致烟气中毒或尘肺病，长期吸入会造成肺组织纤维性病变，即焊工尘肺，且常伴随锰中毒、氟中毒和金属烟热等并发症。焊工尘肺的发病发展缓慢，病程较长，一般发病工龄为15～25年。

在焊接操作过程中产生的焊接烟尘主要是由填充材料或母材形成的氧化物、氟化物等。当这些有害物质超过容许浓度时，就会危害焊接人员的身体健康。形成焊接烟尘的高温蒸气主要来自于焊条或焊丝的液态金属及飞溅颗粒物。

在焊接、切割及相关工艺过程中的有害物质，取决于采取的焊接形式以及所用的焊接材料，是一种可吸入的空气污染物质，悬浮在空气中的颗粒非常小，一般尺寸 <1μm。根据对某厂地铁车体厂房铝合金焊接烟尘的测定：粒径≤0.28μm 占到总量的 79%（11%<0.1μm，43% 为 0.1～0.2μm，25% 为 0.24～0.28μm），因此是“可呼吸的”，并称为焊接烟雾（见图 8-1）。

a) 烟尘

b) 烟雾

图 8-1 焊接烟尘、烟雾

8.1.2　有害气体

在焊接过程中产生的有害气体，主要有一氧化碳、臭氧、氮氧化物、氟化物和氯化物等。

（1）一氧化碳（CO）　一氧化碳是无色、无味、无刺激性气体，密度是空气的1.5倍，主要来源于二氧化碳气体在电弧高温作用下分解。它极易与人体中的血红蛋白相结合，从而使血红蛋白失去正常的携带氧气的能力，而且极难分离，大量血红蛋白与一氧化碳结合，会使人体输送和利用氧的功能发生障碍，造成缺氧而坏死。

（2）臭氧（O_3）　臭氧是一种无色、有特殊刺激性气味的有害气体。臭氧是强氧化剂，易与各种物质发生化学反应，对呼吸道黏膜及肺部有强烈的刺激作用。由于在焊接中电弧光与等离子弧辐射出的紫外线使空气中的氧气分解成氧原子，因此氧原子和氧分子获得一定能量后互相撞击，生成臭氧。在通风条件较差的条件下进行氩弧焊时，臭氧浓度相当高，长期吸入低浓度臭氧，可引发支气管炎、肺气肿、肺硬化等疾病。

（3）氮氧化物（NO_x）　有刺激性气味的有毒气体，主要是二氧化氮，它为红褐色气体，有特殊臭味。当被人吸入后，会进入人体肺部与水反应，形成硝酸及亚硝酸，对肺部组织产生剧烈的刺激与腐蚀作用，造成呼吸困难，4～12h后逐渐出现恶心症状，最后引起致命肺部水肿。

氮气在火焰和电弧的边缘被空气中的氧气氧化生成氮氧化物。氮氧化物包括多种化合物，如氧化亚氮（N_2O）、一氧化氮（NO）、二氧化氮（NO_2）、三氧化二氮（N_2O_3）、四氧化二氮（N_2O_4）和五氧化二氮（N_2O_5）等。除二氧化氮外，其他氮氧化物均极不稳定，遇光、湿或热变成二氧化氮及一氧化氮，一氧化氮又变为二氧化氮。

（4）氟化物　氟化物是一种具有强烈刺激性气味的无色气体或液体，呈弱酸性，在空气中发出烟雾、蒸气有强腐蚀性和毒性，可由呼吸系统和皮肤吸收，造成气管炎和肺炎，同时能对全身产生毒性作用。

聚四氟乙烯（PTFE）在温度超过450℃时，可分解产生毒性极大的八氟异丁烯、氟光气等，刺激呼吸道黏膜和神经系统，严重时可导致肺水肿和中毒性心肌炎。因此，在热切割和焊接作业时，必须采取通风防毒措施。

（5）氯化物　在实际工作中，往往采用四氯化碳、三氯乙烯和四氯丁烯等对容器和管道进行脱脂。如脱脂后清洗不干净，在残留少量氯化物溶剂时焊接，会产生有毒的光气（$COCl_2$），损害人体健康。

（6）表面涂层材料所产生的气体HCN　HCN是一种带有苦杏仁味且不稳定的氢氰酸。当焊接表面带有表面防锈涂层或铬酸锌底漆时，所产生的气体取决于涂层的化学成分。在焊接时不仅会产生金属氧化物，还会形成一氧化碳、甲醛、氢氰化物和氯化氢等气体。HCN的危害类似于CO，可以极大地阻碍氧在血液中的运输。

8.1.3　颗粒状有害物质

（1）对肺部产生压迫的物质　对肺部产生压迫的物质主要有3种：①铁的氧化物（FeO、Fe_2O_3、Fe_3O_4），若长期高浓度地吸入，则会导致烟尘在肺中沉积，引发铁质沉积性铁尘肺病。但如果停止接触，肺内的铁质沉积会逐渐消散。②含Al_2O_3的烟尘会在肺中沉积，在某些情况下会发生铝尘肺病。停止接触后沉积不会逐渐消散，并对呼吸道产生刺激。③含 K_2O、Na_2O、TiO_2 3种氧化物的烟尘在肺中的沉积，被列入对肺产生压迫的物质。

（2）有毒物质　有毒物质主要有6种：①锰的氧化物（MnO_2、Mn_2O_3、Mn_3O_4、MnO），浓度高时，对人的呼吸道有刺激作用并导致肺炎，长期接触能损害神经系统从而导致麻痹症。②氟化物（CaF_2、KF、NaF等）浓度高时，对胃黏膜和呼吸道黏膜产生刺激，长期吸入且多量时，可导致对人体骨骼的慢性损害。③钡化物（$BaCO_3$、BaF_2）在烟尘中主要以水溶性形式存在，吸入后对人体有危害；当可溶性钡超过最大允许值时，会有少量钡的积累，在某些情况下导致人体组织缺钾。④氧化铅（PbO）可能导致血和神经中毒。⑤氧化铜、氧化锌，吸入它们的烟尘可引起中毒性“发热”。⑥五氧化二钒（V_2O_5）有毒并对眼睛和呼吸道有刺激作用。当浓度高于允许值时，会导致肺功能的损害。

（3）致癌物质　致癌物质主要有5种：①六价铬化物，以铬酸盐形式的六价铬化物和 CrO_3，对人体有致癌作用，尤其是对呼吸器官致癌较敏感。六价铬化物对黏膜也有刺激和腐蚀作用。②氧化镍（NiO、NiO_2、Ni_2O_3）对呼吸道有致癌作用。③氧化镉（CdO）有强烈的刺激作用，类似于亚硝酸气体，可导致严重的肺水肿。④氧化铍（BeO）通常有强毒性，含有Be的烟尘对上呼吸道有严重的刺激作用，出现急性金属烟尘中毒性发热，可导致慢性呼吸道发炎。⑤氧化钴（CoO）。当其浓度较高时，对呼吸系统有危害。

8.1.4　电弧光辐射

电弧光辐射的强度与焊接方法、焊接参数、施焊点的距离以及防护方法有关。各种明弧焊、保护较差的埋弧焊及处于造渣阶段的电渣焊要产生外露电弧光，形成弧光辐射。强烈的电焊弧光对眼睛会产生急性或慢性损伤，引起眼睛畏光、流泪、疼痛及晶体改变等症状，致使视力减退，重者可导致角膜炎、结膜炎（电光性眼炎）或白内障。另外，对皮肤也会产生急性或慢性损伤，出现皮肤烧伤感、红肿、发痒及脱皮，形成皮肤红斑病，严重时可诱发皮肤癌变。

红外线对人体的危害主要是引起组织的热作用，眼睛被弧光的可见光照射后，会使眼睛疼痛看不清东西，通常叫作“晃眼”，眼部长期被红外线照射，会造成红外线白内障。此外，焊接电弧的紫外线辐射对纤维的破坏能力强，可导致棉布工作服氧化变质。为保护眼睛不受电弧光伤害，焊接时必须使用特制防护镜片的变光面罩（见图8-2）。

a) 电弧光辐射

b) 焊接飞溅

图8-2　电弧光辐射及焊接飞溅

8.1.5 高频电磁辐射

当交流电的频率达到每秒振荡 10 万次以上时，周围形成高频率电场和磁场称为高频电磁辐射。等离子弧焊和钨极氩弧焊采用高频振荡器引弧时，会形成高频电磁辐射。

高频电磁场用高频引弧时，产生的高频电磁场强度在 60 ～ 110V/m 之间，超过参考卫生标准（20V/m）数倍。但由于时间很短，对人体影响不大。如果频繁引弧，或将高频振荡器用作电弧稳定装置，以便在焊接过程中连续使用，则高频电磁场可成为有害因素之一。

高频电磁波对人的影响是使人头昏、头痛、乏力、记忆力减退、失眠、多梦、心悸、易激动、消瘦和脱发等。但对于钨极氩弧焊和等离子弧焊来说，由于所使用的高频振荡器频率为 250kHz，属于长波段低频率范围，且仅在焊接操作引弧时使用，引弧后自动切断，因此对焊接操作人员的影响很小，对肌体不会造成伤害。

8.1.6 热辐射

绝大多数焊接过程是利用高温热源将金属加热至熔化状态进行连接的，因此焊接时有大量热能以辐射形式向作业环境中扩散，叫作热辐射。

焊接电弧有 20% ～ 30% 的热量要逸散到焊接环境中，使环境温度升高；预热工件或焊后保温时均会使焊接环境温度升高。若焊接环境温度过高，则可导致作业人员代谢机能显著变化，使人大量出汗，体内水盐比例失调，从而增加人员触电危险性。

焊接作业要特别注意高温下的防护问题，严格控制环境温度不要过高，及时供给作业人员含盐汽水，以补充人体内的水盐含量，严防触电事故发生。

8.1.7 放射线

放射线主要指钨极氩弧焊和等离子弧焊的放射性污染和电子束焊的 X 射线污染。焊接过程中的放射线污染不严重，钍钨极一般被铈钨极所取代，对电子束焊 X 射线的防护主要是屏蔽以减少泄漏。

放射性铈钨极中的铈为放射性元素，但钨极氩弧焊铈钨极的放射性很小，在允许范围之内，危害不大。如果放射性气体或微粒进入人体成为内放射源，则会严重影响身体健康。

8.1.8 噪声

噪声是指强度和频率变化均无规律的声音。在焊接环境中，噪声存在于一切焊接方法中。其中，声强很大、危害突出的焊接方法是等离子弧切割、等离子弧喷涂以及碳弧气刨，其噪声强度可达 120 ～ 130dB 或更高。焊工接触的噪声还来自于其他操作（如锤击、打磨、切割设备等），这些噪声远高于焊接操作及设备产生的噪声强度，故应采取措施，防止伤害。

在高噪声环境中工作，短期会产生听觉疲劳，当长期在高噪声环境中工作时，由于持续不断地受到噪声的刺激，日积月累，听觉疲劳会发展成噪声性耳聋，即职业性听力损失，还可引起消化不良、呕吐、头疼、血压升高及失眠等多种疾病。焊接噪声已经成为某些焊接和切割工艺中存在的主要有害因素。

8.1.9 有害物质引起的损害

（1）焊工尘肺 X射线形态学和病理组织学研究成果证实，焊工尘肺既不是铁粉末沉着症，也与烟肺不同，而是焊工吸入以氧化铁为主，同时混有氧化锰、二氧化硅和氟化物等混合烟尘和气体，长期慢性综合作用所致的一种混合性尘肺。焊工尘肺对肺器官产生轻度损害，肺部形成的纤维化组织是一种不可逆病变。焊工尘肺的发病比较缓慢，发病工龄大都在20年左右，但也有3～5年的发病者。焊工尘肺临床症状一般较轻，主要表现为胸闷、胸痛、气短、咳嗽和咳痰等；严重者可因肺气肿或支气管扩张而咳血。在患者胸部X光照片上呈网状阴影，个别病例晚期出现块状阴影，胸膜改变较小，并发肺结核较少，为2%～3%。

（2）氟中毒和焊接烟热 氟中毒是长期吸入氟含量很高的烟尘引起的一种骨质硬化的病变，通常称为"氟骨症"。长期吸入可溶性氟化物烟尘，还会出现上呼吸道刺激症状，最初的症状是口渴、咽喉痛；严重时身体发热，第二天四肢无力，出现所谓焊接烟尘热。

（3）锰中毒 在使用高锰堆焊焊条、焊丝作业中，长期吸入高浓度锰的烟尘，可发生锰中毒。锰中毒一般呈慢性过程，初期症状为头晕、头痛、失眠、记忆力减退、疲乏无力及关节酸痛等症状，严重时出现四肢不灵敏、走路困难和书写困难等。

8.2 焊接作业防护

焊接是一种热加工手段，在我国装备制造业中应用十分广泛，如特种设备的制造、安装、维修和改造等。其要求焊工根据有关规定必须持证上岗，除严格履行工艺要求外，还必须做好自身防电、防尘、防毒、防火、防爆、防烫伤、防噪声、防辐射和防机械外伤等防范措施。其工作环境中存在多种危险源。对于焊工来说，掌握焊接作业安全注意事项，提高自身安全操作技能，才能在焊接作业中有效避免各种危害，保证自身安全。

8.2.1 劳动保护用品种类

焊工在焊接作业前必须正确穿戴好个人劳动保护用品，如安全防护帽、防阻燃工作服、焊接防护手套、焊接防护劳保鞋、焊接自动变光面罩、护目眼镜、防尘口罩、耳塞、焊接防护头套、焊接防护脚套及焊接防烫牛皮反穿衣等劳动保护用品（见图8-3）。

（1）安全防护帽 安全帽的主要作用是防止高空坠落物造成头部伤害；防止物体打击的伤害；防止机械性的损伤；防止污染毛发造成伤害。安全帽是用来保护头部而佩戴的钢制或类似原料制的浅圆顶帽子，防止冲击物伤害头部的防护用品。安全防护帽不应贮存在酸、碱、高温、日晒及潮湿等处所，更不可与其他硬制物品一起存放（见图8-4）。

（2）焊接防护工作服 防护工作服的种类很多，最常用的是防阻燃棉布工作服。防阻燃棉布工作服有隔热、耐磨、不易燃烧、可防止烧伤和烫伤等作用。焊接与切割作业的工作服，不能用一般合成纤维织物制作。全位置焊接工作的焊工应配有皮制工作服（见图8-5），行业防飞溅服分类见表8-2。工作服应做到三紧：领口紧、袖口紧、下摆紧。

a) 防阻燃工作服

b) 棉衣

c) 焊工防护服

d) 领口紧

e) 袖口紧

f) 下摆紧

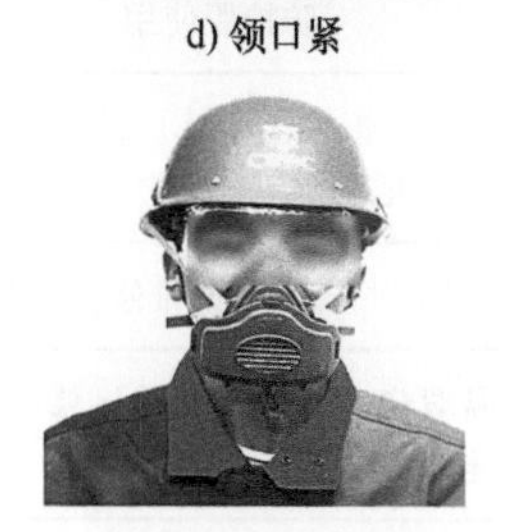

g) 防尘口罩、护目眼镜

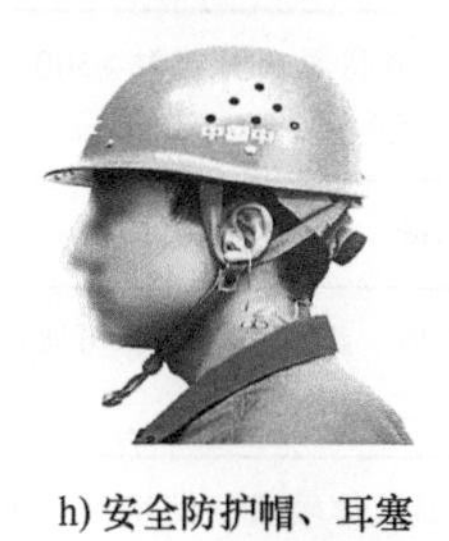

h) 安全防护帽、耳塞

i) 焊接自动变光面罩、焊接防护头套

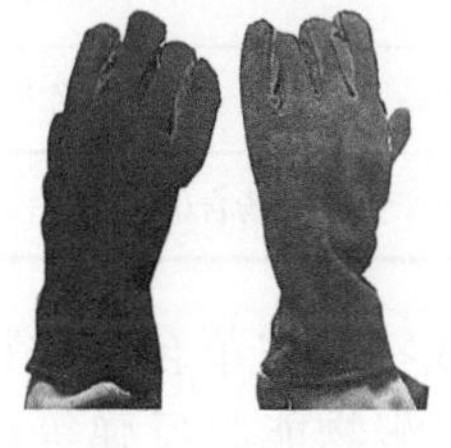

j) 焊接防护手套

k) 防护劳保鞋

l) 焊接防护脚套

图 8-3　劳动保护用品穿戴示意

a) 钢制非圆顶

b) 圆顶

图 8-4 安全防护帽

a) 整套

b) 局部

图 8-5 焊接防护工作服

表 8-2 行业防飞溅服分类

序号	防护服种类	防护服作用	防护服使用
1	防金属喷溅隔热服	阻燃、隔热、耐磨、耐高温，可接触 >500℃高温固体和防熔金属的喷溅物	钢、铜、铝、锰冶炼厂的炉前工作服，铸造、锻压工作服
2	防蒸汽喷溅隔热服	阻燃、隔热、反射热量、不可接触火焰	电厂及工厂蒸汽管网维修作业服
3	隔热服	阻燃、隔热、反射热量、耐火焰燃烧、可接触 <500℃高温固体	高温煅烧工作服、窑炉维修、水泥厂、锅炉维修工作服
4	防喷溅阻燃服	阻燃、防 >800℃高温液体喷溅、防熔融金属喷溅	钢、铜、铝、锰冶炼厂工作服
5	防静电阻燃服	阻燃、不产生静电及火花	加油站、易燃化工厂等工作服
6	防阻燃服	阻燃、耐磨、耐高温	焊接产生飞溅场合的工作服

（3）焊接防护手套　焊接防护手套一般由耐高温、阻燃或特殊皮革合制材料制成，具有防触电绝缘功能、耐高温、耐磨损、阻燃及对高温金属飞溅物能起反弹等作用。以焊条电弧焊焊机为例，空载电压一般在 50 ～ 90V 之间。相比 36V 交流安全电压，焊机空载电压对于焊接操作人员同样属于危险电压。因此，焊接防护手套必须达到安全耐压 3000V，经检验合格后方能使用，焊接防护手套如图 8-6 所示。

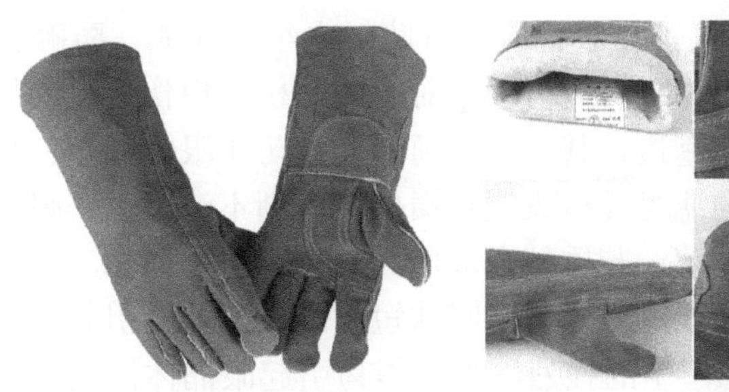

a) 手套全貌　　b) 手套局部

图 8-6　焊接防护手套

（4）焊接防护劳保鞋　焊接防护劳保鞋应具有防触电绝缘功能、防砸、耐高温、耐磨损和防滑的性能，焊接防护鞋的橡胶鞋底，经 5000V 耐压试验合格后方能使用。如在易燃易爆场合焊接时，鞋底不应有鞋钉等金属物，以免产生摩擦火星导致事故发生。在有积水的地面焊接或切割作业时，焊工应穿经 6000V 耐压试验合格的防电击焊接防护劳保鞋，焊接防护劳保鞋如图 8-7 所示。

图 8-7　焊接防护劳保鞋

（5）焊接防护变光面罩　焊接防护变光面罩具有双重滤光，避免电弧产生的紫外线和红外线有害辐射，以及焊接强光对眼睛造成的伤害，杜绝电光性眼炎的发生；有效防止作业出现的飞溅物和有害体等对脸部造成侵害，降低皮肤灼伤症的发生。气流导向，有效减少焊接释放的有害气体和烟尘等对体内造成侵害，预防尘肺病的发生。

光控焊接变光面罩，起弧前可以清楚地看见焊件，起弧瞬间（1/25000s）自动变暗。光控焊接面罩是一种应用了光探测技术与液晶技术的新型焊接面罩。内部的光电传感电路在检测到焊接时产生的光线（主要是红外线或紫外线），经过放大，触发液晶的控制电路，并根据预设的光透过率在面罩的液晶（透射式 TN 液晶）施加相应的驱动信号。液晶作为光阀将改变其透光度。将滤去焊接产生对人眼有害的红外线及紫外线。同时将强光减弱到人眼可以承受的弱光。与传统的焊接面罩相比，不仅保护了操作人员的健康，更可以清晰地观察焊接的全过程，它是传统焊接面罩的理想替代品。外壳材料耐高低温，耐腐蚀，阻燃，质地柔软，不透光，强度高，经久耐用。高质量的液晶显示屏，多层干涉滤光片可提供清晰的视野，抗紫外线、红外线辐射达 99.99%，广泛应用于手工焊、氩弧焊、气体保护焊、等离子弧焊及各类焊接操作，焊接防护变光面罩如图 8-8 所示。

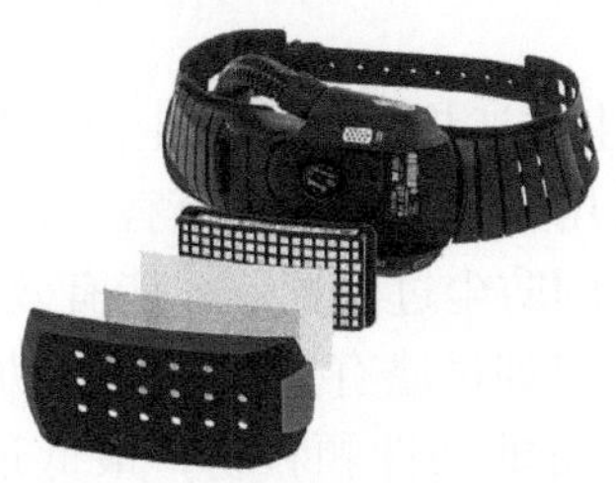

a) 送风式面罩　　b) 送风机结构

图 8-8　焊接防护变光面罩

（6）焊接护目眼镜　焊接护目眼镜应具有防触电绝缘功能、防砸、耐高温和耐磨损的性能，主要用于防金属飞溅物或打磨清理等对眼睛的机械损伤。眼镜片和眼镜架应结构坚固、抗打击。框架周围装有遮边，其上应有通风孔。防止眼镜受潮、受压，以免变形损坏或漏光，如焊接护目眼镜的滤光片被飞溅物损伤或模糊不清晰时，则应及时进行更换。焊接护目眼镜片可选用钢化玻璃、胶质粘合玻璃或铜丝网防护镜。

焊接作业时产生的紫外线或可见光，对眼球短时间照射就会引起眼角膜和结膜组织的损伤（以 28nm 光最严重）。产生的强烈红外线很易引起眼晶体混浊。焊接护目眼镜能有效阻截红外线和紫外线，对眼睛起到很好的保护作用，焊接护目眼镜如图 8-9 所示。

a) 3M护目镜

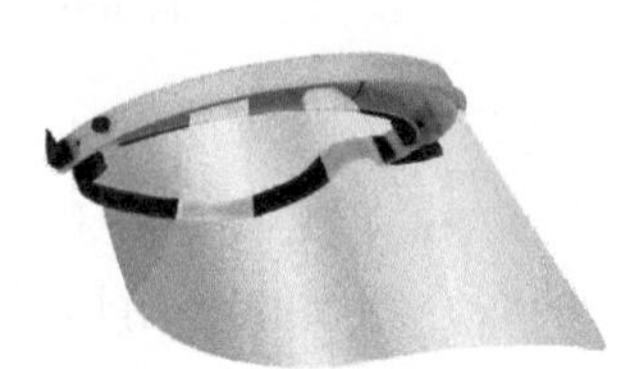
b) 护目罩

图 8-9　焊接护目眼镜

（7）焊接防尘口罩　焊接防尘口罩是从事和接触粉尘、烟尘作业人员必不可少的防护用品，主要用于含有低浓度有害气体和蒸气的作业环境。有些军用防尘、防毒口罩，主要由活性炭布制成，或用抗水、抗油织物为外层，玻璃纤维过滤材料为内层，浸活性炭的聚氨酯泡沫塑料为底层，可在遭受毒气突然袭击时提供暂时性防护。有效过滤工业粉尘、焊接烟尘，用于铸造、打磨及化工等作业生产人员呼吸系统的防护。

在焊接与切割作业时，当采用整体或局部通风不能使烟尘浓度降低到容许浓度标准以下时，必须选用合适的防尘口罩，过滤焊接烟尘、粉尘及颗粒物等，焊接防尘口罩如图 8-10 所示。

a) 整体

b) 结构

图 8-10　焊接防尘口罩

（8）焊接防尘过滤棉　焊接防尘过滤棉是从事和接触烟尘、粉尘作业人员必不可少的防护用品，主要用于含有低浓度有害气体和蒸气、粉尘的作业环境。在焊接与切割作业时，必须选用合适的防尘过滤棉，才能有效地过滤焊接烟尘、粉尘及空气中颗粒物等。

活性炭过滤棉起到过滤有害物的重要功能。由于焊接烟尘颗粒径一般 <0.1μm 因此可高效过滤细微粉尘等非油性颗粒物，最低过滤率为 95%，适用于矿山、铸造、金属冶炼及打磨等作业产生的粉尘防护，能够有效地防止焊接烟尘、粉尘的职业伤害，焊接防护过

滤棉如图 8-11 所示。

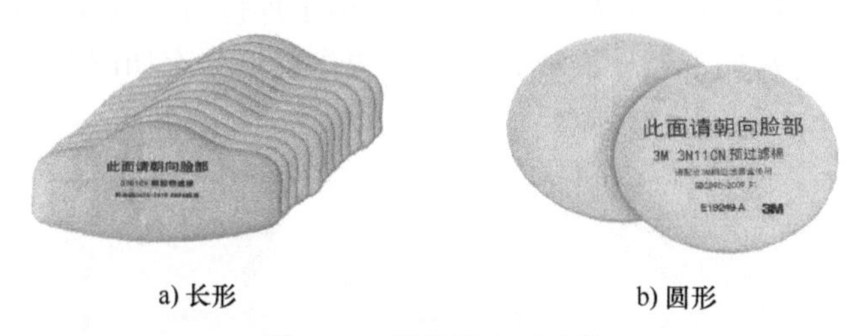

a) 长形　　b) 圆形

图 8-11　焊接防尘过滤棉

（9）焊接防护耳塞　焊接防护耳塞国家标准规定工作企业噪声不应超过 85dB，最高不能超过 90dB。为了消除和降低噪声，经常采取隔声、消声、减振等一系列噪声控制技术。一般生活条件下噪声以不高于 40dB 为宜，超过 75dB 则有危害，可造成听力下降、耳鸣、耳痛和耳聋等。作业前将制式防护耳塞放置外耳道内，即可起到防护作用，焊接防护耳塞如图 8-12 所示。

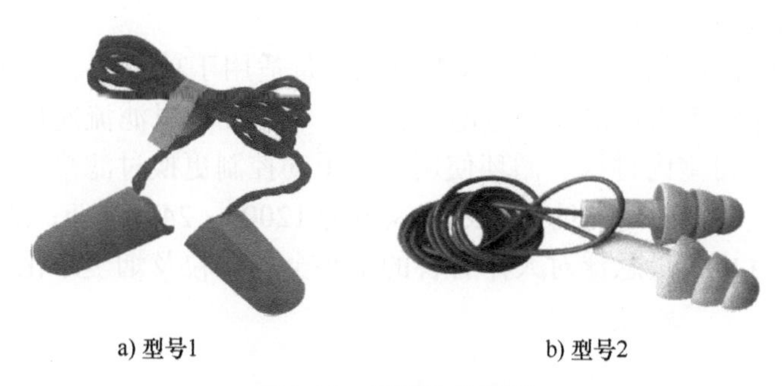

a) 型号1　　b) 型号2

图 8-12　焊接防护耳塞

（10）焊接防护头套　焊接防护头套一种对于头部、面部、颈部整体防护头套，具有绝缘、耐热、阻燃和对高温金属飞溅物能起到反弹作用；对焊接弧光、打磨粉尘、焊接飞溅、固体微粒物具有广泛的防护作用，焊接防护头套如图 8-13 所示。

（11）焊接防护脚套　焊接防护脚套对脚部、小腿部位起到整体防护，具有防触电绝缘、隔热、阻燃及对高温金属飞溅物能起到反弹作用；对焊接弧光、打磨粉尘、毛刺、焊接飞溅、固体微粒物具有广泛的焊接防护作用，焊接防护脚套如图 8-14 所示。

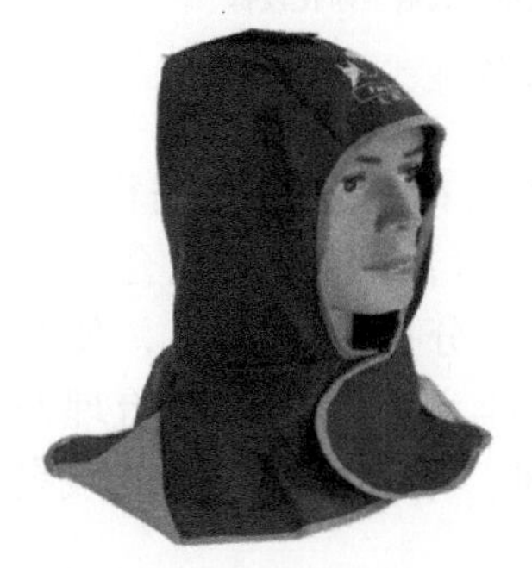

图 8-13　焊接防护头套

图 8-14　焊接防护脚套

（12）焊接防烫牛皮反穿衣　焊接防烫牛皮反穿衣种类很多，具有防触电绝缘、隔热、耐磨、耐高温、防焊接飞溅和防弧光辐射等作用。用于焊接与切割作业的防烫牛皮反穿衣，采用优质牛皮或猪皮特殊加工制作而成，焊接防烫牛皮反穿衣如图 8-15 所示。

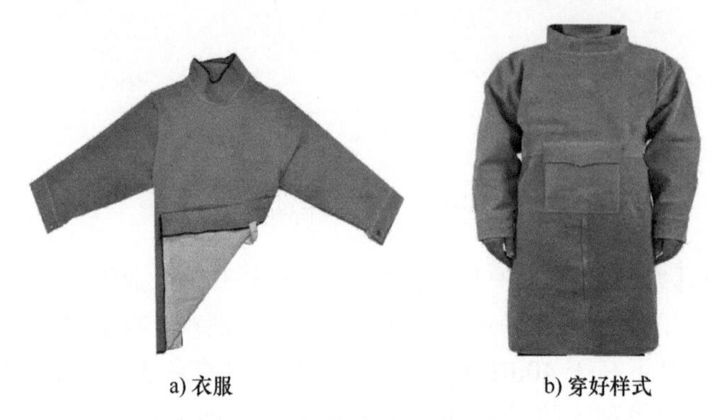

a) 衣服　　b) 穿好样式

图 8-15　焊接防烫牛皮反穿衣

（13）焊接烟尘净化设备

1）移动式烟尘净化设备。移动式烟尘净化设备适用于单工位、双工位除尘作业，风量大、噪声大。采用滤筒为过滤器，过滤面积大，单位面积过滤流速低，吸烟效果较好，过滤效率达到 85%，可室内排放、循环使用。需手动控制更换过滤垫片，使用维护方便，可随意移动，不受发尘点固定的约束，处理风量为 1200 ～ 2400m³/h；适用于焊接、切割、打磨时，产生在空气中大量悬浮对人体有害的细小金属颗粒及烟尘净化，移动式烟尘净化设备如图 8-16 所示。

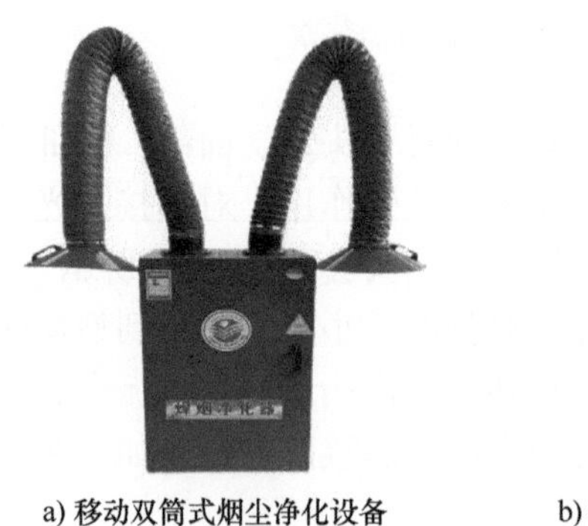

a) 移动双筒式烟尘净化设备

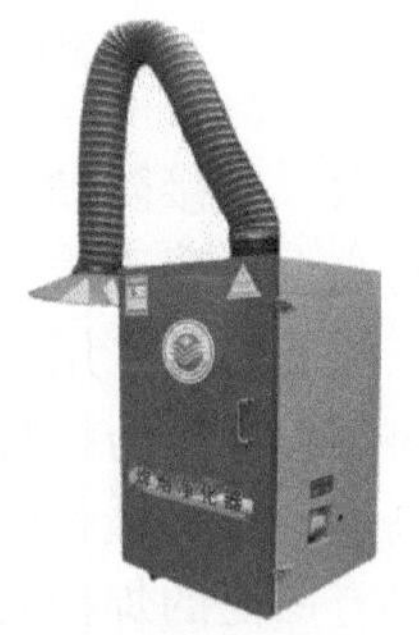

b) 移动单筒式烟尘净化设备

图 8-16　移动式烟尘净化设备

2）中央式烟尘净化设备。中央式烟尘净化设备是在组合式空调机中增加 PTFE 高效滤筒过滤除尘功能，送风、回风经过高效滤筒过滤后，在与新风混合后，经冷却（加热）处理输送至焊接厂房内，有效率达到 99%。通过分层送风气流，使含有烟尘的空气经回风管道进入烟尘净化设备，经过过滤，有毒、有害气体的治理及温湿度调节后，再输送至车间内，为车间内补充一定量的新风，中央式烟尘净化设备如图 8-17 所示。

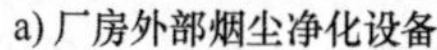

a) 厂房外部烟尘净化设备

b) 厂房内部烟尘净化设备

图 8-17　中央式烟尘净化设备

焊接烟尘净化器，又称为金属焊接净化设备，主要对机械加工制造厂、汽车总装厂、维修喷漆厂及其相关行业焊接时产生烟尘、粉尘而设计的高效除尘装置，适用于电弧焊、二氧化碳气体保护焊、MIG 焊、MAG 焊、等离子弧焊、碳弧气刨焊、气割和特殊焊接等产生烟尘的作业场所。

8.2.2　焊前安全注意事项

（1）焊接设备状态

1）焊前必须正确穿戴好个人劳动防护用品，如安全防护帽、护目眼镜、防尘口罩和耳塞，以及防阻燃工作服、防护劳保鞋等。

2）焊前检查焊接作业所使用的工装、工具、设备设施状态是否良好，安全防护装置是否完好有效，按照安全标准进行状态确认；特种作业人员必须持有特种作业操作证上岗。

3）检查焊接设备各个部件状态是否良好，特别是电源箱的线缆、焊接地线、水箱，以及送丝机构的压轮、外壳，以及焊枪的线缆等，焊接设备不能倾倒。设备开起后，无振动、噪声、异味等情况。

4）焊接设备的电缆应完好无损，接地线需要连接在工件上，不允许直接接在工装上（有特殊要求的除外），地线夹钳必须夹紧、无松动。焊枪开关自如，无顿挫、停滞感；焊枪喷嘴应无破损，内腔干净，无飞溅物附着，导电嘴需拧紧、无烧损。

5）焊接保护气体使用前，需要空放 15s 以上，检查焊接保护气体流量是否稳定、消耗是否正常。水冷焊机的水箱注水口需堵住、塞紧，同时保证所盛装的冷却水在限位刻度范围内。

6）自动焊接设备开起前检查轨道上是否有异物，焊枪位置及操作轨迹是否有碰撞风险，开起时注意观察周边环境，防止磕碰、伤人。

7）焊枪操作检查保护气体状态及纯度、送丝是否顺畅、起弧是否平稳、焊接过程电弧是否稳定，自动焊时，注意龙门行走是否平稳。

8）焊接开工前需验证焊接设备送丝状态、连续焊接性能、焊接设备保护气体输送状态、焊接电流显示值等焊接设备性能参数是否符合相关焊接工艺规程要求，通过焊接后检测焊缝成形质量确认焊接设备焊接性能，验证方式采用堆焊焊接形式。方法如下：在当天作业内容中选任一组焊接参数在试板上进行试焊，试焊时连续焊缝长度≥300mm，确认焊接参数符合焊接工艺规程要求，焊接后检测焊缝外观质量，合格后再进行下一步工作。

9）焊接场所要保持清洁，对有害气体、灰尘、金属粉末、油漆及湿气必须要有充分的防护。严禁利用金属结构件、易燃易爆管道、轨道或其他金属物体搭接等作为焊接二次回路使用。

10）焊接设备必须设置单独的电源开关。焊接设备的配电系统开关、漏电保护装置等必须灵敏有效，开关箱内必须装设二次空载降压保护器，导线绝缘必须良好。焊接设备的绝缘检查、接线、装设开关必须由电工完成。

11）施工前应检查焊接设备、线路、焊接设备外壳保护接零等，确认安全后方可作业。焊接作业现场周围10m范围内不得堆放易燃易爆等危险物品。焊接设备必须安装在通风良好、干燥、无腐蚀介质、远离高温高湿和多粉尘的地方；焊接设备外壳必须设有可靠的保护接零，必须定期检查焊接设备的保护接零线。接线部分不得腐蚀、受潮及松动。

12）更换焊条、焊丝时，应佩戴焊接绝缘防护手套，身体切忌靠在工件上，以防触电；不要将焊接电缆缠绕在身上或脚底上，焊接设备运行时，不得触摸导电部分。

13）焊接设备安装时应做好防雨措施，以免受潮。一次线长度应≤5m，二次线长度应≤30m，一次、二次接线柱处应添加防护罩，避免发生触电事故。

14）施工时严禁拖拉电缆移动焊接设备，移动焊接设备时必须切断电源。焊接中途突然停电时，必须立即切断电源。登高焊接或切割作业时，必须系好安全带，焊接区周围和下方应采取防火措施，并应设专人监护。

15）施工时应站在干燥的绝缘板或胶垫上作业，配合人员应穿绝缘鞋或站在绝缘板上；绝缘鞋的绝缘情况应定期进行检查。

16）焊接设备悬臂支架使用前对其伸缩结构、旋转部位等进行状态检查，防止焊接设备在使用过程中脱落。焊接转台使用前进行状态点检，工件需固定牢靠，工件翻转过程中严禁人员在翻转范围、坠落范围等危险区域。铝合金焊接作业危害分析见表8-3。

表8-3 铝合金焊接作业危害分析

序号	作业步骤	危险源及潜在危害	安全控制措施
1	作业前点检	设备、设施点检不到位	1. 作业前检查作业使用的工装工具、设备设施状态良好，安全防护装置完好有效，按照各点检表点检标准进行安全状态确认 2. 特种作业人员持特种作业操作证上岗 3. 正确穿戴本岗位的劳动防护用品
2	手持电动、风动工具作业（打磨、切割、铣削等）	个人防护不到位	打磨作业前、中正确穿戴安全防护帽、护目眼镜、防尘口罩和耳塞，工作服、防砸鞋等劳动防护用品

（续）

序号	作业步骤	危险源及潜在危害	安全控制措施
2	手持电动、风动工具作业（打磨、切割、铣削等）	手持式电动、风动工具状态不良	1. 作业前点检打磨片、铣刀完好，无裂纹、缺刃、受潮情况 2. 使用的打磨工具、电缆盘电源线、插头、漏电保护器完好无破损（适用电动打磨工具） 3. 作业前点检确认手持电风动工具外观无裂纹，无破损，防护罩、防护挡板完好有效 4. 砂轮、刀具的装夹牢靠，无松动，压紧螺母或螺栓无滑扣，有防松措施 5. 作业前合理布置管道路线，防止他人绊倒、拖拽
		手持式电动、风动工具操作不当	1. 手握的位置不得靠近磨片、刀头 2. 打磨时严禁砂轮旋转方向对着人员 3. 电动工具本身的软电缆或软线不得任意接长或调换，不能拖软线移动电动工具，避免损坏 4. 使用手持电风动工具，砂轮和工件接触不能施加太大压力，防止砂轮破碎伤人。操作者必须戴护目眼镜，旋转方向不得有人，尽量设置防护屏 5. 打磨完毕放下工具前必须确认刀头已停转，且立即拔下电源、风源插头
3	焊接作业	个人防护不到位	焊接作业前正确穿戴防尘口罩或通风变光面罩，通风变光面罩各附件状态良好；佩戴耳塞、阻燃反穿衣等个人防护用品
		焊接设备操作不当	1. 严禁利用厂房金属结构、管道、轨道等作为焊接二次回路使用 2. 使用焊机悬臂架前对其伸缩结构、旋转部位等进行状态点检，防止焊机脱落 3. 使用焊接转台前进行状态点检，工件固定牢固，工件翻转过程中严禁人员在翻转范围、坠落范围等危险区域 4. 各接头连接牢固、电源线无裸露破损
4	渗透作业	检测作业操作不当	PT 检测作业时，非操作人员距离 2m 以上，操作人员佩戴活性炭防尘口罩、防护服等防护用品。着色剂存量不得超过一个作业班的使用量，存放或盛装检测试剂的容器应加盖密封，存放地点要阴凉，避免阳光直射，远离热源和火源
5	压紧工装作业	自动压紧工装 / 设备操作不当	1. 进行工装压紧时，工装及胎位上不准有人员作业，操作人员在进行压紧操作前告知工装或设备周围的作业人员保持安全距离 2. 严禁将手或其他部位放置在工装压紧行程周围
6	零部件取放与安装作业	物品搬运码放不牢固	搬运物件尽量采取蹲式，不宜采取弯腰式，凡重量超过 20kg 的物品，不准一个人进行搬运。两人以上同时作业时，要一人指挥喊口号，并保持一定间隔，一律顺肩，步调一致，手脚不要伸到物件底部。码放时应做到轻装轻放，重不压轻，大不压小，捆扎牢固；垛堆重物时要堆稳当，垛堆要按指定区域存放
7	焊接作业结束	焊接作业结束后清理、检查不到位存在的隐患	焊接工作结束后，切断电源、风源；收拾工具、配件，摆放到指定位置并摆放整齐；场地清扫干净，废弃物分类处理；检查工装设备是否归位并做好交接班

（2）工具的正确使用

1）打磨作业前需检查所使用的打磨工具处于良好状态，电动打磨工具的电源线缆应完好无损。检查打磨片、铣刀等工具完好无异常、无裂纹、缺刃及受潮情况。

2）风动打磨工具的风管无龟裂、无空气泄漏，打磨片无裂纹等。打磨工具起动后无异响，运转平稳。

3）施工前检查确认手持电动与风动工具外观无裂纹、破损，防护罩、防护挡板完好有效。砂轮、刀具的装夹牢靠，无松动，压紧螺母或螺栓无滑扣，必须设有防松措施。

4）电动工具本身的软电缆或软线不得任意接长或调换，不能拖软线移动电动工具，避免损坏，防止拖拽，避免绊倒他人。使用的电动打磨工具、电缆盘电源线、插头和漏电保护器等都应完好无损。

5）使用手持电动、风动工具时，砂轮和工件接触不能施加太大压力，防止砂轮破碎伤人。操作者必须佩戴护目眼镜，旋转方向不得有人，尽量设置防护屏。

6）打磨作业清除焊渣、黑灰，采用不锈钢碗刷、笔刷时，应佩戴防护眼镜和面部全遮挡面罩，防止铁渣、毛刺飞溅伤人；打磨时严禁砂轮旋转方向对着人员。

7）施工作业结束后，收拾工具、配件，摆放到指定位置并摆放整齐；焊接作业场地清扫干净，废弃物分类、归置处理；检查风、水、电、气等关闭情况，确认无误后，检查工装设备是否归位并做好记录，确认无问题后方可离开工作现场。

第 9 章 典型案例

9.1 蜂窝铝的 TIG 焊

随着铝合金铝箔的成功轧制，蜂窝铝发展达到了一个新的水平，蜂窝铝芯的拉伸、压缩、剪切强度等也得到了很大提高，在航空航天、轨道交通和建筑等领域得到广泛应用。近年来，随着高速动车组发展蜂窝铝制造应用引起广泛的关注，蜂窝铝制造的车体与人部件焊接制造以及司机室、侧墙、端墙和顶棚等，有效地减轻了高速动车组结构重量。本案例通过 TIG 焊接说明蜂窝铝板结构、性能特点，介绍蜂窝铝在高速动车组车体与大部件焊接中的应用现状。

9.1.1 蜂窝铝的结构

蜂窝铝结构是由上下两块铝面板，中间夹六角形、十字形、长方形、圆形、波纹形、双曲形或三角形等孔格的蜂窝状芯材，铝面板与蜂窝芯材通过高温钎焊使芯材与铝板连接在一起的中空复合结构板材而成（见图 9-1）。蜂窝铝是一种新型环保材料，具有质量轻、比强度较高、抗振、隔热、隔音和耐冲击等优点。

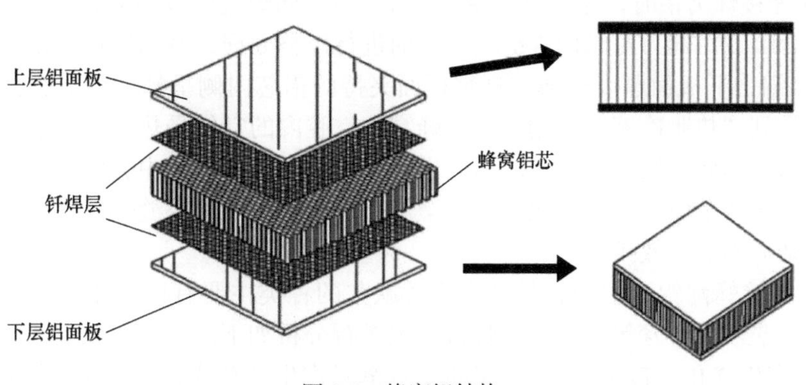

图 9-1　蜂窝铝结构

9.1.2 蜂窝铝板的特点与力学性能

蜂窝铝外观与普通铝板相同，由于铝面板与蜂窝芯材实现物理或冶金结合性能，因此抗压强度、抗弯强度、抗冲击能力和抗温度变化能力等，均得到改善和提高。

蜂窝铝与普通铝板相比，具有以下特点。

（1）质量轻、密度小　蜂窝铝是一种多孔性不连续材料，实体部分的截面积小、密度小，是一种较轻的板材。由蜂窝芯制成的蜂窝铝板的密度为 300 ～ 400kg/m³，约是相同体积普通铝板的 11% ～ 14%。因此，蜂窝铝在高速动车组上应用可节省大量能源。

（2）强度高、刚性好　蜂窝铝板承受弯曲载荷时，当上面板被拉伸的同时，下面板则被压缩，蜂窝芯传递剪切力。结构稳定性好、不易变形，具有抗压能力和抗弯能力。

（3）抗冲击、减振性好　蜂窝铝具有较好的韧性和回弹性，在承受外载荷时，能吸收大部分能量，具有良好的抗冲击、减振效果。

（4）隔音、隔热　蜂窝铝具有良好的隔热、隔音性能。在蜂窝铝实体部分体积仅占 1% ～ 3%，其余空间内是处于密封状态的气体，因为气体的隔热、隔音性能优于任何固体材料，所以蜂窝铝具有良好的隔热和隔音性能。

（5）无污染、符合现代环保潮流　蜂窝铝由铝合金材料制造而成，使用后可以通过回收反复利用，环保节省资源。

9.1.3 蜂窝铝板 TIG 焊

1. 背景描述

在铝合金车体的焊接制造过程中，蜂窝铝制造车体以及司机室、侧墙、端墙和顶棚等大部件能有效地减轻高速动车组结构重量。TIG 焊接蜂窝铝常用焊接接头形式有对接接头、角接接头、搭接接头。常用焊接位置分为平焊、横焊、立焊和仰焊。

TIG 焊接蜂窝铝与普通铝板相比，操作难点如下。

1）蜂窝铝在加工过程中板材表面黏附的润滑油、杂质、油脂等污物，以及铝芯内侧呈空腔蜂窝状态，焊前难以对蜂窝铝芯内侧进行清理，只能对蜂窝铝板表面及加工端面进行单侧清理，不能彻底清除蜂窝铝板背面的氧化膜。

2）TIG 焊接蜂窝铝时，焊前组装要求较高，沿纵向焊缝组装端面必须平整、无毛刺，需要使用铝合金专用锉刀对纵向焊缝组装端面进行修整处理，蜂窝铝组装需达到零间隙。

3）蜂窝铝上下板面厚度较薄，蜂窝板面夹持的铝芯内侧呈蜂窝状空腔状态，板材在焊接加热后受到“热胀冷缩”作用，会使蜂窝状空腔内的空气受热上浮；由于铝芯内侧呈蜂窝空腔状态，因此难以对蜂窝铝芯内侧进行清理，在焊接过程中会使空腔内侧空气以及内侧未清除的污物杂质在受热熔化后上浮至焊接熔池中，导致焊缝金属凝固后熔池内部的气体及污物杂质不能有效排出。

在 TIG 焊接蜂窝铝过程中，易产生焊接缺欠的种类主要有以下几种：气孔、根部未熔合、夹渣、裂纹和焊穿等。现针对焊接缺欠进行分析如下。

（1）易产生气孔　TIG 焊接蜂窝铝时，焊缝易产生气孔或密集气孔缺欠（见图 9-2）。主要原因是蜂窝铝在加工过程中黏附板材表面的润滑油、杂质和油脂等污物，以及蜂窝铝芯内侧空腔呈蜂窝状，焊前只能对蜂窝铝板进行单侧清理，不能彻底清除表面氧化膜。铝的熔点为660℃，而氧化膜的熔点温度为2050℃，两者之间熔化温度相差较大，环境温湿度、焊接保护气体纯度与焊接流量、母材与填充金属的含氢量等影响，都会造成气孔或密集性气孔等缺欠问题。

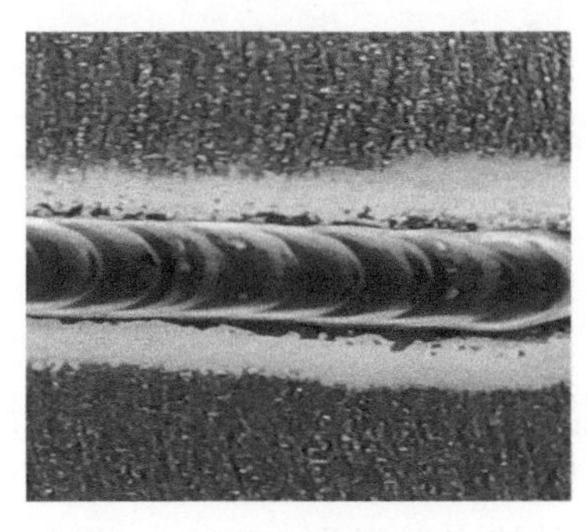

a) 气孔

b) 密集性气孔

图 9-2　气孔、密集性气孔缺欠

（2）易焊穿、下塌　TIG焊接蜂窝铝时，焊缝易出现焊穿、下塌缺欠（见图9-3）。由于蜂窝铝板内侧空腔呈蜂窝状，焊前只能对蜂窝铝板进行单侧清理，因此造成空腔内侧清理不到位，焊接过程中焊缝熔池由固体转变为液态时呈耀眼椭圆状，且焊缝熔池无明显的颜色变化，若焊接参数选择不合理、焊接速度较慢、焊接装配间隙不合理，以及焊接过程中因受热不均匀而致使错边或变形等，易造成焊穿、下塌缺欠。

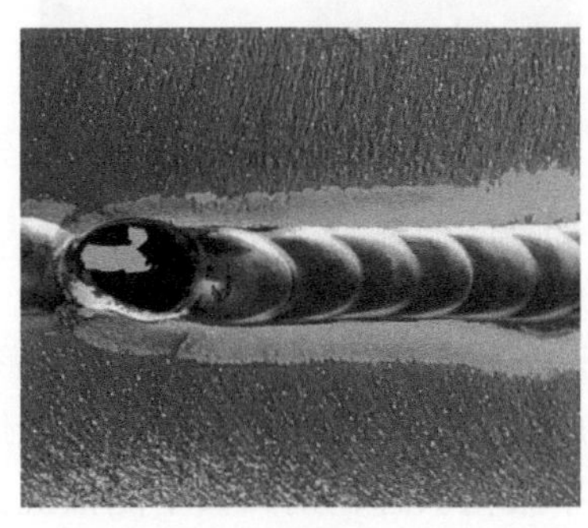

a) 焊穿

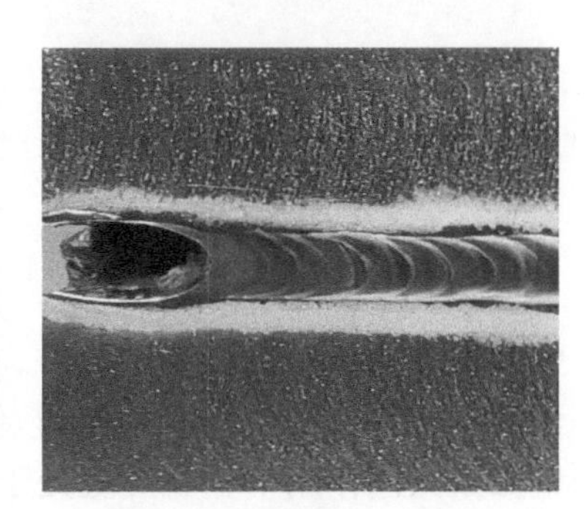

b) 下塌

图 9-3　焊穿、下塌缺欠

（3）易产生根部未熔合　TIG焊接蜂窝铝时，在焊缝起弧位置和收弧位置易出现根部未熔合或熔合不良缺欠（见图9-4）。由于蜂窝铝板内侧空腔呈蜂窝状，因此焊前只能对蜂窝铝板进行单侧清理，不能彻底清除蜂窝铝板背面氧化膜；起弧位置蜂窝铝板处于室温状态，起弧位置焊接温度较低、散热速度快、冷却速度快；起弧位置焊缝温度未达到熔化状态或未产生熔池状态情况下，将填充金属送至焊缝熔池中；焊接过程中出现焊接电弧偏至板材一侧、因受热不均匀致使错边变形、焊钨极与熔池或钨极与焊丝接触使焊接电弧发生变化且不集中、焊接操作速度过快未达到充分熔合状态，以及焊接至收弧位置焊接速度过快等情况，均会造成根部未熔合或熔合不良缺欠。

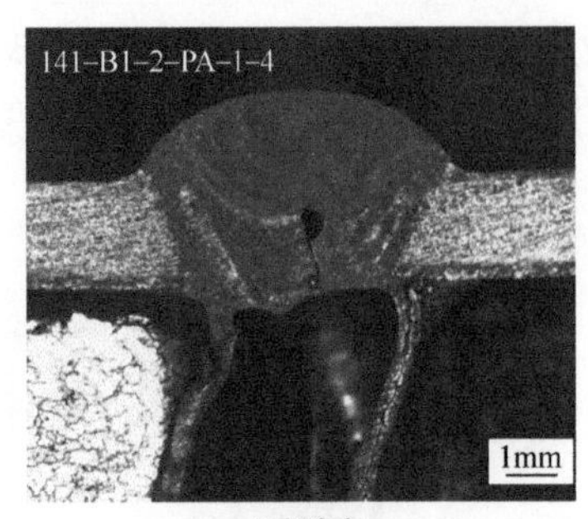

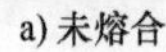
a) 未熔合　　b) 熔合不良

图 9-4　根部未熔合、熔合不良缺欠

（4）易产生夹钨、夹渣　TIG 焊接蜂窝铝时，因使用焊接电流过大，钨极端头与熔池金属发生接触或钨极与填充金属端部发生碰撞，使填充金属端头熔化后过渡到焊缝熔池中，铝的填充金属熔点温度为 660℃，而钨极的熔点温度为 3410℃，两者熔点温度相差较大且材质不同，易出现填充金属端部严重氧化、钨极端头形状烧损严重等问题，造成夹钨、夹渣缺欠（见图 9-5）。

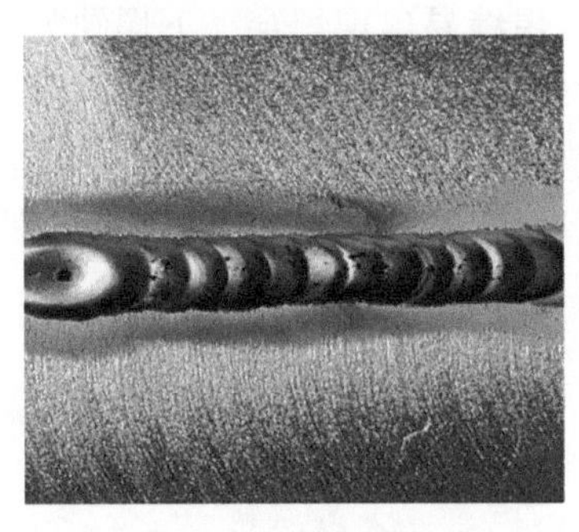

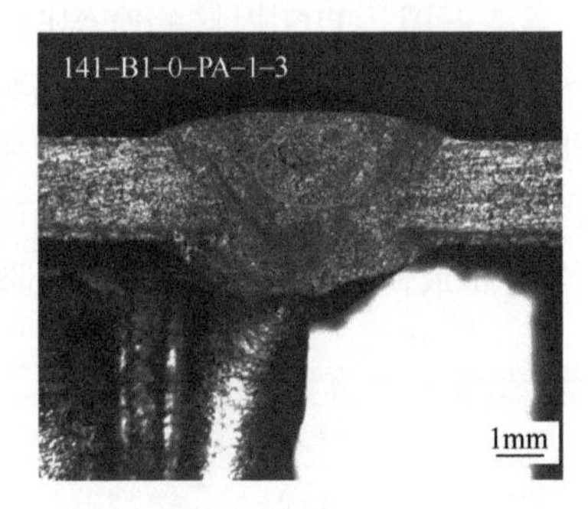

a) 夹钨　　b) 夹渣

图 9-5　夹钨、夹渣缺欠

（5）易产生热裂纹　TIG 焊接蜂窝铝时，因蜂窝铝面板材厚度较薄、线膨胀系数较大、晶间产生液态薄膜，接头承受较大的拉伸拘束应力，以及母材中含有较多低熔点共晶物，所以在这些影响因素共同作用下，若焊缝处于半熔化状态，则因其不能抵抗拉应力而发生开裂现象。另外，当焊接填充金属与母材不匹配、焊接参数选择不合理时，也会造成焊接裂纹缺欠（见图 9-6）。

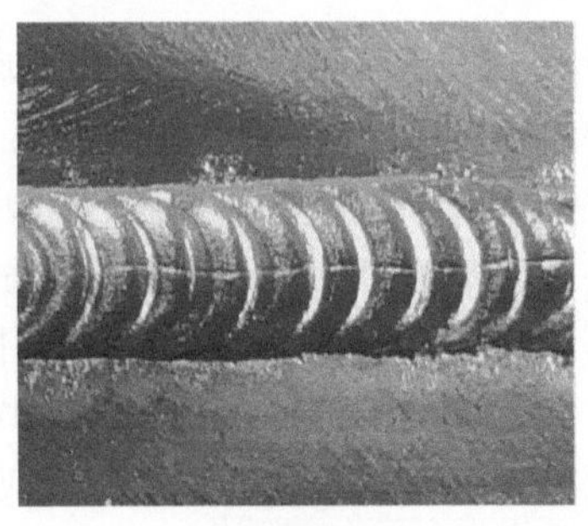

a) 表面热裂纹　　b) 内部热裂纹

图 9-6　热裂纹缺欠

2. 缺欠解决措施

（1）气孔解决措施

1）在保证焊接质量的同时，选用合理的焊接参数。

2）焊前需严格清理蜂窝铝板表面及加工端面蜂窝铝材在加工过程中黏附于板材表面的润滑油、污物油脂，以及铝材表面氧化膜吸附的潮气与水分等。

3）蜂窝铝内侧空腔呈蜂窝状，因此应选择正确的焊接速度，严格控制熔池在液态金属的停留时间，使空腔内侧和熔池内的气体有效地排出。

4）严格控制原材料与填充材料的含氢量，在现场工作条件允许的情况下进行烘干保温，随用随取。

5）检查惰性气体管路和冷却水管路潮湿或不密封，出现漏气现象，混入空气、潮气或水分。

6）TIG 焊接时，焊枪不宜与工件距离太近或太远，需根据现场实际情况决定；选择适宜的焊接喷嘴和保护气体流量，有效地保护焊缝液态金属。

7）严格控制焊接环境温度≥8℃、相对湿度≤80%；特殊情况需要进行焊前预热、焊后缓冷，以减缓熔池冷却速度，延长熔池存在时间，有利于气孔的逸出或减少焊缝气孔的产生（见图 9-7）。

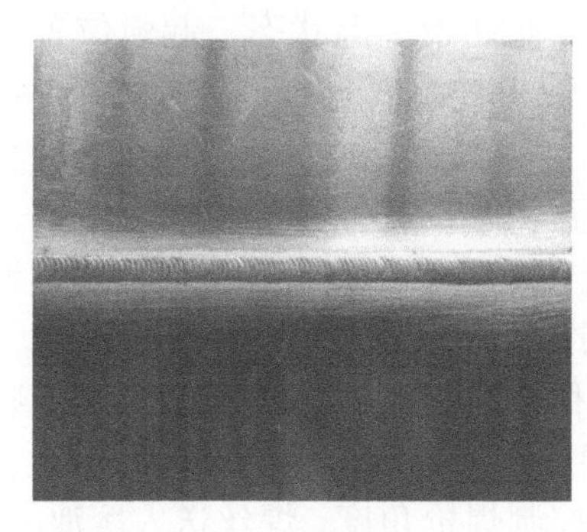
a) 表面

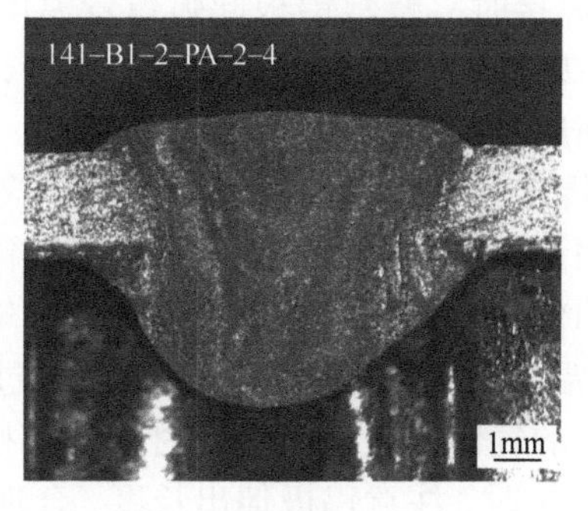

b) 截面

图 9-7　气孔、密集气孔改善后效果

（2）焊穿、下塌解决措施

1）焊前需严格清理蜂窝铝材在加工过程中黏附于板材表面的润滑油、污物油脂，以及铝材表面氧化膜吸附的潮气与水分等。

2）蜂窝铝内侧空腔呈蜂窝状，铝在液态下颜色无明显变化，因此应注意观察熔池的形状和大小，控制熔池液态金属停留时间不宜过长。

3）在保证焊接质量的同时，焊接速度不宜过快或过慢，根据现场实际情况决定；选用合理的焊接参数进行操作。

4）根据实际要求合理地选用焊接装配间隙。若焊接装配间隙过大，则焊接时易出现焊穿、下塌现象；若焊接装配间隙过小，则焊接时达不到熔深及单面焊双面成形的要求。

5）焊接过程中不断观察熔池情况，随时注意调整焊枪和焊丝的角度，利用填充金属给熔池起到“冷却过渡”的作用，从而减少焊穿、下塌缺欠的产生（见图 9-8）。

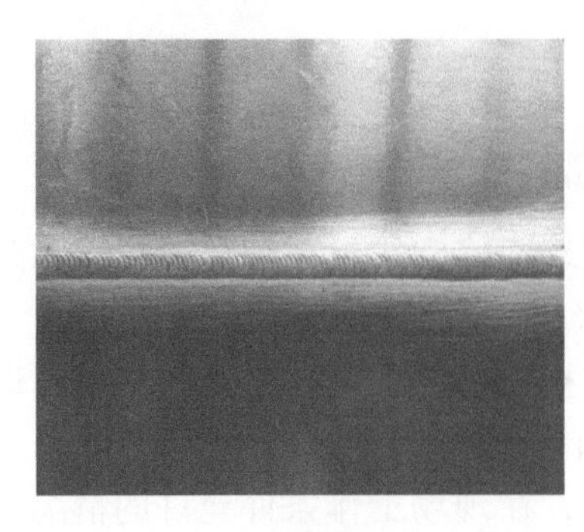

a) 表面

b) 截面

图 9-8　焊穿、下塌改善后效果

（3）根部未熔合解决措施

1）由于蜂窝铝材在加工过程中存在黏附于板材表面的润滑油、污物油脂，以及铝材表面氧化膜吸附的潮气与水分等，因此焊前需使用铝合金清洗剂清理蜂窝铝板正反面；然后使用不锈钢丝刷去除表面氧化膜，露出金属光泽。

2）在保证焊接质量的同时，根据现场实际情况决定焊接速度，不宜过快或过慢；选用合理的焊接参数进行操作。

3）TIG 焊接时，蜂窝铝板起弧位置温度较低处于室温状态，起弧位置采用调整起弧电流装置，对蜂窝铝板起弧端起到预热作用，使板材温度升高，可有效避免出现起弧位置端部未熔合问题。

4）TIG 焊接时，收弧处蜂窝铝板处于高温状态，收弧处焊接温度较高，焊接操作速度过快，采用调整收弧电流衰减装置，该功能使焊接电流缓慢降低，使蜂窝铝板收弧处起到减缓热量的作用，可有效地避免出现收弧端部未熔合问题。

5）蜂窝铝内侧空腔呈蜂窝状，在焊接过程中时刻观察熔池液态金属的状态，使空腔内侧和熔池内的气体有效排出，同时结合焊接操作来控制未熔合缺欠的产生。

6）TIG 焊接时，注意钨极伸出长度，合理控制焊枪角度、焊丝送入熔池的速度及时机、送至熔池中的熔滴大小，且需使熔滴过渡的大小保持一致，才能得到满意的焊缝熔合质量。

7）蜂窝铝起弧位置易出现根部未熔合缺欠，收弧位置易出现焊接热裂纹或弧坑裂纹缺欠。TIG 焊接蜂窝铝板时，两侧需要加装引弧板和引出板，引弧板和引出板应与母材平齐顺滑。引弧板与引出板上引弧长度≥30mm。焊接完成后，通过机械方式去除引弧板和引出板，然后对端部焊缝进行打磨平整（见图 9-9）。

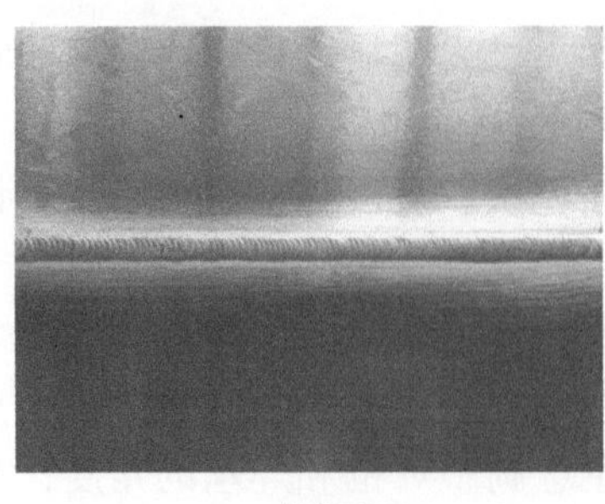

a) 表面

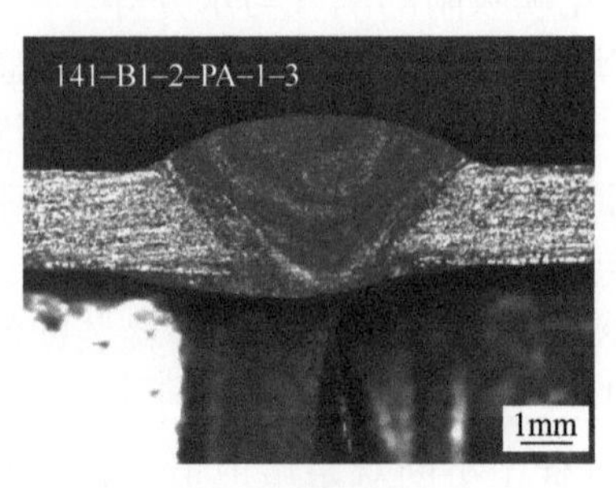

b) 截面

图 9-9　根部未熔合改善后效果

（4）夹钨、夹渣解决措施

1）焊前仔细清理母材、焊材表面的氧化物、油脂等污物。

2）焊接过程中注意对焊缝熔池金属的保护，焊丝端部不得离开气体保护区域，防止焊丝端部氧化。

3）TIG 焊接时，钨极伸出长度不宜过长，钨极伸出长度以喷嘴外 5 ～ 6mm 为宜。要注意钨极与熔池之间的距离或钨极与焊丝之间的距离，三者之间严禁发生接触，防止因钨极烧损造成焊缝局部夹钨而形成夹渣（见图 9-10）。

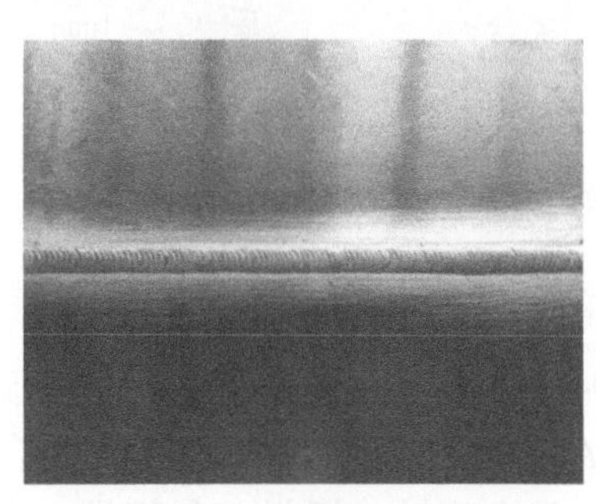

a) 表面

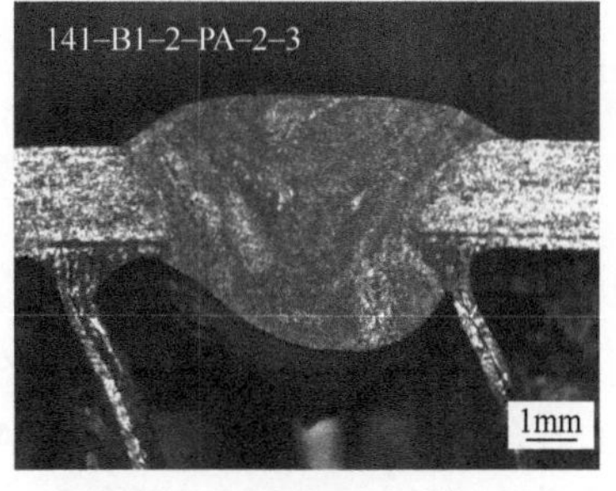

b) 截面

图 9-10　夹钨、夹渣改善后效果

4）在保证焊接质量的同时，根据现场实际情况决定焊接速度，不宜过快或过慢。选用合理的焊接参数进行操作，焊接电流应在钨极许用范围内。

5）TIG 焊接时，钨极长时间使用会产生烧损，如钨极烧损严重，则会将污物随之过渡到焊缝熔池金属中，造成夹钨，因此需及时更换钨极。

（5）热裂纹解决措施

1）由于蜂窝铝板材料厚度较薄，因此应尽量采用焊接电流下限值（根据现场实际情况决定），观察焊接熔池并适当加快焊接速度，减少熔池金属在液态时的停留时间。

2）在 TIG 焊接蜂窝铝过程中，焊缝起弧位置和收弧位置不宜操作过快，避免导致因起弧位置未熔合而形成裂纹缺欠，收弧位置采用收弧电流衰减装置填满弧坑，避免弧坑裂纹的产生。

3）正确选择焊接材料，焊丝成分应与母材匹配。

4）调整焊缝金属的化学成分，改善焊缝组织，细化焊缝晶粒，以提高其塑性，减少或分散偏析程度，控制低熔点共晶物的有害影响。

5）在焊接过程中仔细观察熔池情况，随时注意调整焊枪和焊丝的角度，利用填充金属给熔池起到“冷却过渡”的作用，可有效避免裂纹缺欠的产生。

6）蜂窝铝收弧位置易出现焊接热裂纹或弧坑裂纹缺欠。TIG 焊接蜂窝铝板时，两侧需要加装引弧板和引出板，引弧板和引出板应与母材平齐顺滑。引弧板与引出板上引弧长度≥30mm。焊接完成后，通过机械方式去除引弧板和引出板，然后对端部焊缝进行打磨平整（见图 9-11）。

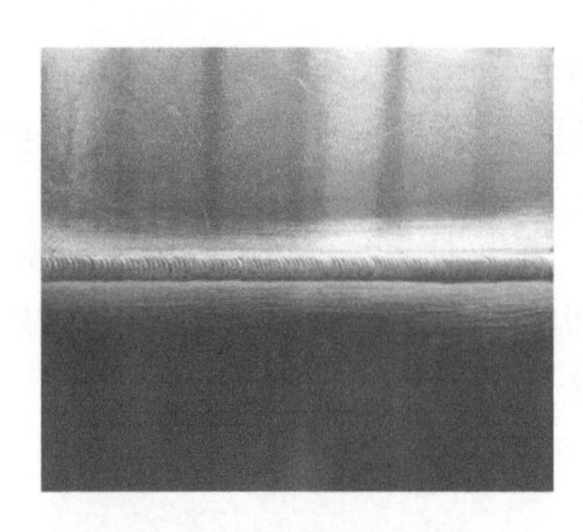
a) 表面

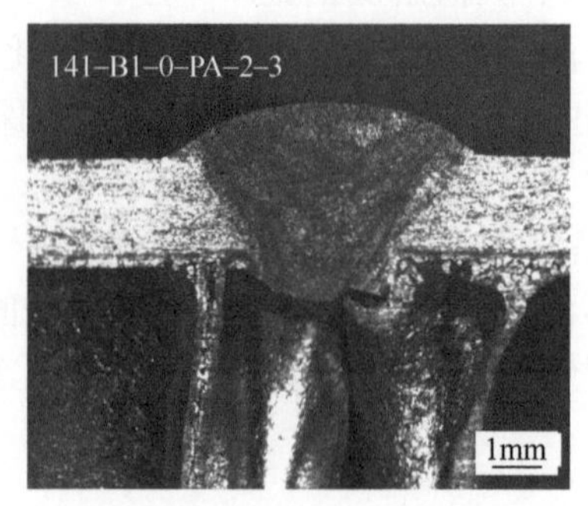

b) 截面

图 9-11　热裂纹改善后效果

3. 母材微观组织及分析

蜂窝铝面板母材的宏观与微观组织如图 9-12 所示。由图可知，从表面到内部其材质分别为 A4343 铝合金、A3688D 铝合金、A6A02 铝合金，其中 A4343 铝合金为钎料，A3688D 铝合金为包铝层，A6A02 铝合金为面板的基材，钎料、包铝层、基材是通过热轧方式组合在一起的。A3688D 铝合金为 Al-Mn 合金，在高温条件下不与 N_2 发生反应。A6A02 铝合金外表面盖覆一层 A3003 铝合金，如此能确保铝蜂窝板结构在钎焊时可以使用 N_2 作为保护气，大大降低了制造成本。

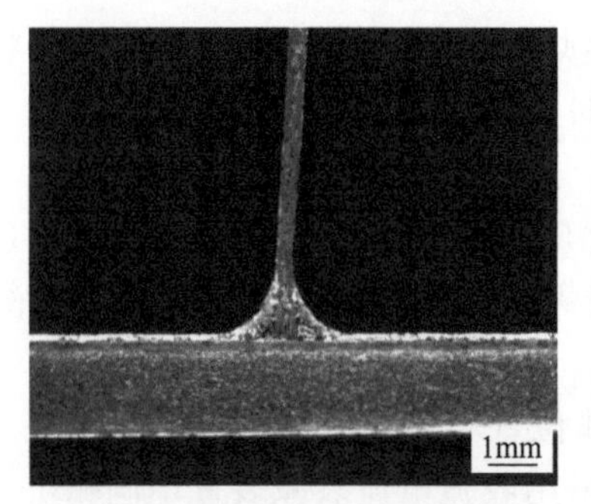

a) 蜂窝铝面板宏观组织

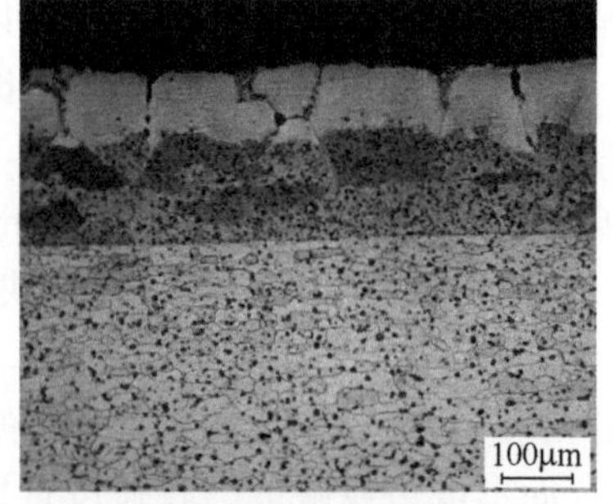

b) 蜂窝铝面板微观组织

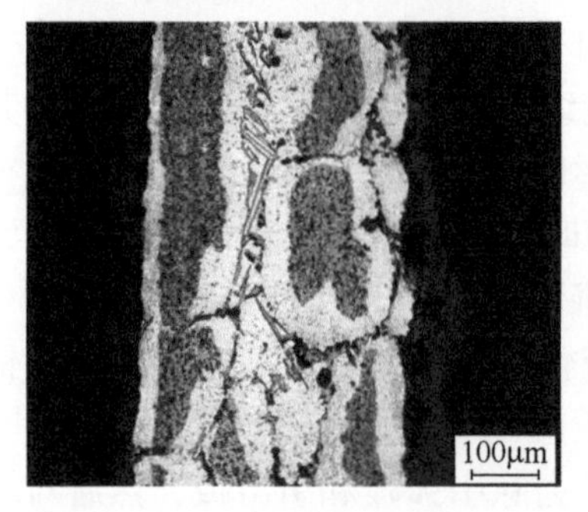

c) 芯材

d) 芯材与面板连接部位

图 9-12　蜂窝铝面板母材的宏观与微观组织

4. 实施效果

通过了解蜂窝铝的结构特点，分析在高速动车组车体制造过程中易出现的焊接缺欠问题，针对这一系列缺欠问题制定了相对应的改善措施。从焊前准备、焊接操作的优化，以及特殊问题的灵活处理等一系列改进措施，有效地改善了在蜂窝铝板焊接时易出现的根部未熔合、气孔、热裂纹、焊穿和夹钨等问题，并依据相关标准进行有效的检测。通过采用上述焊接工艺改善措施，蜂窝铝焊接质量得到了非常明显的提高，经射线检测和宏观检测，合格率达到 100%，减少了焊缝返修概率、消材使用量大的问题，并且有效地保证了焊缝内部质量，提升了焊接质量和生产效率，降低了劳动强度，创造了可观的经济效益（见图 9-13）。此方法已在高速动车组车体的焊接中得到广泛应用，取得了良好的经济效果，在实际生产中有较高的推广价值。

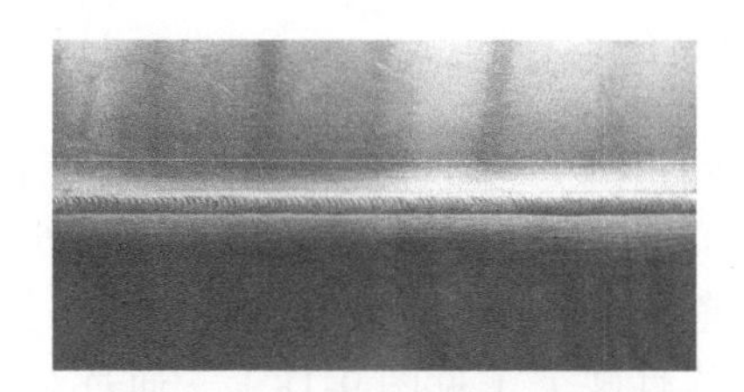

图 9-13　TIG 焊接蜂窝铝效果

9.2　铝合金狭小空间的焊接

9.2.1　背景描述

在铝合金车体焊接过程中，经常会遇到一些因操作空间受限而难以焊接的焊缝（见图 9-14），以及需要在焊缝端部进行封头或包角焊缝的焊接（见图 9-15）。若在焊接过程中因操作空间受限、可达性较差而不便进行焊接操作，则极易导致焊缝出现根部未熔合、封头线性缺欠、焊缝外观成形不良等问题。现将此类型焊接缺欠进行分析如下。

图 9-14　空间受限焊缝

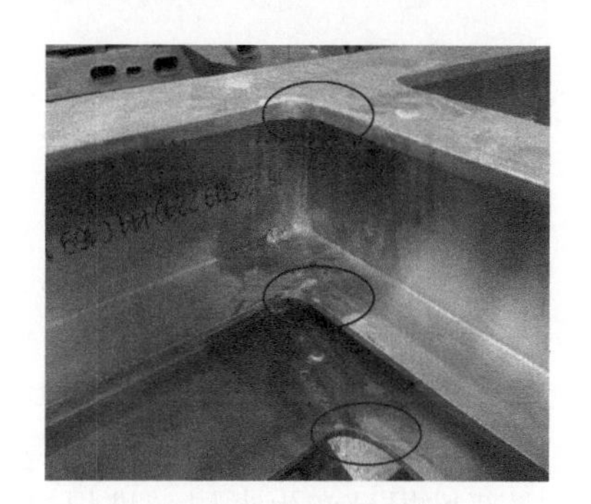

图 9-15　封头焊缝

（1）根部未熔合　铝合金车体对接焊缝时，在起弧位置和焊缝末端缺欠率的概率较高，焊接完成后易产生根部未熔合缺欠（见图 9-16），主要是因为焊接过程中操作空间受限。在高度 150mm 的箱形内进行施焊，焊接时焊枪角度受限、可达性较差，焊接过程中仅剩下 30° 左右的空间供焊枪摆动，焊接电弧对坡口根部操作困难，在有限的空间内焊枪摆动角度受限易造成“熔池先行”现象，从而产生未熔合缺欠（见图 9-17）。

图 9-16 焊缝根部未熔合

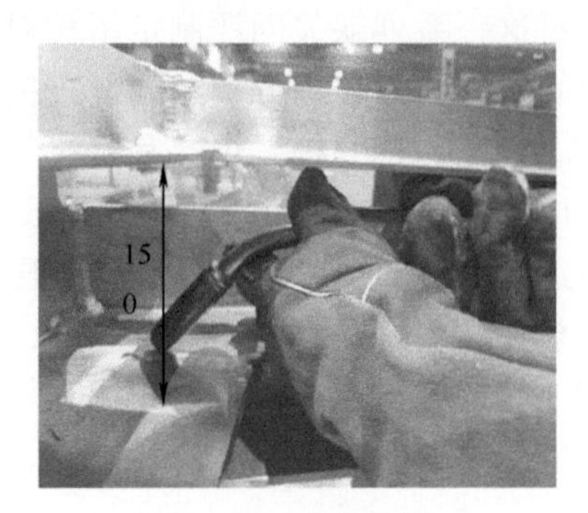

图 9-17 空间受限

（2）封头焊缝易产生线性缺欠 铝合金车体连接焊缝需要对焊缝端部进行包角焊接，焊接坡口形式为 X 形坡口，焊接时反面需要进行清根处理，焊缝正反面焊接结束后对端部进行包角焊，包角焊缝焊接完成后对其进行打磨呈 *R* 状态，并对焊缝进行 PT 渗透检测，在检测过程中易发现线性缺欠（见图 9-18），通过对焊接过程的调查分析，发现其产生原因有以下几方面。

1）包角焊和平焊的焊接顺序不合理，如果焊缝正反面焊接结束后对端部进行包角焊，焊缝夹角位置无法进行深度清根，则易产生未熔合缺欠，在工序流转、调修或车辆运行中易造成焊缝开裂。

2）起弧位置与收弧位置不合理，焊接对接焊缝直接在坡口端部进行起弧；包角焊收弧位置停留在坡口中间部位。

3）焊缝的端部没有母材的支撑，包角焊缝在焊接时熔池温度过高，在电弧吹力、熔化金属重力和电弧热量的作用下使熔池下塌（见图 9-19）。

图 9-18 线性缺欠

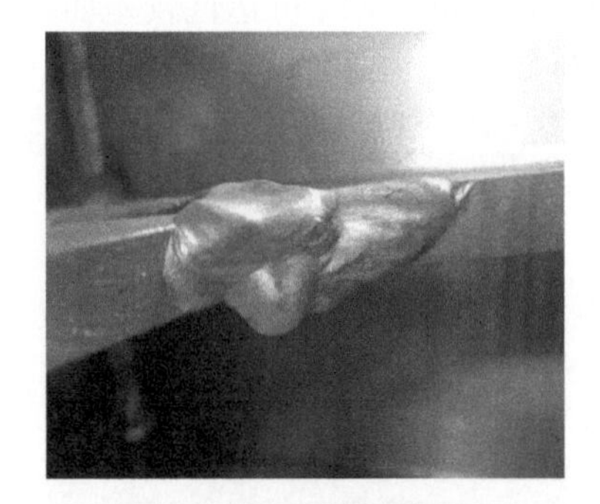

图 9-19 熔池下塌

4）端部堆焊易产生夹层，堆焊过程中热输入量过大，焊缝的强度降低，易产生缺欠类问题。

（3）焊缝外观成形不良 由于缓冲梁是型材结构，牵引梁与缓冲梁中部的连接焊缝接头处形状也随之变化，形成由外向内、中间重叠的呈“W”形状态，在焊接这类接头时容易增加接头和内侧焊缝外观成形不良、咬边等焊接缺欠（见图 9-20）。主要原因有以下几个方面。

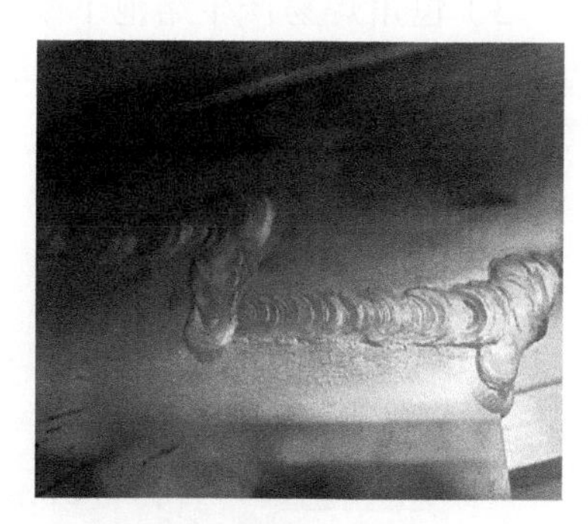

图 9-20　焊缝外观成形不良

1）焊接空间受限。从图 9-17 可看出，焊接操作空间高度为 150mm，随焊接至空间内部，焊枪摆动和熔池的观察受到限制，严重影响熔池观察与焊枪摆动的准确性。

2）焊缝方向转换频繁。缓冲梁和牵引梁是型材结构，接头状态与型材端面相吻合，焊缝的走向具有多变性，且给焊缝外观成形造成影响。

3）焊缝接头多。鉴于中部焊缝方向的多变性，在焊接时需要进行多次停弧来转变焊缝方向，导致焊接接头增加，直接影响焊缝整体质量。

9.2.2　解决措施

（1）根部未熔合解决措施

1）因结构设计无法变更，所以致使施焊时的焊枪角度也无法改变。通过焊工操作，随着焊枪角度在焊接过程中不断变换，采用焊接停顿操作方法来调整焊枪的操作角度及控制焊缝熔池形状（见图 9-21），可有效地避免“熔池先行”的现象。

2）焊前组装时，根据工艺要求预留根部间隙来解决坡口根部的未熔合缺欠问题。根据焊接收缩的特性，在工艺研装时预留 3mm 组装间隙进行反测定位焊接，正测状态下清除定位焊缝至焊接状态。正式焊接时需先进行正测焊接，反测焊接前需要将正测打底层焊缝进行清根处理，打磨清理露出金属光泽，无缺欠。

3）在焊缝进行清根处理时，使用铝合金专用 V 形刨削刀具沿焊缝背面刨削出 V 形坡口至焊缝根部，整备焊缝根部状态时，保证刨削圆滑过渡（见图 9-22），避免因出现尖角部位而影响焊缝熔合效果。

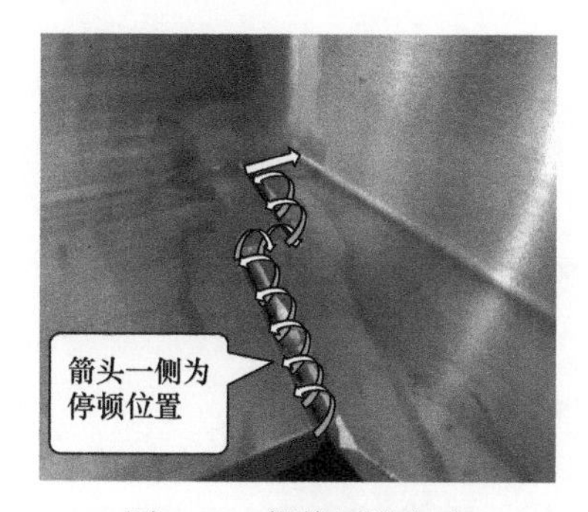

图 9-21　焊接运枪方法

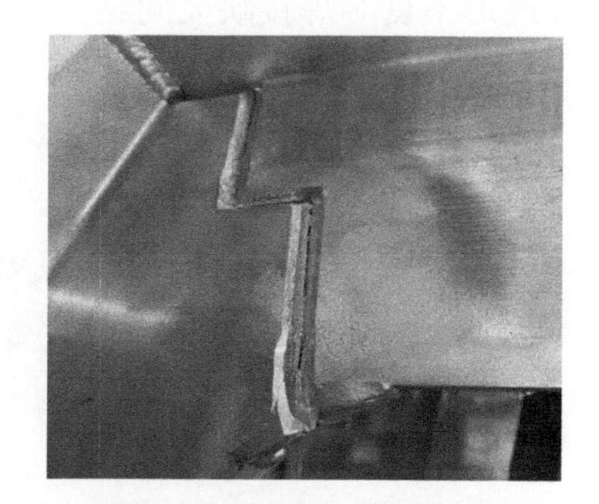

图 9-22　焊缝根部圆滑过渡

（2）包角焊裂纹解决措施

1）改善焊接顺序，先进行包角焊，可使用刨削刀具深度清根，减少焊缝中缺欠的产生。

2）对接焊缝的起弧位置在距离坡口处 10 ～ 15mm 位置，起弧焊接后引入正式焊缝中，可避免端部产生未熔合或熔深不足等问题（见图 9-23）；包角焊是采用堆焊的形式，起弧位置避开坡口处，收弧位置需填满弧坑，防止弧坑裂纹的产生。

3）包角焊易产生熔池下坠，因此焊枪摆动时采用小圆圈法进行焊接，焊接时在板厚方向建立熔池后快速向上端摆动，并且稍作停顿使其充分熔合，防止液态金属下坠（见图 9-24）。

图 9-23 正式焊缝起弧位置

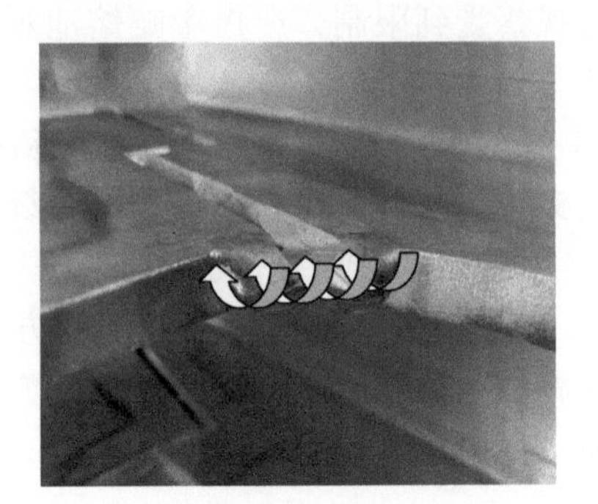
图 9-24 封头焊接方法

4）对接焊缝及包角封头焊缝顺序改变后，由原来铣刀清根更改为刨刀进行根部深度清理，可以有效地避免层间缺欠。

（3）中部焊缝成形不良解决措施　铝合金车体中部焊缝外观成形不良问题是焊缝方向的多变和空间对焊枪角度和摆动幅度的影响造成的。空间位置因为设计原因无法进行更改，只能从现场焊接操作方法上进行优化解决问题，选择合理的焊接操作方法，减少焊接接头数量，从而提升焊缝的整体焊接质量。

根据现场的焊接接头状态，采取不停弧一次焊接成形的操作方法进行焊接。将原来的划圆圈操作方法改为直线停顿、停顿处轻微摆动的操作方法，并且在每一个焊缝方向转换位置采用半圆摆动方法进行焊缝的焊接（见图 9-25）。随着焊枪角度在焊接过程中不断变换，采用控制焊枪的摆动幅度和焊接停顿操作的方法来控制焊缝熔池，同时转变焊接方向，采用不停弧一次焊接成形的操作方法完成不同方向焊缝的焊接，避免焊接接头过多导致的焊缝成形不良等焊接缺欠问题。

图 9-25 一次焊接操作方法

9.2.3 实施效果

检测是焊缝质量的重要保障，因此焊接完成后必须进行焊接质量检测，以保证高速动车组质量和运行安全性。

（1）外观检测 按 ISO 17637：2011《焊缝的无损检测 – 熔化焊接头的外观检验》以及 SFET–41–00020《铝合金焊接作业指导书》，对封头焊缝及平对接焊缝交接处焊缝进行评判，焊缝外观满足 B 级要求及设计要求。焊缝外观成形如图 9-26 所示。

（2）渗透检测 按 ISO 15614–2：2005《金属材料焊接程序的规范和鉴定 . 焊接过程试验 . 第 2 部分：铝和铝合金电弧焊》、SFET–94–00013《焊缝渗透探伤作业指导书》以及 ISO 10042：2005《焊接 – 铝及铝合金的弧焊接头 – 缺欠质量分级》相关规定，对封头焊缝及立角焊缝与平角焊缝交接处焊缝进行评判。焊缝满足 ISO 3452–2：2006《无损检测渗透检验第 2 部分：渗透材料的试验》以及 ISO 23277：2006《焊缝的无损检验 – 焊缝渗透检测 – 验收等级》中“2X”规定，符合设计及生产要求，封头渗透检测如图 9-27 所示。

图 9-26 焊缝外观成形

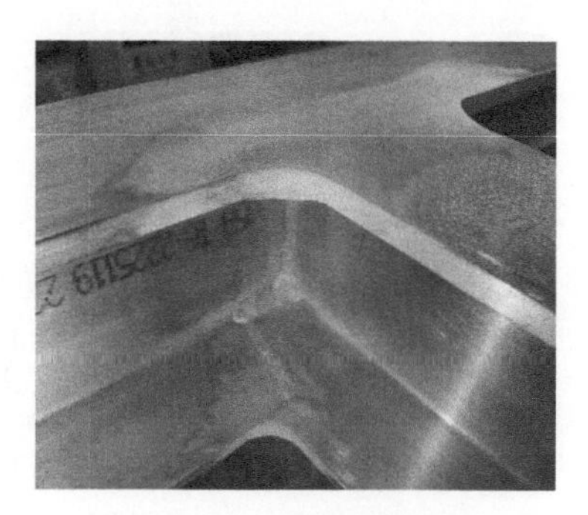

图 9-27 封头渗透检测

（3）金相检测 按 ISO 15614–2：2005《金属材料焊接程序的规范和鉴定 – 焊接过程试验 – 第 2 部分：铝和铝合金电弧焊》和 ISO 17637：2025 及 ISO 10042：2005《焊接 – 铝及铝合金的弧焊接头 – 缺欠质量分级》相关规定制备和检测金相试样。对接焊缝根部熔合情况的宏观金相形貌如图 9-28 所示。从图 9-28 可发现，两种焊缝均满足熔深要求，封头焊缝熔合良好，满足设计和 ISO 10042：2005 等相关要求。

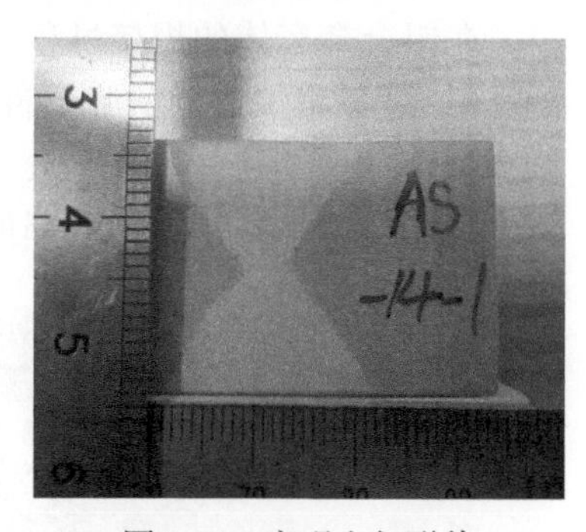

图 9-28 宏观金相形貌

9.2.4 结论

通过了解端中梁的结构特点，分析在制造过程中易出现的焊接问题，制定了从焊前坡口的准备、焊接操作手法的优化以及焊接接头的灵活处理等一系列改善措施，有效地解决了铝合金车体焊接时易出现的根部熔合不良、渗透检测过程中出现线性缺欠及焊缝外观成形不良的问题，并依据相关标准进行有效的焊缝检测。通过采用上述焊接工艺改善措施后，焊缝焊接质量得到了明显的提升，经检测焊缝一次合格率达到 99%，减少了焊缝的返修概率（见图 9-29）。

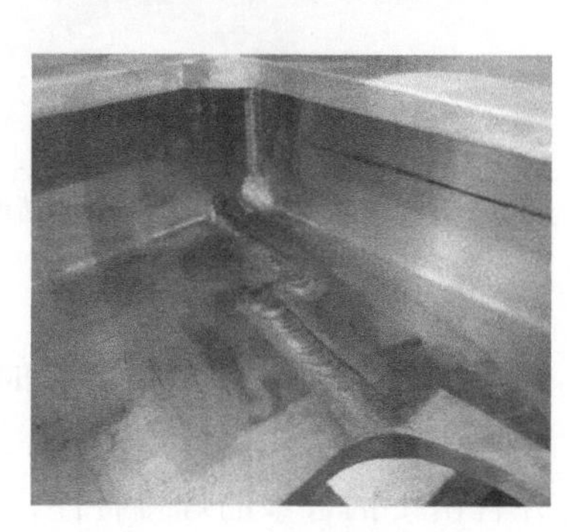

图 9-29 现场实际效果

不仅提高了焊缝的焊接质量和生产效率，而且降低了耗材使用量与劳动强度，取得了较好的经济效益。

9.3 铝合金角焊缝平转立拐角操作手法

9.3.1 背景描述

在铝合金车体的焊接中，有大量的平角焊和立角焊相衔接的角焊缝（见图 9-30）。传统的操作流程是先焊接平角焊缝，焊接结束后对平角焊缝的收弧位置进行打磨修整，确保收弧位置清洁无缺欠，然后再起弧进行立角焊缝的焊接。

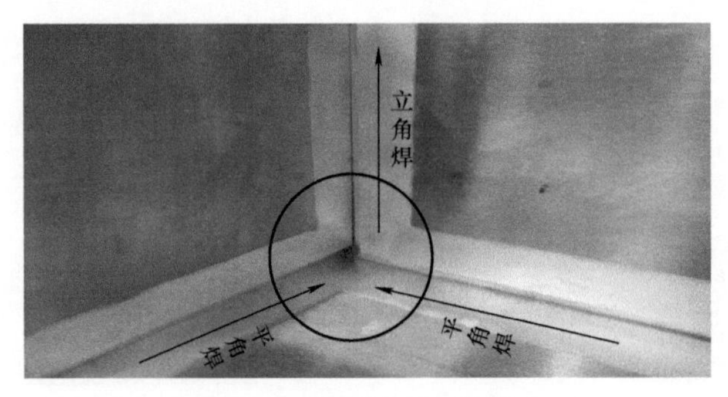

图 9-30 平角焊与立角焊接头

在铝合金车体的焊接过程中存在的问题如下。

1）对平角焊焊缝的收弧部位要进行清理整备（见图 9-31）。平角焊缝焊接结束后收弧部位存在焊接缺欠的概率较大，每次平角焊结束后、立焊开始前都要对平角焊缝的收弧部位进行清理整备，因此会降低生产效率，增加耗材的使用量。

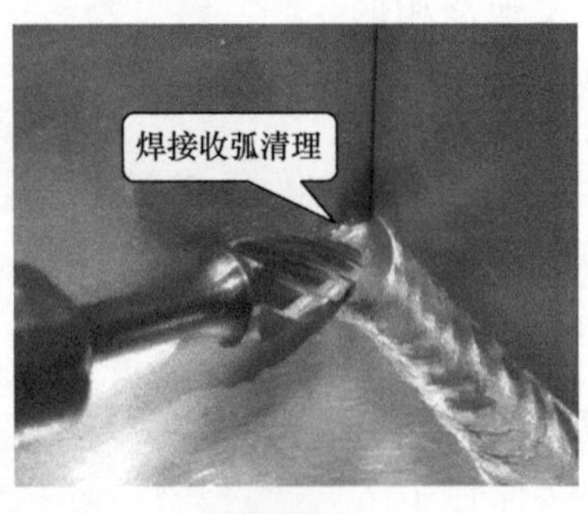

a) 收弧清理

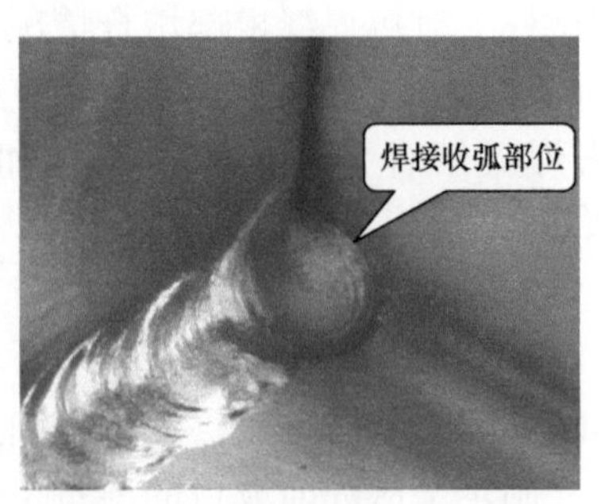

b) 收弧部位

图 9-31 平角焊焊缝收弧处状态

2）在进行立焊缝的焊接时，起弧点与平角焊缝收弧部位易产生衔接不良等焊接缺欠（见图 9-32）。在焊接立角焊缝时，由于起弧处空间受限，使焊枪角度不能调整至最佳，并且由于铝合金的焊接特性，因此容易在起弧处产生焊缝余高超差和熔合不良的问题。这一系列问题待焊接结束后需逐一进行清除和修复，在影响焊接质量的同时降低了生产效率，从而增加了劳动强度和耗材的使用量。

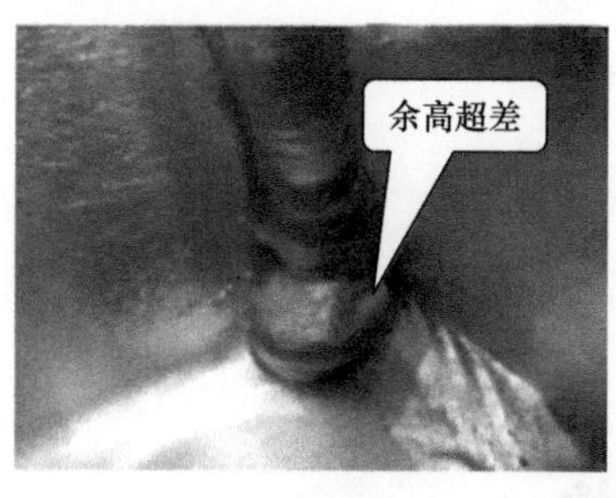

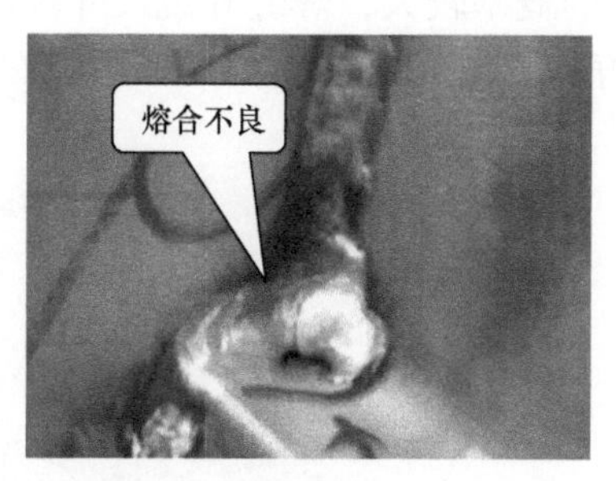

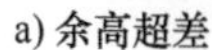
a) 余高超差　　b) 熔合不良

图 9-32　立角焊焊缝起弧易产生问题

9.3.2　改善措施

为解决角焊缝 PB+PF 组合衔接处产生焊接缺欠、生产效率低的问题，提出“角焊缝从平角焊到立角焊整个过程不停弧、一次性焊接而成”的焊接操作方案，方案采用 3 种不同操作手法，通过生产验证来确定最佳操作手法。对比分析如下。

1）在平角焊和立角焊的拐角处采用直线焊接手法，如图 9-33 所示。

操作手法：先焊接平角焊位置，当焊接到平角焊与立角焊拐角点时不进行摆动，采用与平角焊一样的直线手法，焊接到立角焊位置时利用焊机的“4 步操作”功能切换到立角焊电流进行立角焊的焊接。

优点：可满足各大部件平转立角焊的小焊脚焊接要求，节省打磨时间。

缺点：不能焊接较大焊脚的焊缝；在“平转立”时操作不灵活，焊缝较窄，焊缝外观尺寸不容易掌握。

2）在平角焊转立角焊的拐角处采用小锯齿的焊接手法，如图 9-34 所示。

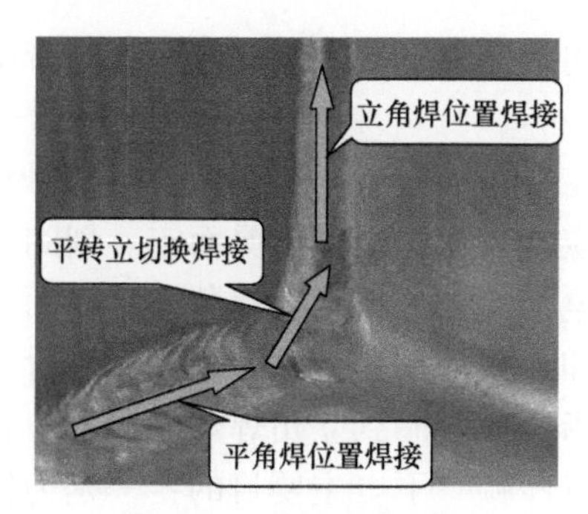

图 9-33　直线焊接手法

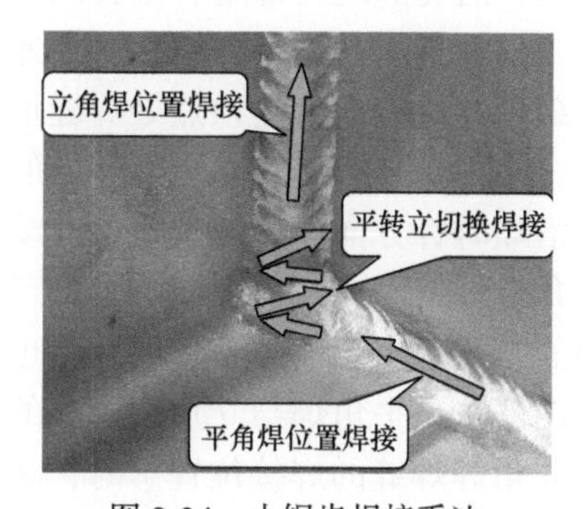

图 9-34　小锯齿焊接手法

操作手法：先焊接平角焊位置，当焊接到平角焊与立角焊拐角点时进行横向摆动小锯齿状的焊接操作，焊接到立角焊位置时利用焊机的“4 步操作”功能切换至立角焊电流进行立角焊的焊接。

优点：可满足各大部件平角焊转立角焊的大焊脚焊接要求，节省打磨时间。

缺点：虽然可完成较大焊脚焊缝的焊接，但是在“平转立”拐角处焊缝过渡不圆滑，产生焊接缺欠的概率较大，焊缝外观尺寸控制困难。

3）在平角焊转立角焊的拐角处采用圆圈焊接手法，如图 9-35 所示。

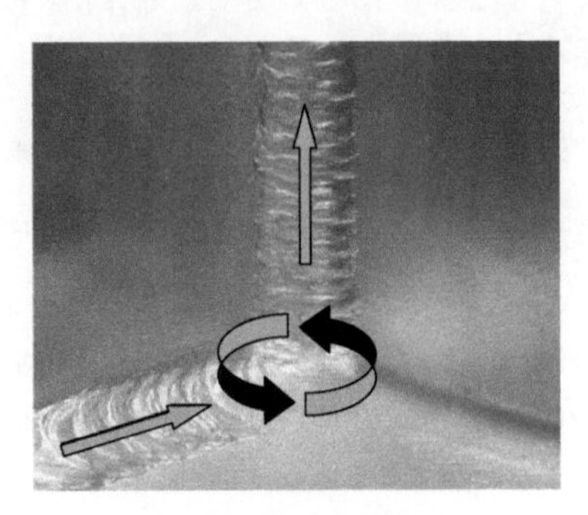

图 9-35　圆圈焊接手法

操作手法：先焊接平角焊位置，当焊接到平角焊与立角焊拐角点时，由内向外进行画圈的焊接操作，焊接到立角焊位置时利用焊机的“4 步操作”功能切换到立角焊电流进行立角焊的焊接。

优点：可满足各种板厚组合情况下平角焊转立角焊的焊接要求，焊缝过渡圆滑，焊脚尺寸统一，焊接成形美观，交叉点焊缝尺寸易得到控制。

综上所述，在平角焊转立角焊的拐角处采用圆圈的焊接操作手法是最优的方案。在此基础上，为保证焊缝的外观和内部质量，对圆圈焊接操作的注意事项进行了归纳提炼，提出“一深、二带、三画、四停”焊接操作要素，将此焊接操作方法命名为“组合焊缝四步焊接操作法”。

“一深”是平角焊与立角焊转换的第一步，指在焊接到平角焊焊缝结尾处时，电弧要深入到平角焊和立角焊拐角处的根部，不能提前进行下一步操作，确保根部拐角点的母材充分熔化，避免焊缝内部熔合不良缺欠的产生。

“二带”指当拐角顶点熔化后迅速将电弧由内向外沿另一侧带出一段距离，带出距离根据焊缝尺寸决定，防止顶点处焊缝堆积过厚。

“三画”是平角焊与立角焊转换的第三步，指在平角焊与立角焊交叉处根部母材充分熔化后沿顺时针方向作画圈动作，此动作进行次数应结合现场实际情况而定。划圈的直径要与平角焊焊缝与立角焊焊缝的焊脚尺寸相吻合，电弧要充分作用于拐角点的三面母材，主要目的是避免出现熔合不良问题，也能使平角焊和立角焊拐角处的焊缝过渡圆滑美观。

“四停”是平角焊与立角焊转换的最后一步，指电弧画圈到立角焊焊缝中心位置（开始进行立角焊焊缝的焊接位置）时，将电弧在交叉点停顿一下。主要目的：一是为保证立角焊焊缝的起始点得到充分熔合创造条件；二是由于拐角点体积较大，稍作停顿可增加焊缝的填充量，确保拐角点焊缝圆滑饱满，从而提高外观质量。

9.3.3　实施效果

角焊缝平转立拐角位置的焊接采用“组合焊缝四步焊接操作法”进行操作，使平角焊焊缝和立角焊焊缝在不停弧的情况下一次焊接成形，有效地解决了焊接位置转换时产生缺欠概率大、工作效率较低、焊接材料使用量大的问题，不仅保证了焊缝内部质量，还提升了焊缝的美观度和生产效率（见图 9-36）。此方法已在铝合金车体的焊接制造中得到了广泛应用，取得了良好的经济效果，在实际生产中具有较高的应用推广价值。

图 9-36　现场实际效果

参考文献

[1] 王宗杰 . 焊接方法及设备 [M] . 北京：机械工业出版社，2006.

[2] 雷世明，张毅，张杰 . 焊接方法与设备 [M] . 北京：机械工业出版社，2014.

[3] 李继三 . 电焊工（初、中、高级）[M] . 北京：中国劳动社会保障出版社，2012.

[4] 徐林刚，等 . 国际焊接技师（IWS）培训教材 [Z] . 哈尔滨：机械工业哈尔滨焊接技术培训中心，2013.

[5] 王炎金，等 . 铝合金车体焊接工艺 [M] . 北京：机械工业出版社，2011.

[6] 周文军，张能武 . 焊接工艺实用手册 [M] . 北京：化学工业出版社，2020.

[7] 张应立 . 焊接常见缺欠及处理 [M] . 北京：化学工业出版社，2018.

[8] 孙俊生，等 . 焊工（基础知识）[M] . 北京：中国劳动社会保障出版社，2010.

[9] 张士相，等 . 焊工（初级技能　中级技能　高级技能）[M] . 北京：中国劳动社会保障出版社，2002.

[10] 谭淑芹，徐世兴，陈亚斌 . 钎焊铝蜂窝板在装备制造领域中的应用 [J] . 中国新技术新产品，2020（11）：53-55.

[11] 王晋乐，等 . 一种轨道车辆的吸能装置及轨道车辆：215513682 U [P] . 2022-01-14.

[12] 胡煌辉 . 铝合金焊接技能 [M] . 北京：中国劳动社会保障出版社，2005.

[13] 劳动和社会保障部中国就业培训技术指导中心 . 焊工 [M] . 北京：中国劳动社会保障出版社，2002.

[14] 周飞霓，卢本 . 焊接操作要点 230 条 [M] . 北京：机械工业出版社，2012.

[15] 唐景富 . 焊接操作技能 [M] . 北京：机械工业出版社，2009.

[16] 中国机械工程学会焊接学会 . 焊接手册——焊接方法及设备 [M] .3 版 . 北京：机械工业出版社，2007.